高职高专教育"十二五"规划建设教材
理实一体化教材

动 物 普 通 病

邢玉娟　　贺生中　　主编

U0321169

中国农业大学出版社
·北京·

内容简介

本教材是一部简明实用的职业技术教育教材,以本门课程学生必须掌握的技能为主线,将案例教学法(CBL)和以问题为基础的教学法(PBL)联合应用于课程教学中,突出了动手能力和专业技能的培养,充分体现了专业课教材的理实一体性。

全书分为动物内科疾病、动物外科疾病、动物产科疾病和动物外科手术 4 个项目,在项目下分为 23 个工作任务,又根据工作任务提炼出 108 个必须掌握的技能,辅以必备的理论知识。

本书的特点是重点明确、条理清晰、通俗易懂,既注重传承临床适用的操作技能,又广泛吸收了现代研究成果和实践经验。各个工作内容力求图文并茂,以图释文,处方根据不同动物对症下药,重在应用。

图书在版编目(CIP)数据

动物普通病/邢玉娟,贺生中主编.——北京:中国农业大学出版社,2014.12
ISBN 978-7-5655-1142-4

Ⅰ.①动… Ⅱ.①邢… ②贺…Ⅲ.①动物疾病-诊疗-职业技术教育-教材 Ⅳ.①S85

中国版本图书馆 CIP 数据核字(2014)第 285972 号

书　名	动物普通病			
作　者	邢玉娟　贺生中　主编			
策划编辑	姚慧敏　伍斌		**责任编辑**	冯雪梅
封面设计	郑　川		**责任校对**	王晓凤
出版发行	中国农业大学出版社			
社　址	北京市海淀区圆明园西路 2 号		**邮政编码**	100193
电　话	发行部 010-62818525,8625		**读者服务部**	010-62732336
	编辑部 010-62732617,2618		**出　版　部**	010-62733440
网　址	http://www.cau.edu.cn/caup		**e-mail**	cbsszs @ cau.edu.cn
经　销	新华书店			
印　刷	涿州市星河印刷有限公司			
版　次	2015 年 3 月第 1 版　2015 年 3 月第 1 次印刷			
规　格	787×1 092　开本　12 印张　296 千字			
定　价	26.00 元			

图书如有质量问题本社发行部负责调换

编审人员

主　编　邢玉娟　江苏农牧科技职业学院

　　　　　贺生中　江苏农牧科技职业学院

副主编　张存帅　农业部兽医药品监察所

　　　　　付红庆　江苏农牧科技职业学院

　　　　　马　霞　河南牧业经济学院

编　者（按姓氏笔画为序）

　　　　　王海燕　江苏农牧科技职业学院

　　　　　马　霞　河南牧业经济学院

　　　　　付红庆　江苏农牧科技职业学院

　　　　　邱树磊　江苏农牧科技职业学院

　　　　　邢玉娟　江苏农牧科技职业学院

　　　　　刘运镇　江苏农牧科技职业学院

　　　　　陈玉库　江苏农牧科技职业学院

　　　　　赵爱华　江苏农牧科技职业学院

　　　　　张存帅　农业部兽医药品监察所

　　　　　郭方超　江苏农牧科技职业学院

　　　　　姚志兰　中牧倍康药业有限公司

　　　　　贺生中　江苏农牧科技职业学院

　　　　　徐根明　江苏泰州市海陵区兽医站

主　审　蒋春茂　江苏农牧科技职业学院

前　言

实际工作中,兽医师接触病例,首先从症状诊断和剖检诊断入手,然后是探究病因,针对病因或症状拟定治疗措施和开出处方。现有教材往往强调理论的全面性和系统性,无法适应理实一体化教学的需要。

动物普通病理实一体化教材,以完成职业任务为依据选择课程内容,并且以职业任务为逻辑依据对动物普通病课程内容进行排序,将学生需要掌握的各项技能分解为一个一个的实践训练课题,并将够用的相关理论附于其后,实行理实一体化教学,教师围绕职业岗位(群)的典型工作任务将理论知识和实践知识有机地融为一体,使理论知识在职业实践过程中能够支撑实践知识,让学生有计划地按照教师确定的课题和学习要求进行专门的技能训练,在训练中让其知其所以然。

同时,本书尝试将案例教学法(casebased learning,CBL)和以问题为基础的教学法(problem based learning,PBL)联合应用于动物普通病教学中,借以培养学生独立思考、分析和解决问题的临床思维能力,激发学生学习的积极性,提高课程的教学质量。

本书的主要编者及其承担的主要任务:张存帅、刘运镇、姚志兰、徐根明编写项目1动物内科疾病,赵爱华、邱树磊编写项目2动物外科疾病,付红庆、马霞、郭方超、王海燕编写项目3动物产科疾病,邢玉娟编写项目4动物外科手术,贺生中编写项目4中的西药处方,陈玉库编写项目4中的中药处方。全书由邢玉娟统稿,蒋春茂审稿。

本书名为"理实一体化教材",实为抛砖引玉,旨在企盼更新的观点、更好的方法问世。同时,由于作者水平有限,错漏之处在所难免,希冀广大专家、读者不吝赐教并予以斧正。

编　者

2014 年 8 月

●●●●●● 目 录

项目1

动物内科疾病

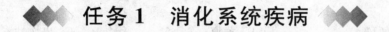

◆◆◆ 任务1 消化系统疾病 ◆◆◆

问题一:急性化脓性腹膜炎手术治疗的主要目的是（　　）

A. 明确诊断　　　　　B. 去除病因　　　　　C. 清洗腹腔

D. 放置引流　　　　　E. 预防腹腔脓肿的发生

问题二:继发性腹膜炎的腹痛特点是（　　）

A. 阵发性剧烈腹痛　　　　　B. 逐渐加重的阵发性腹痛

C. 剧烈持续性全腹痛,原发部位显著

D. 高热后全腹痛　　　　　E. 疼痛与进食有关

问题三:奶牛,3 岁,偷食萝卜时突然停止采食,神情紧张,骚动不安,头颈伸展,伸头缩颈,反复咳嗽,呈现吞咽动作。颈部触诊摸到块状物。处理方法不正确的是（　　）

A. 胃导管向下推送　　　　　B. 食管切开,取出异物

C. 手掌抵于阻塞物下端,朝咽部方向挤压

D. 打气管接在胃管上,适量打气,将阻塞物推入胃内

E. 皮下注射尼可刹米

问题四:一犬患有口炎,口腔恶臭,洗涤口腔的溶液最好选用（　　）

A.3％硼酸溶液　　　　　B.1％明矾水　　　　　C.0.1％高锰酸钾溶液

D.1％食盐水　　　　　E.1％鞣酸溶液

问题五:牛患有急性咽炎,在临床治疗上应严禁（　　）

A. 胃管投药　　　　　B. 冷敷　　　　　C. 热敷

D. 抗生素治疗　　　　　E. 激素治疗

问题六:治疗泡沫性瘤胃臌气的药物是（　　）

A. 乙醇溶液　　　　　B. 鱼石脂　　　　　C. 稀盐酸

D. 二甲基硅油片　　　　　E. 人工盐

问题七:牛瓣胃注射的位置选择在(　　)

A. 右侧第 6 肋间与肩关节水平线相交处斜向对侧肘头进针

B. 右侧第 9 肋间与肩关节水平线相交处斜向对侧肘头进针

C. 右侧第 12 肋间与肩关节水平线相交处斜向对侧肘头进针

D. 左侧第 6 肋间与肩关节水平线相交处斜向对侧肘头进针

E. 左侧第 9 肋间与肩关节水平线相交处斜向对侧肘头进针

问题八:滚转整复法适用于治疗牛的疾病为(　　)

A. 皱胃前方变位　　　　B. 皱胃后方变位　　　　C. 皱胃左方变位

D. 皱胃右方变位　　　　E. 皱胃扭转

问题九:一例胃肠炎患犬,实验室检查红细胞压积升高,血红蛋白含量升高,红细胞数和白细胞数也相对升高,其最可能的病理原因是(　　)

A. 体况好转　　　　B. 造血功能增强　　　　C. 肝合成加强

D. 脱水　　　　E. 免疫功能加强

问题十:肝炎患畜所表现出来的征候是诊断的重要依据,下列症状中与肝炎关系不大的症状是(　　)

A. 长期便秘　　　　B. 黄疸　　　　C. 出血性素质

D. 组织浮肿　　　　E. 光敏性皮炎

问题十一:下列症状中,与牛创伤性网胃腹膜炎不相符合的是(　　)

A. 网胃区有疼痛反应　　　B. 病初有前胃弛缓症状　　　C. 血液白细胞总数下降

D. 患畜的行动和姿势异常　　E. 应用前胃兴奋剂后症状加重

问题十二:某牛场 4 头后备母牛发病,主要表现为站立不安,后肢踢腹,精神沉郁,食欲废绝,口腔流出大量白色泡沫状涎水,瞳孔散大,反应迟钝,体温 36.5～37.5℃,脉搏快且细弱无力,尿量减少乃至无尿,脱水,瘤胃蠕动停止,腹围膨大,皮肤干燥。血液 pH 7.15～7.25,红细胞压积 50%～60%。尿液 pH 5.0～5.6,尿蛋白阳性,酮体阳性。瘤胃液酸臭味,pH 4.0～5.5,纤毛虫无活力。主诉该牛场长期饲喂青贮饲料,最可能的诊断是(　　)

A. 瘤胃积食　　　　B. 瘤胃臌气　　　　C. 急性瘤胃酸中毒

D. 生产瘫痪　　　　E. 酮血症

【技能1】　口炎的治疗方法

以消除病因、收敛消炎和净化口腔为治疗原则。

(1)消除病因　消除对黏膜的机械性、物理性和化学性刺激,如拔除芒刺和锐齿,除去霉败饲料,给予营养丰富含有维生素的青绿饲料和清洁饮水。

(2)收敛消炎,净化口腔　可用 1% 食盐水或 2%～3% 硼酸溶液,冲洗口腔,每天 3～4 次。若口腔有恶臭,宜用 0.1% 高锰酸钾溶液冲洗。不断流涎时,则用 1% 明矾溶液或 1% 鞣酸溶液冲洗。冲洗后,用 2% 龙胆紫溶液或碘甘油(5% 碘酊 1 份,甘油 9 份)、5% 磺胺甘油等涂布于溃疡面。

(3)中药治疗　青黛、黄柏、薄荷、儿茶、桔梗、黄连各等分,共研细末,每次取 50～100 g,装入用四层纱布缝制的细长布袋中,用水浸湿后衔于口中,两端用带子固定于头颈之上。每天 1～2 次,每次口衔 30～60 min。

【相关知识】口炎是指口腔黏膜、舌及齿龈的炎症。临床上以采食、咀嚼障碍和流涎等为特征。

1. 发病原因

原发性口炎主要因为局部受不良刺激引起。机械性和物理性刺激，如采食粗硬有芒刺的饲草，或误食铁钉、铁丝等尖锐物体，直接刺伤口腔黏膜。牙齿磨灭不整、采食过急而误咬，食物过冷或过热的烫伤或冻伤，或粗暴的口腔检查、灌药不当等损伤口腔黏膜；化学性刺激，如误食刺激性或腐蚀性较强的化学物质，使用吐酒石、高锰酸钾、碘酊等刺激性药物，或采食有局部强刺激性的有毒植物和霉败草料等。

继发性口炎见于咽炎、鼻炎等邻近器官炎症的蔓延，微量元素及维生素 A 缺乏，汞、铜、铅等中毒，以及口蹄疫、恶性卡他热、病毒性腹泻-黏膜病、坏死杆菌病等。

2. 主要症状

口黏膜潮红、肿胀、疼痛，严重者黏膜表面可见水疱和大小不等的溃疡。口温增高，口臭，流涎，口角附着白色泡沫，或有大量唾液从口中流出。采食时常选择植物的柔软部分，拒食粗硬饲草，咀嚼缓慢小心，有时从口中吐出草团。下颌淋巴结肿大、疼痛，体温可略有升高。

3. 诊断方法

根据临床症状可做出诊断。

4. 预防措施

加强饲养管理，合理调配饲料，对粗硬饲草可进行碱化、粉碎处理。防止不良因素对口腔黏膜的刺激，口服给药时，药物温度不能过高，使用开口器时应避免损伤黏膜等。若在牛群中发现口炎病牛，应立即隔离病牛，观察治疗，查明原因，并对全场牛只进行监测，以防止某些传染病的蔓延。

【技能 2】 咽炎的诊断与治疗

1. 诊断

根据吞咽障碍、头颈伸直和流涎等表现，结合咽部触诊可做出诊断。

2. 治疗

猪咽炎处方

【处方1】局部处理

咽喉部先冷敷后温敷，每天 3～4 次，每次 20～30 min。或涂擦樟脑酒精、鱼石脂软膏、止痛消炎膏，或涂敷复方醋酸铅散（醋酸铅 10 g、明矾 5 g、薄荷脑 1 g、白陶土 80 g，醋调）等，每天 1 次，连用 3～5 d。

【处方2】抗菌消炎

青霉素 100 万 U，注射用水 5 mL，肌肉注射，每天 2 次，连用 3～5 d。或用 0.25% 普鲁卡因注射液 20 mL，注射用青霉素钠 80 万 U，溶解后，咽喉部周围注射，每天 2 次，连用 3～5 d。

【处方3】中药治疗

山豆根 10 g、桔梗 10 g、麦冬 10 g、芒硝 60 g、射干 10 g、胖大海 6 g、甘草 12 g，水煎取汁，候温，一次灌服，每天 1 剂，连用 2～3 d。

【处方4】刮喉

在咽喉部至胸骨突部的皮肤上，先擦以盐水，然后用刮痧器逆毛刮至出现瘀血斑为度。

【处方5】针灸治疗

将青霉素100万U,注射用水5mL,注入大椎穴。

犬咽炎处方

【处方1】杀菌消炎

盐酸土霉素0.5g,5%葡萄糖溶液500mL,混合一次静脉注射,每天2次,连用3~4d;或肌肉注射普鲁卡因青霉素10万~20万U,每天2次,连用3~4d。

【处方2】消肿止痛、对症治疗

病初于咽部施冷敷,后期施温敷。用青黛、硼砂各1.5g,雄黄0.2g,冰片0.5g,甘草3g,共研细末,加入白糖15g,鸡蛋清10mL,凉开水150mL,调匀,1次灌服,每天1剂,连用3~5剂。或浙贝母、薄荷、玄参各15g,水煎2次兑匀,1d分2次口服,每天1剂,连用3~5d,幼犬用量减半。或复方板蓝根冲剂,每次0.5~1包,加水适量冲服,每天3次,连用3~5d。

【处方3】针灸治疗

0.25%普鲁卡因溶液3~5mL,青霉素20万~40万U,混合后于两侧喉俞穴注射,以防止炎症扩散,每天1~2次,连用3~4d。若有窒息表现,则巧治喉俞穴。

【相关知识】咽炎是指咽部黏膜及其深层组织的炎症,包括咽、软腭、扁桃体炎等。临床上以流涎、吞咽障碍、咽部肿胀及敏感为特征。

1. 发病原因

原发性咽炎主要因为局部受不良刺激引起。机械刺激如骨渣、鱼刺、尖锐异物以及胃管投药时动作粗暴造成的损伤;刺激性化学物质如强酸、强碱的灼伤;以及过热食物和饮水的烫伤,进而发生炎症。

本病也可继发于口炎、喉炎、感冒等疾病过程中。

2. 主要症状

精神沉郁,采食缓慢,食欲减退,吞咽困难,常出现食物和饮水由口、鼻中喷出。重则头颈伸直不敢转头。多流涎,有时伴有咳嗽、体温升高;触诊咽部发热、肿胀,按压有挣扎、呻吟等疼痛反应;下颌淋巴结、咽背淋巴结肿胀,严重时可压迫喉及气管而引起呼吸困难,甚至发生窒息。

3. 预防措施

加强护理,避免受寒感冒,保证充足营养,提高机体抵抗力,以减少本病的发生。

【技能3】 牛食管梗塞的诊断与治疗

1. 诊断

根据病史调查和临床症状,结合胃管探查可确诊。

2. 治疗

(1)直接掏取法 若阻塞物在近咽部,妥善保定后,先给牛戴上开口器,用胃管灌入液状石蜡100~300mL,一人用双手在食管两侧将堵塞物推至咽部,另一人将手或钝钳伸入咽内取出。

(2)推送法 先用胃管将液状石蜡或豆油150~200mL,2%盐酸普鲁卡因注射液30mL,投入到阻塞部,10~15min后用胃管推送阻塞物至胃内。

(3)打气法 将胃管插入食管,其外端接上打气筒,一人握住胃管将其顶到阻塞物上,助手猛打气三五下,术者趁势推动胃管,有时可将阻塞物推至胃中。注意打气不可过多、过猛,否则易造成胃管破裂。

(4)手术疗法　若上述方法无效时,可切开食管取出阻塞物或异物。术后禁食1~2 d,抗菌消炎,并根据需要适当补液等。

如牛已发生瘤胃臌气,应立即用套管针在肷俞穴穿刺,缓慢放出瘤胃内气体,然后按上法排除阻塞物。

【相关知识】食管阻塞是指大的饲料团块或异物阻塞食管而引起的急症。临床上以突发吞咽障碍、流涎和瘤胃臌气等为特征。

1. 发病原因

原发性因素多见于吞食较大的块状饲料,如甘薯、胡萝卜、马铃薯、甜菜根、西瓜皮、苹果或青玉米棒等引起,且多发生于过度饥饿后,贪食急咽,或在采食过程中突然受到惊扰的情况下。有时也因未经充分咀嚼而匆忙吞下麦草、谷草,以及食入破布、塑料、毛线、木屑、胎衣等异物引起。

继发性因素见于食管麻痹、食管憩室、食管扩张和狭窄,以及食管痉挛等。

2. 主要症状

多在采食过程中突然发病。停止采食,表现不安,伸颈,频做吞咽动作。空口咀嚼,大量泡沫状唾液从口中流出,嘴唇和鼻孔周围黏附着泡沫状唾液,有时唾液从鼻孔流出。特别是在咳嗽之后,常从口鼻流出大量白沫。食管和颈部肌肉痉挛性收缩。严重病例,张口伸舌,呼吸困难。若为颈部食管阻塞,可在外部摸到。若为胸部食管阻塞,由于咽下的唾液积存于阻塞物前部的食管中,可看到左颈静脉沟处出现膨大的食管,触诊有波动,如用手向口腔方向挤压,则有大量泡沫状唾液从口、鼻流出。食管完全阻塞后,由于不能嗳气而迅速继发瘤胃臌气和呼吸困难。

【技能4】　牛前胃弛缓的诊断与治疗

1. 诊断

根据病史调查和症状分析可做出诊断。

2. 治疗

本病的治疗原则是加强瘤胃的蠕动机能,制止瘤胃内异常发酵和腐败分解,防止出现酸中毒。对急性型病牛,病初绝食1~2 d,以后喂给优质干草和易消化的饲料。对慢性型病牛,也要少量多次饲喂易消化的优质饲料。

【处方1】兴奋瘤胃蠕动机能

酒石酸锑钾 10~12 g,水 500 mL,溶解后,一次灌服,每天1次,连用2~3 d。或0.1%新斯的明注射液16 mL,一次皮下注射,2 h后重复注射1次。亦可用10%氯化钠溶液300 mL,5%氯化钙注射液100 mL,10%安钠咖注射液30 mL,10%葡萄糖注射液1 000 mL,一次缓慢静脉注射。

【处方2】制止发酵

鱼石脂 10~30 g,酒精 50 mL,稀释后,再加温水 500 mL,一次灌服。或松节油 30 mL,常水 500 mL,一次灌服。

【处方3】对症治疗

便秘时,用硫酸钠 200～300 g,水 500～1 000 mL,一次灌服。继发胃肠炎时,用黄连素 1～2 g,内服,每天 2～3 次。发生酸中毒时,可用 5% 葡萄糖生理盐水 1 000～2 000 mL,5% 碳酸氢钠溶液 1 000 mL,40% 乌洛托品溶液 30 mL,20% 安钠咖注射液 10～20 mL,一次静脉注射,配合胰岛素 100～200 U,皮下注射。疾病恢复期,可用酒石酸锑钾 4 g,番木鳖粉 1 g,干姜 10 g,龙胆粉 10 g,混合,加水适量内服,每天 1 次,连用 3～5 d。

【处方4】中药治疗

虚寒型病例(证见体弱寒战,被毛粗乱无光,耳鼻俱冷,口流清涎,粪稀如水,口色淡白),取党参、白术、茯苓、陈皮、木香、苍术、砂仁各 30 g,神曲、山楂、麦芽各 60 g,半夏 25 g,肉豆蔻 45 g。共为细末,开水冲调,一次灌服,每天 1 剂,连用 2～3 d。若为湿热型病例(症见口色微红,唾液黏稠,口内酸臭,粪干而覆有黏液,或粪便溏泻腥臭,尿短而黄浊),取党参、白术、茯苓、陈皮、木香、佩兰各 30 g,神曲、山楂、麦芽各 60 g,龙胆草、茵陈蒿各 45 g。共为细末,开水冲调,一次灌服,每天 1 剂,连用 2～3 d。

【处方5】针灸治疗

关元俞为主穴,配脾俞、六脉穴,电针 30 min,每天 1 次,连用 3～5 次。

【相关知识】前胃弛缓是指前胃神经兴奋性降低,收缩力减弱,食物在前胃不能正常消化和向后推送,发生腐败分解,产生毒物,引起消化机能障碍和全身机能紊乱的一种疾病。临床上以食欲减退、前胃蠕动减少或停止、反刍和嗳气减少等为特征。

1. 发病原因

原发性病因主要见于饲养管理不当。如长期采食麦糠、半干的甘薯藤、豆秸等富含粗纤维而不易消化的粗饲料,或饲喂发酵、腐烂、变质的青草、青贮饲料或酒糟、豆渣等品质不良的草料,或饲料单纯、调制不当以及饲喂过热或冰冻饲料、饲喂大量的豆谷和尿素等。此外,由放牧迅速转变为舍饲,维生素和矿物质缺乏,冬季厩舍阴暗湿冷,长期缺乏光照,车船运输,甚至经常更换饲养员等因素,都会破坏前胃的正常消化反射,从而导致前胃机能紊乱。

继发性病因常见于瘤胃积食和膨气、创伤性网胃炎、瓣胃阻塞等。此外,许多传染病(如结核病、布鲁氏菌病等)、寄生虫病(如肝片吸虫病、血孢子虫病等)、代谢性疾病(如酮病、骨软症等)等,也可造成前胃弛缓。

2. 主要症状

急性型表现食欲减退或异常,喜欢采食粗饲料或新鲜的青绿饲料,拒绝采食精饲料,有的表现异嗜,舔食粘满粪尿的垫草,甚至啃食泥土,不久食欲废绝。随着食欲的变化,出现咀嚼缓慢,反刍无力和次数减少甚至反刍停止。听诊瘤胃蠕动音减弱甚至消失,触诊瘤胃松软,常呈间歇性膨气。口色潮红,唾液黏稠,口臭。病初粪便变化不大,但随着病情发展,排粪量减少,粪球坚硬、黑色,上附有黏液。继发胃肠炎时,则由便秘转为腹泻,排出大量棕褐色恶臭的黏稠粪便或水样粪便。全身状况发生显著变化,出现精神沉郁、行走无力、喜卧地、泌乳量下降等症状。

慢性型表现与急性型相似,但病程较长,病情时好时坏。瘤胃呈周期性或慢性膨气,便秘和腹泻交替发生。病牛逐渐消瘦,泌乳停止,眼球凹陷,衰弱无力,多预后不良。

3. 预防措施

平时加强饲养管理,合理调配饲料,不喂腐败、冰冻等品质不良的饲料,更换饲料要循序渐进。保持厩舍卫生,加强运动,并积极治疗原发病。

【技能 5】 牛瘤胃积食的诊断与治疗

1. 诊断

根据病史及临床症状可确诊。

2. 治疗

以消除积滞、兴奋瘤胃蠕动为原则,同时根据病情采取补液、强心和纠正酸中毒等对症治疗措施。

【处方 1】排除瘤胃内容物

硫酸镁或硫酸钠 500～800 g,水 4 000 mL,一次灌服。或液状石蜡 1 000～1 500 mL,一次灌服。

【处方 2】兴奋瘤胃蠕动

10%氯化钠溶液 300～500 mL,5%氯化钙注射液 150 mL,10%安钠咖注射液 30 mL,一次静脉注射。或 0.1%新斯的明注射液 20 mL,一次皮下注射,2 h 后重复注射 1 次。同时配合瘤胃外部按摩,每 1～2 h 1 次,每次持续 20 min。

【处方 3】对症治疗

可用 5%葡萄糖生理盐水 1 000～2 000 mL、5%碳酸氢钠注射液 500 mL、25%葡萄糖注射液 500 mL、10%安钠咖注射液 30 mL、复方氯化钠注射液 2 000 mL,一次静脉注射。

【处方 4】中药治疗

大黄、枳实、槟榔、麦芽、茯苓各 60 g,白术、青皮、香附各 45 g,厚朴 90 g,山楂 120 g,木香、甘草各 30 g,共研为末,开水冲调,候温灌服。

若上述方法无效或病情危急,应施行瘤胃切开术,将瘤胃内容物完全掏空,冲洗后放入少量干草及清水,然后接种正常牛的瘤胃液。

【相关知识】瘤胃积食是由于采食大量难消化、易膨胀的饲料引起的瘤胃壁过度扩张、蠕动机能减弱的疾病。本病从临床特征和病因可分为两种类型,一种是由过食大量粗纤维性饲料引起的临床上以瘤胃内容物停滞、容积增大、胃壁受压及运动神经麻痹为特征;另一种是由过食大量豆谷类精料引起的,临床上以中枢神经兴奋性增高、视觉紊乱和酸中毒为特征。

1. 发病原因

原发性病因主要见于一次采食大量麦草、谷草、稻草、豆秸、花生藤、马铃薯藤、甘薯藤等难消化的饲料,或一次饲喂、偷食大量豆谷,或突然更换饲料,由粗料换为精料,由劣草换为良草时等,均可因过食而致病。

继发性病因见于前胃弛缓、瓣胃阻塞、创伤性网胃腹膜炎等。

2. 主要症状

患牛左腹部显著膨大,触压坚实或呈面团样,叩诊呈浊音。食欲废绝,反刍停止,嗳气减少或停止。背腰拱起,回头顾腹,磨牙,呻吟,后肢踢腹,站立不安,起卧不宁。鼻镜干燥,瘤胃蠕动音减弱或消失。粪便干黑难下,有的排出带有血液、黏液和饲料颗粒的黑色恶臭粪便。严重者出现呼吸促迫,心跳加快,眼结膜发绀,但体温正常。

由过食豆谷所引起的瘤胃积食,除上述症状外,还可出现严重的脱水和酸中毒。病牛眼球凹陷,视力障碍,盲目直行或转圈,重者出现狂躁不安、头抵墙壁或攻击人畜,或肌肉震颤,站立不稳,步态蹒跚,卧地不起,昏迷。

3. 预防措施

加强饲养管理,避免突然换料,注意精粗料合理搭配,积极治疗前胃疾病。

【技能6】 牛瘤胃酸中毒的诊断与治疗

1. 诊断

根据临床症状、病史调查可做出初步诊断,血液中乳酸、碱贮等含量,以及尿液、瘤胃液pH测定等,有助于确诊。

2. 治疗

以迅速排除有毒的瘤胃内容物,缓解酸中毒,纠正脱水,恢复胃肠功能为治疗原则。急性病例,用1%食盐水或2%碳酸氢钠溶液、1:5石灰水的上清液等,通过胃导管洗胃,直至瘤胃内容物无酸臭味而呈中性或弱碱性为止,然后灌服正常牛瘤胃液5 000~8 000 mL。严重病例,可施行瘤胃切开术,清除瘤胃内容物后,用2%碳酸氢钠溶液冲洗,然后用干草或健康牛的瘤胃液填入瘤胃内(为原量的1/3~1/2)。对轻症或亚急性病例,用氢氧化镁或氧化镁或碳酸氢钠300~500 g,水5 000~10 000 mL,或用碳酸钠150 g、碳酸氢钠250 g、氯化钠100 g、氯化钾40 g、水5 000~10 000 mL,一次灌服。

【处方1】补液强心、缓解酸中毒

用25%葡萄糖注射液500~1 000 mL、复方氯化钠注射液或5%葡萄糖生理盐水3 000~4 000 mL、5%碳酸氢钠注射液500~1 000 mL、20%安钠咖注射液10~20 mL、地塞米松30 mg,一次静脉注射。

【处方2】对继发或伴发蹄叶炎或瘤胃炎者

用0.25%盐酸异丙嗪注射液10~20 mL,肌肉注射,以消除过敏反应。

【处方3】中药治疗

大黄80 g,厚朴、积实各30 g,元明粉180 g。共研细末,开水冲调,候温灌服。

【相关知识】瘤胃酸中毒是瘤胃积食的一种特殊类型,是由于突然采食大量易发酵的碳水化合物类饲料,在瘤胃内产生大量乳酸而引起的急性代谢性酸中毒。临床上以瘤胃积食或积液、重度脱水、视觉紊乱、瘫痪和休克等为特征。

1. 发病原因

主要是由于突然过食谷物精料,如玉米、大麦、小麦、高粱、稻谷及其他糟粕类饲料,或块根、块茎类饲料,如甜菜、马铃薯、甘薯、萝卜等引起的。在分娩前和泌乳高峰期大量饲喂这类饲料,而粗饲料缺乏或品质不当,或突然改变饲料配方而大量添加这类饲料时,均可致病。

2. 主要症状

(1)最急性型 表现精神高度沉郁,极度虚弱,不能站立,侧卧并将头部弯曲在肩部。腹部显著膨大,瘤胃蠕动停止,内容物坚实或稀软、水样。双目失明,瞳孔散大,体温下降,重度脱水,呼吸急促,心跳加快,心率达100次/min以上。多在采食后3~5 h内突然死亡。

(2)急性型 表现精神沉郁,反应迟钝,肌肉震颤,步态摇晃。食欲废绝,腹痛,后肢踢腹,磨牙,空嚼。瘤胃臌胀,冲击式触诊为振荡音,听诊瘤胃蠕动音减弱或消失,排出稀软酸臭粪便。中度脱水,眼窝凹陷,皮肤干燥,弹性下降,尿少色浓甚至无尿。体温多正常或偏低,心跳、呼吸加快。后期病牛卧地不起,头颈侧弯或后仰,昏睡甚至昏迷。若不及时救治,多在24 h内死亡。

(3)亚急性型-慢性型 症状多轻微,主要表现前胃弛缓症状。食欲减退,反刍减弱,瘤胃蠕动减弱,触诊瘤胃呈生面团状。结膜潮红,呼吸、心跳加快。常继发或伴发蹄叶炎和瘤胃炎而使病情恶化。

①血液检验 血液浓稠,红细胞压积升高,红细胞数和血红蛋白含量增多,白细胞数减少。血液碱贮、pH下降,乳酸含量升高。

②尿液检验 尿少,pH下降。尿蛋白、尿酮体、尿胆红素反应阳性。尿沉渣镜检可见白细胞、膀胱上皮细胞和肾上皮细胞等。

③瘤胃液检验 瘤胃液呈乳状,灰白色、黄褐色、乳绿色,黏稠度减少,有酸臭味。乳酸含量明显升高,pH下降。

3. 预防措施

平时注意精、粗料搭配,日粮构成要相对稳定,增加精料时要逐渐过渡,严禁突然变更饲料。加强精料及牛的管理,防止偷食精料。

【技能7】 牛瘤胃臌气的诊断与治疗

1. 诊断

根据病史调查和临床症状可做出诊断。胃管探诊可区别原发性瘤胃臌气和继发性瘤胃臌气,以及泡沫性臌气和非泡沫性臌气。如插入胃管后,很快排出大量气体,瘤胃臌气症状随之消除,则为原发性非泡沫性臌气;如气体很难排出,只有抽出含有泡沫的液体,症状才会消除,则为泡沫性臌气;如胃管不能通过食管,则为食管梗塞引起;若胃管插入胃中有气体排出,但除去胃管后又有气体产生,则为继发性瘤胃臌气。

2. 治疗

治疗原则是迅速排除瘤胃内气体和制止瘤胃内容物发酵。

(1)非泡沫性臌气 应立即实施胃导管放气或瘤胃穿刺放气。

①胃导管放气 用开口器开口,胃管插入瘤胃后,可上下、左右、前后移动管口,助手随管子的移动,用手用力推动左侧腹壁,促使瘤胃内气体排出。待腹围缩小后,通过胃管向瘤胃内灌入鱼石脂15 g,95%酒精30 mL。

②瘤胃穿刺放气 在瘤胃臌胀最高点,常规剪毛、消毒。用套管针向对侧肘头方向刺入10~12 cm,拉出针芯,间断地缓缓放出气体。待腹围缩小后,通过套管针向瘤胃内注入鱼石脂15 g、松节油20~30 mL、95%酒精30 mL。插入针芯,用左手按压针旁皮肤,右手抽拔出针,局部常规消毒。

(2)泡沫性臌气 可先消除泡沫后,再行放气。先用松节油30~60 mL,或豆油250 mL,或用聚甲基硅油4 g,酒精100~200 mL,一次内服,再行穿刺或胃导管放气。若病情加剧,应立即施行瘤胃切开术,直接取出泡沫状内容物,用清水冲洗,放入干草及清水或健康牛瘤胃液5 000~8 000 mL,闭合瘤胃和腹腔,再对症治疗。

(3)对于积食较多的泡沫性臌气和非泡沫性臌气,在胃导管放气或瘤胃穿刺放气后,用硫酸镁500~800 g,常水4 000~5 000 mL,一次灌服。同时配合补液、强心等对症治疗。

(4)中药治疗 放出瘤胃内气体后,用槟榔片25 g,枳实、厚朴、莱菔子、青皮、大黄、木香、乌药、白术各30~60 g,山楂120 g,六曲100 g,芒硝150 g。共为细末,开水冲调,候温,加麻油250 mL,一次灌服。

【相关知识】瘤胃臌气是由于采食了大量易于发酵的饲料和食物在瘤胃内细菌的参与下过度发酵,迅速产生大量气体而导致瘤胃容积急剧增大、胃壁急剧扩张的一种疾病。临床上以腹围急剧膨大、反刍和嗳气障碍以及高度呼吸困难为特征。

1. 发病原因

原发性瘤胃臌气主要是由于采食大量的紫云英、苜蓿等豆科牧草,或过食了萝卜叶、马铃薯叶、野豌豆、白菜叶以及青贮料、酒糟等多汁而易发酵的饲料,特别是放牧或饲喂上述饲料前未给予干草,在短时间内产生大量气体,导致瘤胃内气体生成和气体嗳出之间的不平衡状态,从而造成瘤胃内气体积聚过多而致病。此外,采食雨后的青草,或经霜、露、冰冻过的牧草,发霉腐烂的牧草等,也可引起瘤胃臌气。

继发性瘤胃臌气多见于食道梗阻、前胃弛缓、创伤性网胃腹膜炎、瓣胃阻塞等。

2. 主要症状

原发性瘤胃臌气发病迅速,多在采食发酵的饲料 15 min 以后就产生臌气。左腹急剧膨大,左肷窝明显突出。病牛疼痛不安,回头顾腹,后肢踢腹,甚至急起急卧。触诊左腹壁,高度紧张,叩诊呈鼓音。听诊,瘤胃蠕动音在病初增强,但很快减弱甚至消失。食欲、反刍与嗳气很快停止。精神沉郁,呼吸迫促,严重时张口呼吸,舌伸出,眼球凸出,流涎,头颈伸展。结膜初充血后发绀,浅表静脉怒张,心跳加快,每分钟可达 100~120 次以上,体温正常,不断排尿。后期,运动失调,行走摇摆,站立不稳,倒地痉挛死亡。

继发性瘤胃臌气发病缓慢,发病时症状与急性瘤胃臌气相似,但症状较轻,病情时轻时重,瘤胃臌气呈周期性。

3. 预防措施

加强饲养管理,在舍饲转为放牧时,应适当先喂些干草或粗饲料,防止过食易产气的青绿饲料。防止牛食入霉烂饲料,适当限制在雨后、霜露牧地上的放牧时间。更换多汁饲料时,要逐渐过渡,避免突然改变饲料配方。积极治疗原发病。

【技能8】 牛创伤性网胃心包炎的诊断与治疗

1. 诊断

根据饲养管理情况,结合临床症状、血液检查,使用兴奋瘤胃蠕动药物治疗无效或反而症状加重,以及瘤胃金属异物探测阳性等结果,可做出诊断。实践中,须注意与前胃弛缓、慢性瘤胃臌气、慢性腹膜炎等相鉴别。

2. 治疗

轻症病例可采取保守疗法,让病牛取前高后低姿势站立,促使异物自然退回,同时,用普鲁卡因青霉素 300 万 U、链霉素 400 万 U,肌肉注射,每天 3 次,连用 3~5 d。若不能退回,或病情严重,则及时切开瘤胃,探寻并取出异物,然后结合抗生素治疗。若继发严重心包炎,动物全身机能衰弱者,多无治疗价值,建议淘汰。

【相关知识】创伤性网胃腹膜炎是由于尖锐金属异物刺入网胃而引起的网胃和腹膜的损伤及炎症的疾病。尖锐的金属异物进入网胃后,在网胃收缩时,可穿透网胃壁,由于异物的方位不同,可穿刺到脾、肝、膈肌、肺和心包等器官,从而引起相应器官的炎症或脓肿。但最常引起的是创伤性心包炎,则合称为创伤性网胃-心包炎。

1. 发病原因

牛的口腔对不能消化的异物辨别能力较低,在采食时一般不经咀嚼即吞下,常将草料中的铁钉、铁丝等尖锐金属异物吞下。若被吞咽的异物停留在食管,可引起食管的部分阻塞和创伤。但大多数情况下,异物直接到达瘤胃和网胃,通常沉积在网胃底部,因网胃体积较小,且收缩力很强,因此极易刺伤网胃壁,从而引起炎症。

2. 主要症状

突然出现不明原因的前胃弛缓,瘤胃蠕动音减弱,蠕动次数减少,反刍、食欲减少或停止,鼻镜干燥。便秘,粪球干小,外附有黏液或血丝。随病情发展,出现网胃炎症状。表现拱背站立,头颈微伸,四肢聚于腹下,肘头外展,肘肌震颤,排粪时拱背举尾,不敢努责。不愿运动,强迫运动时步态强拘,愿走软路不愿走硬路,愿上坡不愿下坡。卧地时小心翼翼,先用后肢屈曲坐地,然后前肢轻轻跪地,起立时先提前肢。网胃触诊,疼痛不安,抗拒检查。用前胃兴奋剂治疗后,病情反而加重。精神沉郁,呼吸浅表、急促,体温在穿孔后第 1~3 天多升高至 40~41℃,以后可能维持在正常范围。

病程较长的病牛,被毛粗乱逆立,前胃弛缓反复发生,间歇性瘤胃臌气,食欲时好时坏,逐渐消瘦,贫血,水肿,全身无力,泌乳减少或停止。

若发生创伤性心包炎,病牛脉搏数增加,达 90~100 次/min,心区触诊疼痛,前期可听到心包摩擦音,其后随渗出液增多而出现心包击水音。心搏动减弱,体表静脉怒张,颌下、胸前等部位水肿,体温、呼吸加快。

若发生急性弥漫性腹膜炎,全身症状显著,体温、脉搏和呼吸数增加,腹部触诊时疼痛剧烈,常因败血症而死亡。

血液检查,白细胞总数增加,其中嗜中性白细胞增多,核左移,而淋巴细胞减少,淋巴细胞与嗜中性白细胞比例出现倒置,由正常的 1.7：1 反转为 1：1.7。

3. 预防措施

平时注意剔除料草中尖锐异物,定期用金属探测器检查网胃内金属异物,并及时用瘤胃取铁器清除,以免发生本病。病牛站立保定,装上开口器并将其固定好,用胃导管将瘤胃取铁器通过开口器送入瘤胃内,将取铁器外端绳索固定在牛颈部,然后牵牛进行上坡下坡、转弯等活动 30~60 min,取出瘤胃取铁器,经 2~3 次的反复操作,可将瘤胃和网胃内的游离金属异物打捞干净。

【技能 9】 牛瓣胃阻塞的诊断与治疗

1. 诊断

根据听诊瓣胃蠕动音消失,触诊瓣胃疼痛以及瓣胃穿刺结果等可做出诊断。注意与急性前胃弛缓和肠便秘相鉴别。

2. 治疗

以泻下、补液和促进前胃蠕动为治疗原则。

【处方 1】泻下

硫酸钠 800 g,常水 3 000 mL,液状石蜡 500 mL,一次灌服。若无腹痛症状时,可用 0.1%新斯的明注射液 20 mL,一次肌肉注射。或用硫酸镁 300~500 g,常水 2 000 mL,液状石蜡 500 mL,一次瓣胃注射,方法是:用封闭针头在右侧第 9 肋间与肩端水平线相交处,垂直刺入皮肤和肋间肌后,针尖斜向对侧肘突方向刺入 10～12 cm。若注入瓣胃时,针感阻力,先注入 50 mL 生理盐水,迅速回抽,如抽出带有粪末的液体,说明针头确实刺入了瓣胃,接上针筒,注入药液。

【处方 2】补液和促进前胃蠕动

10％氯化钠溶液 300 mL,5％氯化钙注射液 100 mL,10％安钠咖注射液 20 mL,复方氯化钠注射液 5 000 mL,一次静脉注射。或 5％葡萄糖溶液 5 000 mL,10％安钠咖注射液 30 mL,一次静脉注射。

【处方 3】中药治疗

藜芦、常山、二丑、川芎各 60 g,滑石 90 g,当归 100 g。水煎取汁,候温,加麻油 1 000 mL,蜂蜜 250 g,一次灌服。

重症者施行瘤胃切开术,用长胶管通过瘤网口进入瓣胃,用大量 0.1％高锰酸钾溶液冲洗瓣胃,同时在瘤胃内用手按压瓣胃以揉碎食物团块,利用虹吸作用导出液体,反复冲洗,直至完全排除内容物,最后冲开贲门。体型较大的牛可通过皱胃(切开皱胃后)进行冲洗。

【相关知识】瓣胃阻塞是由于前胃运动机能减弱,特别是瓣胃收缩力减弱,其内容物不能进入皱胃而积聚于瓣胃中,内容物水分被吸收而变干,继而形成阻塞的一种疾病。

1. 发病原因

原发性瓣胃阻塞主要见于在缺乏饮水的情况下,长期饲喂谷糠、醋糟、糖渣、麸皮及夹带大量泥沙的饲料,或长期饲喂甘薯藤、花生蔓、豆秸、麦秸秆等坚韧而富含粗纤维的饲料等引起。

继发性瓣胃阻塞主要见于前胃弛缓、瘤胃积食、瓣胃炎、网胃与膈肌粘连、皱胃变位及阻塞、血孢子虫病,以及其他热性病等。

2. 主要症状

病初出现前胃弛缓症状,病牛精神沉郁,食欲下降,反刍、嗳气减少,鼻镜干燥,口色潮红。瘤胃蠕动音减弱,瘤胃内容物柔软,常伴有瘤胃臌气。瓣胃蠕动减弱或消失,触诊瓣胃疼痛,伴有磨牙现象。瓣胃穿刺,可感到瓣胃内容物硬固,无液体从穿刺孔流出。用注射器也很难抽出液体,针头在瓣胃内很少能摆动或不能活动。粪少而干硬,色暗成球,呈算盘珠样。尿少色深,泌乳量减少。后期精神高度沉郁,食欲、反刍和泌乳停止。体温升高,呼吸、脉搏增数。鼻镜龟裂,眼球凹陷,结膜发绀。瘤胃蠕动停止,排粪停止,无尿。若不及时治疗,常因脱水和自体中毒而死亡。

3. 预防措施

减少饲喂过于老硬的粗纤维饲料,避免长期饲喂糠麸、糟粕之类的饲料,增加青绿饲料和多汁饲料,注意清除饲料中的泥沙,供给充足饮水,给予适当的运动,以减少本病的发生。

【技能 10】 牛皱胃阻塞的诊断与治疗

1. 诊断

根据长期(数日到数十日)排粪迟滞,右侧腹中下皱胃区局限性隆膨、皱胃穿刺 pH 为 1～4,可确诊。注意与前胃弛缓、创伤性网胃腹膜炎、皱胃变位及肠变位等相区别。

2. 治疗

治疗原则是消积化滞,防腐止酵,缓解幽门痉挛,促进皱胃内容物排出,防止脱水和自体中毒。重症时,采取手术疗法。

【处方1】消积化滞

病初,皱胃运动机能尚未完全消失时,用胃蛋白酶80 g,稀盐酸40 mL,陈皮酊40 mL,番木鳖酊20 mL,一次灌服,每天1次,连用3 d。同时,配合生理盐水1 500~2 000 mL,一次皱胃注射。0.1%新斯的明注射液20 mL,一次皮下注射,2 h重复1次。或用25%硫酸钠溶液500~1 000 mL,液状石蜡500~1 000 mL,乳酸10~20 mL,稀盐酸30~40 mL,一次皱胃注射。

【处方2】通便泻下,防腐止酵

用硫酸钠300~400 g,植物油(或液状石蜡)500~1 000 mL,鱼石脂20 g,酒精50 mL,常水6 000~8 000 mL,一次灌服。如脱水明显则慎用泻剂。10%磺胺-5-甲氧嘧啶注射液120 mL,一次肌肉注射,每天2次,连用5 d,首次量加倍。

【处方3】强心补液,兴奋胃肠机能

用10%氯化钠注射液300 mL,5%氯化钙注射液100 mL,10%安钠咖注射液20 mL,40%乌洛托品注射液40 mL,25%维生素C注射液20 mL,5%葡萄糖生理盐水4 000 mL,一次静脉注射。

【处方4】中药治疗

大黄、郁李仁、滑石各100 g,芒硝200 g,厚朴、枳实、木通、莪术、醋香附、山楂、麦芽、沙参、石斛各50 g,京三棱、青皮各40 g,糖瓜蒌2个。水煎取汁,候温,加植物油250 mL,一次灌服。

若药物治疗效果不理想,应进行手术疗法。切开瘤胃,取出内容物,用胃管经瘤网口及网瓣孔直接用温生理盐水冲洗瓣胃及皱胃。牛体型较大者可切开皱胃,取出内容物,再用温水冲洗瓣胃和皱胃。

【相关知识】皱胃阻塞又称为皱胃积食,是由于迷走神经调节机能紊乱,导致皱胃弛缓、内容物滞留、胃壁扩张、体积增大形成阻塞的一种疾病。临床上以消化机能障碍、瘤胃积液、自体中毒和脱水等为特征。

1. 发病原因

原发性皱胃阻塞主要由于饲养管理不当所致。如在冬春青绿饲料缺乏季节,长期饲喂铡碎的谷草、稻麦秸秆、大豆秸秆、玉米秆、高粱秆、麦麸等,特别是饮水不足时,易引发本病。由于消化机能和代谢机能紊乱,发生异嗜症,误食破布头、毛线、塑料纸、草根、木屑、毛发、胎盘等,引起机械性皱胃阻塞。犊牛有时因大量乳凝块滞积而发生本病。

继发性皱胃阻塞见于前胃弛缓、创伤性网胃炎、皱胃炎、皱胃溃疡、小肠便秘、腹腔内脏器粘连以及肝脾脓肿、纵隔疾病等。

2. 主要症状

病初,呈前胃弛缓症状,患牛食欲、反刍减退或消失,喜饮水。瘤胃蠕动音减弱,尿少粪干,常伴有便秘。随病情发展,病牛食欲废绝,反刍停止,腹部显著增大。听诊瘤胃和瓣胃蠕动音消失,肠音微弱。病牛屡呈排粪姿势,仅排出少量糊状、棕褐色恶臭粪便,常混有黏液或紫黑色血丝和血凝块。尿量减少,尿液浓缩,呈黄色或深黄色。

继发瘤胃积液,冲击触诊左腹有波动感。将听诊器放置在左侧或右侧肷窝上,用手指轻轻叩诊左侧倒数第一至第五肋骨弓,或右侧倒数第一、第二肋骨弓,可听到类似叩击钢管的铿锵音(钢管音)。

重症病牛,在右侧肋弓后下方出现局限性隆起,冲击性触诊,患牛敏感疼痛,同时感触到皱胃体积明显扩张,内容物坚硬。

直肠检查,直肠内有少量粪便和成团的黏液,混有坏死黏膜组织。体型较小的黄牛,手伸入骨盆腔前缘右前方,瘤胃的右侧,于中下腹区,能摸到向后伸展扩张呈捏粉样硬度的部分皱胃体。但乳牛和水牛因体型较大,一般摸不到。

末期,呈现严重的脱水和自体中毒症状。病牛精神极度沉郁,体质虚弱,皮肤弹性减弱,鼻镜干燥、龟裂,眼球下陷,结膜发绀,舌面皱缩,呼吸急促,心率加快,常增至 100 次/min 以上。常左侧位卧地呻吟,多在 1～2 周(黄牛可在 3 周以上)内发生死亡。若发生皱胃破裂,多因急性弥漫性腹膜炎和突发性休克而死亡。

实验室检查 皱胃液 pH 1～4。瘤胃液 pH 7～9。血清氯化物降低,平均为 3.88 g/L(正常为 5.96 g/L),血浆二氧化碳结合力升高,平均为 682 mL/L(正常为 514 mL/L)。

3. 预防措施

加强饲养管理,精粗饲料合理搭配,饲喂时补充一些多汁饲料和青绿饲料,保证充足的清洁饮水,及时清除饲料中异物和块根类饲料中的泥沙,并积极治疗原发病。

【技能 11】 牛皱胃变位的诊断与治疗

1. 诊断

根据皮肤和呼出气有烂苹果味、听诊特定部位出现钢管音、冲击性触诊有振荡音,以及直肠检查、膨胀部位穿刺液检查等结果,可确诊。

2. 治疗

(1)皱胃左方变位的治疗,以促其复位或手术整复为原则,配合抗菌消炎、补液强心。

①滚转整复法 先让病牛饥饿数日,并限制饮水,使瘤胃的体积变小,有利于整复。使病牛呈左侧横卧姿势,然后再转成仰卧式,随后以背部为轴心,先向左滚转45°,回到正中,再向右滚转45°,再回到正中。如此来回地左右摇晃 3 min,突然停止,使病牛仍呈左侧横卧姿势,再转成俯卧式,最后使之站立,检查复位情况。如尚未复位,可继续进行。

②手术整复法 适用于变位已久,特别是皱胃已与腹壁或瘤胃发生粘连的病牛。站立保定,手术部位在左侧腹壁,切口顶点为距腰椎横突下方 15 cm、距最后肋骨后缘 6 cm 的交点处,垂直向下切开皮肤 15 cm,打开腹腔,找到皱胃后,先穿刺放气,然后在胃大弯处,用 4 股粗而长的缝线缝 2 针(不能穿透黏膜层),分别从瘤胃下方通过,在右侧事先剪毛消毒的腹壁皮肤出针,将皱胃复位后,在右侧体外将 2 根线端逐渐收紧,打结。闭合腹腔。术后配合抗生素全身治疗,10 d 左右将右侧皮肤外的缝线剪断,消毒后抽出。

(2)皱胃右方变位的治疗,宜尽快手术切开皱胃,排除积液,纠正变位,配合补液强心,纠正碱中毒。

手术部位在右侧腹肋部中央,距腰椎横突下方 15 cm,垂直向下切开腹壁长 20 cm,导出腹腔积液,找到皱胃后,用连有胶管的针头穿刺排液、放气,纠正皱胃位置,并使十二指肠肝门曲和幽门部间通畅,最后将皱胃浆膜和切口部腹膜一并缝合固定,以防止复发。术后禁食 1～2 d,用庆大霉素注射液 100 万 U,25%维生素 C 注射液 20 mL,10%氯化钾注射液 100 mL,50%葡萄糖注射液 200 mL,10%安钠咖注射液 30 mL,复方氯化钠注射液 3 000 mL,生理盐水5 000 mL,一次静脉注射,每天 1 次,连用 2～3 d。完全畅通后,兴奋胃肠功能,可用 0.1%新斯的明注射液 20 mL,肌肉或皮下注射,也可使用龙胆酊、番木鳖酊等。

【相关知识】皱胃变位是指皱胃的正常解剖位置发生改变。临床分左方变位和右方变位两种。左方变位是皱胃通过瘤胃下方移行到左侧腹腔,嵌留在瘤胃与左腹壁之间。多发于高产奶牛,主要表现食欲降低、采食少许粗料、产奶量下降,左侧9～11肋间肩关节水平线上下叩听有钢管音。

右方变位又称为皱胃扭转,亦包括前方变位和后方变位两种情况。前方变位是指皱胃向前方(逆时针)扭转,嵌留在网胃与膈肌之间,后方变位是皱胃向后方(顺时针)扭转,嵌留在肝脏与右腹壁之间。主要表现皱胃亚急性扩张和积液,腹痛、碱中毒和脱水等。

1. 发病原因

(1)皱胃左方变位,一般认为多由于皱胃弛缓或皱胃机械性转移所致。

①皱胃弛缓　高产奶牛长期单一饲喂玉米、玉米青贮等饲料,加速食糜后送速度,使皱胃内挥发性脂肪酸浓度急剧升高,造成皱胃兴奋性降低,皱胃内食糜停滞,产生大量的二氧化碳、甲烷、氨气等,从而导致皱胃充气和扩张,在受到压迫时容易发生游走变位。此外,分娩期努责、脓毒性乳房炎或子宫炎的毒血症、消化不良、皱胃炎和皱胃溃疡,以及酮病、生产瘫痪等代谢紊乱性疾病也常导致皱胃弛缓。

②机械性转移　妊娠母牛后期因胎儿增大、增重,逐渐将瘤胃向前上方抬高,皱胃趁机向左方移走,当母牛分娩时,由于子宫内胎儿排出,重力突然消除,瘤胃随之下沉,将游离的皱胃压到瘤胃的左方,置于左腹壁与瘤胃之间,同时由于皱胃内含有相当多的气体,很容易进一步跑到左腹腔的上方。母牛发情时爬跨,使皱胃位置暂时由高抬随即下降而发生改变,也可成为本病的诱因。

(2)皱胃右方变位,主要原因是皱胃弛缓,但不限于妊娠或分娩的母牛,跳跃、起卧、滚转、分娩等体位或腹压发生剧烈改变是促发因素。

2. 主要症状

(1)皱胃左方变位　多发生于分娩之后,少数发生在产前3个月至分娩前。病牛食欲减退,厌食精料,大多数对粗饲料仍保留一些食欲。反刍和嗳气减少或停止,瘤胃蠕动音减弱或消失,有的呈现腹痛和瘤胃臌胀。排少量深绿色糊状黏腻粪便,有时腹泻与便秘交替发生,但便秘持续时间一般不超过24 h。随病情发展,左腹肋弓部局限性膨大,触诊有气囊样感,冲击性触诊有振荡音。在该区域内听诊可听到与瘤胃蠕动不一致的皱胃蠕动音。在左侧最后3个肋骨的上1/3处叩诊,同时用听诊器听腹侧膨大部,可听到钢管音。膨隆部位下部穿刺,皱胃液呈棕褐色、酸臭、混浊,无纤毛虫,pH 1～4。直肠检查,瘤胃背囊右移,瘤胃与左腹壁之间出现间隙,病程长者,瘤胃体积缩小,在瘤胃的左侧可摸到膨胀的皱胃。

病牛中度酮尿,呼出气有烂苹果味。多数病例产奶量逐渐下降,瘦弱,腹围缩小,后期卧地不起。但若无继发感染,体温、脉搏和心跳多无明显变化。

(2)皱胃右方变位　患牛突发腹痛,蹴踢腹部,背腰下沉,呈蹲伏姿势。体温正常或偏低,但心跳次数增加至100～120次/min。瘤胃蠕动音消失。粪量中等,粪便带血呈暗黑色。皱胃充满气体和液体,右腹(皱胃)和左腹(瘤胃)膨胀,冲击式触诊可听到液体的振荡音。将听诊器放在右肷部,结合在右肷窝至倒数第二肋骨之间用手指叩击,可听到高亢的钢管音。皱胃穿刺液呈淡红色或咖啡色,pH 1～4。直肠检查,能在右侧腹部摸到膨胀而紧张的皱胃。患牛明显脱水,眼球下陷,尿少色黄,酮尿,呈碱中毒、休克等症状。轻度扭转,病程可达10～14 d,重度扭转可在2～4 d死亡,若发生皱胃破裂则突然死亡。

3. 预防措施

控制干奶期母牛精料的饲喂量,注意精粗饲料比例适当,保证充足的干草供应,适当增加运动量,并积极治疗引起皱胃弛缓的原发病。

【技能 12】 胃扩张的诊断与治疗

1. 诊断

(1)症状诊断　胃扩张发展快,症状急剧,腹围增大,腹痛明显,腹壁触诊紧张。

(2)胃管检查　送入胃管后,从胃管排出少量酸臭气体和稀糊状食糜,或无食糜排出,腹痛症状不减轻,则为食滞性胃扩张;送入胃管后,从胃管排出多量酸臭气体,病畜随气体排出而转为安静,则为气胀性胃扩张;若送入胃管后,从胃管排出多量液体,腹痛症状暂时消失,不久疼痛又发生,则为液胀性胃扩张。

(3)直肠检查　在马左肾前下方可摸到膨大的胃后壁,或后移的脾脏。触之胃壁紧张而有弹性,为气胀性胃扩张;若触之胃壁坚硬,压之留痕,则为食滞性胃扩张;若触之有波动感,则为液胀性胃扩张。

(4)实验室检查

①血液检查　血沉减慢,红细胞压积容量升高,血清氯化物含量减少,血液碱贮增多。

②胃液检查　液胀性胃扩张时,胃液中的胆色素呈阳性反应。

2. 治疗

首先解除胃扩张状态。若为气胀性胃扩张,用胃管排除胃内气体;若为采食了大量细粒状或粉状饲料所致的食滞性胃扩张,通过胃管用大量温水洗胃,同时排出积气;对继发性胃扩张,用胃管排出大量液体和气体,同时积极治疗原发病。

对病犬,也可内服泻剂,灌服液状石蜡或植物油;或用阿扑吗啡皮下注射,促使内容物吐出。腹痛明显者,可内服水合氯醛或用 5％水合氯醛溶液静脉注射。如病情严重,可手术切开胃壁取出内容物。术后 24 h 内禁食,3 d 内吃流质食物,禁止剧烈运动,以后逐渐喂正常食物。

马胃扩张处方

【处方 1】止酵(适用于马气胀性胃扩张)

鱼石脂 15～20 g,95％酒精 80～100 mL,温水 500 mL。胃管排出胃内气体后,经胃管一次灌服。

【处方 2】排除胃内容物、镇痛(适用于马食滞性胃扩张)。

液状石蜡 500～1 000 mL,普鲁卡因粉 3～4 g,稀盐酸 15～20 mL(或乳酸 15～20 mL),温水 500 mL。导胃后,取各药混合,经胃管一次灌服。

犬胃扩张处方

【处方 1】排除胃内容物

液状石蜡或植物油 20～50 mL。排出胃内气体后,一次灌服。

【处方 2】催吐

阿扑吗啡,每千克体重 0.08 mg。排出胃内气体后,一次皮下注射。

【处方 3】镇痛

水合氯醛 0.5～1 g。内服。

【处方 4】中药治疗

(1)犬原发性胃扩张　乌药、木香各 50 g,加水 800 mL,文火煎至 400 mL。候温,口服,每次 20～40 mL,每天 2 次,连用 2～3 d。

(2)犬继发性胃扩张　莱菔子 10 g,鸡内金 10 g,陈皮 10 g,木香 6 g,水煎至 30 mL,加醋 20 mL。候温,1 次口服。

【相关知识】是指胃排空机能紊乱和采食过量使胃急剧膨胀而引起的一种急性腹痛性疾病。按病因可分为原发性胃扩张和继发性胃扩张;按内容物性状可分为食滞性胃扩张、气胀性胃扩张和液胀性胃扩张(积液性胃扩张)。本病多见于马、骡和犬。

1. 发病原因

(1)原发性病因　多见于突然一次过食干燥、易发酵、易膨胀、难消化的饲料或食物,继而剧烈运动,饮用大量冷水,使食物和气体积聚于胃内;另外,养护不当引起胃消化功能紊乱,或饮水不足、机体脱水、胃分泌功能不足导致的胃壁干涩,内容物后排障碍而引起本病。

(2)继发性病因　见于幽门痉挛、小肠阻塞、胃扭转、胰腺炎、寄生虫病等。

2. 主要症状

(1)原发性胃扩张 多于采食后不久或数小时内发病。病畜食欲废绝,精神沉郁,眼结膜发红或发绀,嗳气。病初口腔湿润,随后发黏,重症干燥,口臭。呼吸急促,脉率不断增快,脉搏由强转弱。肠音逐渐减弱,最后消失。重症病畜皮肤弹性减退,眼窝凹陷。腹痛明显,病初为间歇性腹痛,很快转为剧烈的持续性腹痛,病畜急起急卧、卧地滚转,或向前冲撞,有时出现犬坐姿势。胸前、肘后、股内侧、耳根等部位出汗,个别病畜全身出汗。

(2)继发性胃扩张　在原发病的基础上病情很快转重。大多数病畜经鼻流出少量粪水;插入胃管后,间断或连续地排出大量的具有酸臭气味、淡黄色或暗黄绿色液体,并混有少量食糜或黏液。随着液体的排出,病畜逐渐安静,经一定时间后,又复发,再次经胃管排出大量液体,病情又有所缓解,如此反复发作。两次发作的时间间隔越短,表示小肠闭塞的部位离胃越近。病畜很快出现脱水和心力衰竭。

若胃的扩张状态不能及时缓解,或由于急起急卧、卧地滚转等外力作用,可能发生胃破裂。食糜大量进入腹腔,腹痛症状立即缓解,而全身症状急剧恶化,发生中毒性休克,很快死亡。

犬发生胃扩张时,腹部膨大,呈中度间歇性腹痛或持续性剧烈腹痛,不安、鸣叫、嗳气、流涎。食欲废绝,精神沉郁,口气、呼出气酸臭,有时可见弓腰呕吐。眼结膜潮红或发绀,呼吸浅而快,心跳增数。听诊有金属音,叩诊呈鼓音,触诊敏感。胃管检查,可排出大量气体和液体。

3. 预防措施

加强饲养管理,防止过饥过饱,劳役适度。防止动物偷食精料。

【技能 13】　肠便秘的诊断与治疗

1. 诊断

根据症状和病史调查可做出诊断。

2. 治疗

治疗原则是加强护理,通便泻下,镇静止痛,补液强心,对症治疗。

首先要加强护理,防止激烈滚转而继发肠变位、肠破裂或其他外伤;通便泻下用液状石蜡(或植物油)等油类泻剂或硫酸钠、硫酸镁等盐类泻剂;腹痛不安时,可肌肉注射 30% 安乃近注射液(猪3~5 mL,牛20~30 mL,犬1~2 mL);为防止脱水和维护心脏功能,可静脉注射复方氯化钠注射液或5%葡萄糖生理盐水注射液,并适时注射20%安钠咖注射液;肠管疏通后应禁食1~2顿,以后逐渐恢复至常量,以免便秘复发或继发胃肠炎。上述方法无效时,应立即采取剖腹破结。剖腹后,在肠外直接作按压,并局部注入液状石蜡或生理盐水适量,局部按压至粪便松软为止。若粪块粗大或过于坚实,应切开肠管取出。若肠壁已严重瘀血、坏死,在切除坏死肠管后作肠管吻合术。

猪肠便秘处方

【处方1】

硫酸钠6 g,人工盐6 g。拌料内服,每天3次。也可用大黄苏打片60片,分2次内服。或用硫酸镁40 g,分2次拌料内服。

【处方2】

食盐100~200 g,鱼石脂(酒精溶解)20~25 g。温水2 000~3 000 g,待食盐溶化后,一次灌服。

【处方3】

液状石蜡50~100 mL。灌服,每天1次,连用2~3 d。

【处方4】

温肥皂水,适量。多次灌肠,而后行腹部按摩,以软化结粪,促进排出。

【处方5】中药治疗

大黄15 g,芒硝30 g,枳实9 g,厚朴9 g,槟榔6 g。水煎成500~1 000 mL,一次灌服。

牛肠便秘处方

【处方1】

硫酸镁500~800 g,液状石蜡500 mL,常水3 000 mL。一次灌服。配合0.1%新斯的明注射液20 mL,肌肉注射或皮下注射。

【处方2】(适用于结肠便秘)

温肥皂水1 500~3 000 mL。深部灌肠。

【处方3】(适用于顽固性便秘)

硫酸镁300 g,液状石蜡500 mL,常水3 000 mL。一次瓣胃注射。

【处方4】(适用于大肠完全阻塞)

硫酸钠或硫酸镁300~500 g,鱼石脂15~20 g,酒精50 mL,常水6~10 L。一次灌服。

【处方5】(适用于大肠不完全阻塞)

碳酸钠150 g,碳酸氢钠250 g,氯化钠100 g,常水8~12 L。一次灌服,每天1次,连用3~5 d。

【处方6】(适用于小肠完全阻塞)

液状石蜡或植物油500~1 000 mL,鱼石脂15~20 g,酒精50 mL,常水500~1 000 mL。一次灌服。

犬肠便秘处方

【处方1】

温肥皂水100~200 mL。深部灌肠,每天或隔日重复1次,连用2~3次。

【处方2】

液状石蜡10~20 mL。一次灌服,每天1次,连用2~3次。

【处方3】(适用于大肠完全阻塞)

硫酸钠或硫酸镁 10～20 g,常水 200 mL。一次灌服,每天 1 次,连用 1～2 次。

【处方4】

口服补液盐 1 包(14.75 g)。溶于温水 50～100 mL 内,一次直肠缓缓滴入,并配合腹部按摩。

马肠便秘处方

【处方1】

硫酸钠 300～500 g,大黄末 60～80 g,常水 5 000～6 000 mL。溶解后一次灌服。

【处方2】

人工盐 300～400 g,常水 5 000～6 000 mL。溶解后一次灌服。

【处方3】泻下、止酵(适用于小肠便秘)

液状石蜡 500～1 000 mL,松节油 30～50 mL,克辽林 20～30 mL,常水 500～1 000 mL。混匀,导胃后一次灌服。

【处方4】

5%～7%碳酸氢钠溶液 3 000～4 000 mL。盲肠秘结后期直接注入盲肠,配合直肠按压。

【处方5】中药治疗

大黄 60 g(后下),芒硝 300 g(冲),厚朴 30 g,枳实 30 g。水煎取汁,一次灌服。

【相关知识】肠便秘是由于肠管运动机能和分泌机能紊乱,肠内容物滞留不能后移、水分被吸收而干燥,造成一段或几段肠管秘结的一种腹痛性疾病。

1. 发病原因

(1)原发性病因　主要由于饲养管理不善引起。如长期饲喂干燥谷物、糠麸、不易消化的含粗纤维多的劣质饲料,饲料中混有泥沙,饮水不足、缺乏运动等。

断乳仔猪突然变换饲喂纯米糠而同时缺乏青绿饲料,妊娠母猪或分娩不久的母猪伴有肠弛缓等,均可引起便秘。

牛偷食或饲喂大量稻谷,或舔食多量被毛,在肠管内形成毛球而引起肠腔阻塞。母牛分娩前期,子宫增大压迫直肠致使直肠麻痹,容易引起直肠便秘。

犬的肠便秘常因饲料中混有骨头、毛发,或因生活环境的改变,扰乱了原有的排便习惯而引起。

马的肠便秘常发于由放牧转为舍饲,由喂青草、青干草转为喂粗硬饲料时,胃肠蠕动由最初的增强变为减弱,内容物停滞而发生;或由于炎热夏季、剧烈使役或运动,引起大量出汗,此时饲喂食盐不足则导致胃肠蠕动和分泌机能变弱,增加肠内容物后移阻力,导致肠便秘。

(2)继发性病因　多见于一些高热性疾病,如猪瘟、猪丹毒、猪肺疫、牛恶性卡他热、牛流行热、牛巴氏杆菌病、马流行性感冒、马大叶性肺炎等。

犬的肠便秘也常继发于排便疼痛的疾病,如直肠内异物、肛门囊炎、肛门囊肿、肛门周围形成瘘管、肛门狭窄、肛门痉挛;有机械性通过障碍的疾病,如前列腺肥大、骨盆腔肿瘤、骨盆骨折恢复后的骨盆狭窄、结肠和直肠的肿瘤、会阴疝等;支配排便的神经异常,如脊髓炎和脊椎骨折压迫脊髓所致的后躯麻痹,老龄犬迷走神经紧张性减退及特发性巨大结肠症等。

2. 主要症状

(1)猪的肠便秘　各种年龄的猪都可发生,而小猪多发,便秘部位常在结肠。病初精神不振,食欲减退,渴欲增加。腹痛,起卧不安,有时呻吟,屡呈排粪姿势,初期排出少量干燥、颗粒状的小粪球,被覆黏液或带有血丝。1～2 d后食欲废绝,排粪停止,肠音减弱或消失,伴有肠臌气时,可听到金属性肠音。双手从两侧腹部触诊,体小的猪可摸到肠内呈串珠状排列的干硬粪球。十二指肠便秘时,病猪呕吐,呕吐物液状酸臭。直肠便秘时粪块压迫膀胱,会伴发尿闭。

(2)牛的肠便秘 病初,腹痛一般较轻,但可呈持续性腹痛,患牛拱背、努责,屡呈排粪姿势,但不见排出粪便,或仅排出一些胶冻状团块。两后肢交替踏地,呈蹲伏姿势,或后肢踢腹。随病情发展,肠内容物发酵分解,产生毒素,使腹痛加剧,病牛喜卧,不愿起立。若病程延长,因肠管麻痹,腹痛减弱或消失。饮食欲减退或废绝,反刍停止。鼻镜干燥,结膜呈污秽的灰红色或黄色。口腔干臭,舌苔灰白或淡黄。直肠检查,肛门干涩、紧缩,直肠内空虚,或在直肠壁上附着少量干硬的粪屑。有些病例在便秘的前方胃肠积液,病至后期,眼球凹陷,目光无神,卧地不起,头颈贴地,脉搏增数至100次/min以上,常因脱水和虚脱而死。

(3)犬的肠便秘 食欲不振或废绝,呕吐或呕粪;尾巴伸直,步态紧张。脉搏加快,可视黏膜发绀。轻症病例反复努责,排出少量秘结便;重症病例屡呈排粪姿势,排出少量混有血液或黏液的液体。肛门发红和水肿。时间较长病例,多有口腔干燥、结膜无光、皮肤干燥等脱水表现。触诊后腹上部有压痛,并可在腹中、后部摸到串珠状的坚硬粪块。肠音减弱或消失。直肠指诊能触到硬的粪块。

(4)马的肠便秘 口色变红或红中带黄,甚至暗红或发绀,口腔发黏甚至干燥,口臭;腹痛,若结粪坚硬且发生完全阻塞,或继发肠臌气或胃扩张,则腹痛剧烈;病初肠音频繁而增强,而后肠音减弱,病后期肠音极弱甚至消失;食欲减退或废绝,病初期体温、脉搏、呼吸多无明显变化,若继发引起肠臌气或胃扩张,则呼吸急促,脉搏加快、变弱甚至不感于手。若机体脱水过程进一步发展,则引起循环衰竭甚至休克。不同部位肠阻塞,其症状亦有不同。

①小肠阻塞 多在采食中或采食后数小时内发病。发生阻塞的部位离胃越近,发病越快、越重,越易导致胃扩张。腹痛剧烈,鼻流粪水,颈部食管出现逆蠕动波。直肠检查,在前肠系膜根后下方、右肾附近触到约有手腕粗、表面光滑、质地黏硬、呈块状或圆柱状的阻塞肠管,为十二指肠阻塞;在盲肠底部内侧摸到左右走向的香肠样硬固体,其左端游离,可被牵动,右端位置较为固定(因回肠末端与盲肠相连),空肠普遍膨胀,为回肠阻塞;当摸到的阻塞部位是游离的,并有一段或部分空肠发生膨胀,为空肠阻塞。

②大肠阻塞 大肠阻塞常发生的部位是骨盆曲、小结肠、胃状膨大部和盲肠。前两个部位多为完全阻塞,后二者常为不完全阻塞。

骨盆曲阻塞:病马常呈现剧烈腹痛,但肠臌气多不严重。直肠检查:可在骨盆腔前缘下方摸到像肘样弯曲的粗肠管,内有硬结粪,有时阻塞的骨盆曲伸向腹腔的右方或向后伸至骨盆腔内。

小结肠阻塞:从发病起就呈现剧烈腹痛,当继发肠臌气时,腹围增大,腹痛加剧。病初肠音偏强,以后减弱或消失。直肠检查:通常于耻骨前缘的水平线上或体中线的左侧(有时偏向右侧)可触到拳头大的粪块。若发生肠臌气后,宜先穿肠放气再进行检查。

胃状膨大部阻塞:不完全阻塞者,病情发展缓慢,病期较长,通常为3～10 d。多为间歇性轻度腹痛,常呈侧卧、四肢伸展状,只排少量稀粪或粪水;完全阻塞者,症状发展快而严重,腹痛也较剧烈,病期亦短。直肠检查,可在腹腔右前方摸到随呼吸而略有前后移动的半球状阻塞物。

左侧大结肠阻塞:左下大结肠较左上大结肠的管腔粗大,前者多为不完全阻塞,后者常为完全阻塞。直肠检查,在左腹下部可摸到左下大结肠或左上大结肠内的坚硬结粪。

全大结肠阻塞:病畜痴呆,呈慢性腹痛,肠音明显减弱,病情发展缓慢。直肠检查,凡能摸到的大结肠,其内都充满坚硬粪便。

盲肠阻塞:发展较慢,病期较长(10~15 d),腹痛轻微。饮食欲明显减退,但在排泄具有恶臭气味的稀粪时,饮水量有增加趋势。排粪量明显减少,干粪和稀粪交替出现。肠音减弱,尤其以盲肠音减弱最为明显。体温、呼吸和脉搏都无明显变化,病马逐渐消瘦。直肠检查,盲肠内充满坚硬粪便。

直肠便秘:多发生于老弱马、骡和驴,腹痛较轻微,仅表现摇尾、举尾,频频作排粪姿势,但排不出粪便。全身无明显变化,有时可继发肠膨气。手入直肠即可确诊。

3. 预防措施

加强饲养管理,青饲料、粗饲料、精饲料要合理搭配,含粗纤维多难以消化的饲料,要软化或煮烂。及时治疗有异嗜癖的动物,防止采食泥沙、煤块、毛球等异物。给予充足清洁的饮水,适当运动。

【技能14】 肠痉挛的诊断与治疗

1. 诊断

根据本病主要症状,明显的间歇性腹痛,肠音亢盛,口腔湿润,耳、鼻发凉,不难确诊。本病往往有继发肠阻塞或肠变位的可能,临床上应予以注意。

2. 治疗

治疗原则是加强护理,解除肠痉挛,清肠止酵,对症治疗。本病持续时间一般不长,从几十分钟至几个小时,若给予适当治疗,可迅速痊愈。如经治疗,症状不见减轻,腹痛加剧,全身症状也随之恶化,这表明继发了肠变位或肠阻塞,此时应慎重对待,并采取相应治疗措施。

牛肠痉挛处方

【处方1】镇痛

30%安乃近注射液40 mL,一次肌肉注射。

【处方2】解除平滑肌痉挛

1%硫酸阿托品注射液3 mL,一次皮下注射。或颠茄酊30 mL,温水3 000 mL,一次灌服。

【处方3】中药治疗

荜澄茄90 g,小茴香30 g,青皮30 g,木香30 g,川椒20 g,茵陈60 g,白芍60 g,酒大黄30 g,甘草15 g。煎汤去渣,候温一次灌服。

马肠痉挛处方

【处方1】解痉镇痛

30%安乃近注射液20~40 mL,一次皮下注射。也可静脉注射安溴注射液(50~100 mL),或5%水合氯醛酒精注射液100~200 mL。

【处方2】缓泻止酵

硫酸钠200~300 g,20%鱼石脂酒精100 mL,温水3 000~5 000 mL。溶解后一次灌服。

【处方3】缓泻镇痛、调理胃肠机能

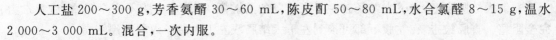

人工盐 200～300 g,芳香氨醑 30～60 mL,陈皮酊 50～80 mL,水合氯醛 8～15 g,温水 2 000～3 000 mL。混合,一次内服。

【处方 4】针灸治疗

针刺三江、姜牙、耳尖、分水、尾尖等穴。

【处方 5】中药治疗

青皮、陈皮、官桂、小茴香、白芷、当归、茯苓各 15 g,细辛 6 g,元胡 12 g,厚朴 20 g。共为末,开水冲调,候温,加白酒 60 mL,一次灌服。

【相关知识】肠痉挛又称痉挛疝,是由于肠平滑肌受到异常刺激发生痉挛性收缩,并以明显的间歇性腹痛为特征的一种腹痛病。常见于马,有时也发生于牛和猪。

1. 发病原因

肠痉挛多因气温和湿度的剧烈变化、汗后淋雨、风雪侵袭、寒夜露宿、劳役后暴饮冷水、采食霜冻或发霉、腐败的草料等引起。此外,消化不良、肠道溃疡、肠道内寄生虫及其毒素的刺激也可引起本病。

2. 主要症状

本病的特征性症状是出现明显的间歇性腹痛。腹痛发作时,病畜回顾腹部,起卧不安,前肢刨地,后肢蹴腹,卧地滚转,持续 5～10 min 后转入间歇期。在间歇期,病畜外观上似健畜,安静站立,有的尚能采食和饮水。但经过 10～30 min,腹痛又发作,如此反复。有的病畜,随着时间延长,腹痛逐渐减轻,发作期缩短,间歇期延长,常不药而愈。

在腹痛发作期,大、小肠肠音增强,连绵不断,有时在数步之外即可听到。随肠音增强,病畜频繁排出稀软粪便,但数量逐渐减少。口腔湿润,口色淡或青白,重者口温偏低,耳、鼻、四肢末梢发凉。病轻者,除腹痛发作时呼吸急促外,体温、呼吸、脉搏变化不大。

牛的肠痉挛,腹痛也呈间歇性发作,后肢频频屈曲,试图蹲卧,肠音亢盛,粪便稀薄。

猪的肠痉挛,表现高度不安,甚至卧地滚转、鸣叫,肠音高朗,排出稀软粪便。

3. 预防措施

加强日常饲养管理,避免各种寒冷刺激;定期驱虫,及时治疗肠道疾病。

【技能 15】 肠臌气的诊断与治疗

1. 诊断

本病根据临床症状和病史调查容易确诊,但必须要查清引起臌气的具体原因,并对原发性和继发性肠臌气加以鉴别。对于继发性肠臌气,还需查清原发病的性质和部位。直肠检查、腹腔穿刺液检查,可提供重要的诊断依据。

2. 治疗

治疗原则是加强护理,排气减压,解痉镇痛,清肠止酵。根据臌气程度采取相应处理。对臌气不严重的病例,可用解痉镇痛剂、缓泻止酵剂。对腹围显著胀大、呼吸急促的严重肠臌气,应立即穿肠排气,放气后应用解痉镇痛剂、缓泻止酵剂,以巩固疗效。放气时,常用盲肠穿刺,也可对臌气严重的肠管进行穿刺放气。排气后,通过放气针头注入止酵剂。为预防继发腹膜炎,常在穿肠放气后,用青霉素 240 万～360 万 U,溶于温生理盐水注射液(37～40℃)500 mL 中,0.25%盐酸普鲁卡因注射液 20～40 mL,腹腔注射。

此外,应注意心脏功能、自体中毒和脱水等变化,进行必要的对症治疗。

继发性肠臌气,在采取穿肠排气、镇痛等急救措施的同时,应尽快确定和治疗原发病。

【处方1】镇静止痛(适用于马肠臌气)

30%安乃近注射液20～30 mL。一次皮下注射。

【处方2】清肠止酵

人工盐200～300 g,鱼石脂20～30 g,常水3 000～5 000 mL。一次灌服。

说明:肠臌气严重时应及时配合穿肠排气。

【处方3】针灸治疗

针刺关元俞、后海、脾俞、肷俞穴。

【处方4】中药治疗

丁香30 g,木香20 g,藿香20 g,青皮22 g,陈皮22 g,玉片15 g,生二丑25 g,厚朴60 g,枳实15 g。共为细末,开水冲调,加植物油300 mL,灌服。

【相关知识】肠臌气是由于肠消化机能紊乱,肠内容物产气旺盛,肠道排气过程不畅或完全受阻,导致气体积聚于某部分或大部分肠管内,引起肠管臌胀的一种腹痛病。本病常见于马。

1. 发病原因

(1)原发性肠臌气　主要是采食了过量容易发酵的饲料所致,如幼嫩苜蓿、三叶草、青燕麦、蔫青草、堆积发热的青草以及玉米、大麦和豆类饲料等。

初到高原地区的马、骡往往易发生肠臌气。一般认为与气压低、氧气不足和过劳等引起的应激有关。

(2)继发性肠臌气　常继发于大肠阻塞和大肠变位。也可继发于弥漫性腹膜炎、慢性消化不良等疾病。

2. 主要症状

(1)原发性肠臌气　通常在食后2～4 h发病。病畜腹部迅速膨大,腹壁紧张,叩诊呈鼓音。病初为间歇性腹痛,以后则转为持续性腹痛。后期,因肠管极度膨胀而逐渐陷于麻痹,腹痛减轻甚至消失。听诊肠音在病初增强,并带有明显的金属音,以后则减弱,甚至消失。病初多排稀软粪便,以后则完全停止排粪。口腔黏膜初湿润,以后逐渐转为干燥,可视黏膜发红甚至发绀。呼吸加快,严重者呈现呼吸困难。心率增快,脉搏减弱,体表静脉充盈。体温正常或稍高。直肠检查,原发性肠臌气为广泛性臌气,手入直肠即可触及充气性肠管。

(2)继发性肠臌气　具有与原发性肠臌气相同的症状,为进一步查明继发肠臌气的原因,应进行直肠检查或结合腹腔穿刺综合判定。若穿刺液混浊带有微红色甚至深红色,白细胞数增多,含有大量蛋白质时,可怀疑为肠变位引起的肠臌气。

【技能16】　肠变位的诊断与治疗

1. 诊断

(1)症状诊断　腹痛剧烈,药物镇痛常无明显效果;肠音微弱或消失,排便很快停止;全身症状迅速恶化。

(2)腹腔穿刺液检查　腹腔液呈粉红色或红色。

(3)直肠检查　直肠内空虚,有较多的黏液或黏液块,检手前进时,感到阻力增大,通常可摸到局限性气肠,肠系膜紧张如索状,并向一定方向倾斜。如加以触压或牵拉,则剧烈躁动,疼痛不安。当直肠检查仍不能确定肠变位的性质时,可进行剖腹探查。

（4）血液学检查　血沉明显减慢。

（5）X线造影检查　猪、犬发生肠套叠时，可见2倍于正常肠管的简状软组织阴影，有的可见局部肠管臌气、积液。

2. 治疗

治疗原则是尽早施行手术整复，妥善对症治疗，加强术后护理。及早进行导胃、穿肠放气减压，应用镇痛剂以减轻疼痛刺激，纠正脱水、电解质紊乱和酸碱失衡，进行合理补液，以维持血容量和血液循环功能，防止休克发生。一般对早期病例应先纠正代谢性碱中毒，对中后期病例应先纠正酸中毒。在肠变位解除前不要补糖。使用新霉素或注射庆大霉素等抗菌药物，制止肠道菌群紊乱，减少内毒素生成。严禁投服泻剂。尽早实施手术整复，并做好术后护理工作。

【相关知识】肠变位是由于肠管的自然位置发生改变，致使肠腔发生机械性闭塞和肠壁局部发生循环障碍的一组重剧性腹痛病。本病主要发生于马属动物，其次发生于牛、猪和犬。

1. 肠变位的类型

通常将肠变位归纳为肠扭转、肠缠结、肠嵌闭和肠套叠4种类型。

（1）肠扭转　肠管沿其纵轴或以肠系膜基部为轴发生不同程度的扭转。肠管沿横轴发生折转，称为折叠。如小肠扭转、小肠系膜根部扭转、盲肠扭转或折叠、左侧大结肠扭转或折叠、小结肠扭转等（图1-1）。

（2）肠缠结（肠绞窄）　一段肠管与另一段肠管缠绕在一起，或肠管与肠系膜、某些韧带（如肝镰状韧带、肾脾韧带）、结缔组织索条、精索等缠绕在一起，引起肠腔闭塞不通。如空肠缠结、小结肠缠结（图1-2）等。

（3）肠嵌闭　一段肠管连同其肠系膜坠入与腹腔相通的先天性孔穴（腹股沟管、脐环）或病理性破裂孔（大网膜、肠系膜、膈肌破裂孔等）内，并卡在其中致使肠腔闭塞不通，引起血液循环障碍。如小肠、小结肠坠入腹股沟管、大网膜孔等。

（4）肠套叠　是指某一段肠管连同肠系膜套入相邻的一段肠管内，引起局部肠管发生瘀血、水肿甚至坏死的疾病。如空肠套入空肠、空肠套入回肠、回肠套入盲肠等（图1-3）。

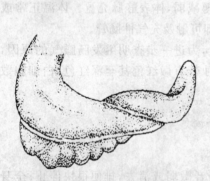 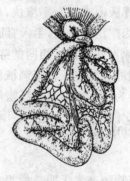 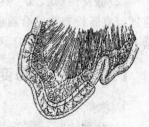

图1-1　马左侧大结肠扭转　　　图1-2　马小肠缠结　　　图1-3　马肠套叠

2. 发病原因

引起肠变位的因素很多，一般将病因归纳为机械性（如肠嵌闭）和机能性（如肠扭转、肠缠结、肠套叠）两种。

（1）机械性病因　在腹压突然增大的条件下，如剧烈地跳跃、奔跑、交配、肠臌气和难产、便秘时强烈努责等,偶尔将小肠或小结肠压入先天性孔穴或病理性破裂孔而致病(疝病)。

(2)机能性病因 由于突然受凉、饲喂冰冷的饮水和饲料、肠道炎症、肠道寄生虫以及全身麻醉等因素的作用,造成胃肠机能紊乱(如肠蠕动增强或弛缓),或在其他因素(如突然摔倒、打滚、跳跃等)影响下,均可导致肠扭转、缠结和套叠的发生。游离性大而且肠管较细的小肠,在体位改变、腹压增高时容易发生肠缠结;某段肠管蠕动增强,而与其相邻的肠管处于正常或弛缓状态时,容易发生肠套叠;若肠管充盈,肠蠕动机能增强甚至呈持续性收缩,使肠管相互挤压,容易发生肠扭转。

哺乳期的仔猪,由于母乳分泌不足,乳汁质量降低,或在突然受凉,乳温不适和乳头不清洁等影响下,肠管受到异常刺激,个别肠段的痉挛性收缩,从而发生肠套叠;断乳后的仔猪,由于从哺乳过渡到给饲的过程中,补饲方式不当,或饲料品质低劣时,则能引起胃肠道运动失调而发生肠套叠。

犬的肠套叠,常继发于犬瘟热、病毒性肠炎的后期,由于长时间腹泻,或病程后期病犬不食,导致肠管调节机能紊乱而引起。

3. 主要症状

各种动物不同类型肠变位的共同表现是:突然出现不安和腹痛现象,病初多为轻度间歇性腹痛,很快转为剧烈持续性腹痛,病畜急起急卧,急剧滚转,驱赶不起。使用镇痛药,腹痛症状无明显减轻或仅起到短暂的止痛作用。病畜精神沉郁,食欲废绝。脉率增快,脉搏细弱或不感于手,呼吸急促,可视黏膜发绀或苍白,出汗,肌肉震颤。口腔干燥,肠音微弱或消失。病初排少量恶臭粪便,并混有黏液或血液,最后排便停止。小肠变位时常继发胃扩张;大肠变位时常继发严重的肠臌气。严重的肠变位可以引起肠管坏死。

牛发生肠扭转时,粪中有白色胶冻样黏液,右肷部冲击式触诊,出现振水音并有压痛。

猪、犬发生肠套叠时,表现极度不安,腹痛剧烈,拱背,腹部收缩,腹壁紧张,有时前肢跪地,头抵于地面,后躯抬高。严重者突然倒地,四肢划动呈游泳状,不断呻吟。小肠套叠,常发生呕吐。犬和体小的猪,触压腹部可摸到坚实、香肠状可移动肠段。局部肠管有时发生臌气,叩诊呈鼓音。

【技能17】 胃肠炎的诊断与治疗

1. 诊断

(1)症状诊断 根据排粪变化、口腔变化以及明显的全身反应,可做出诊断。

(2)实验室诊断 对传染病、寄生虫病引起的继发性胃肠炎,或怀疑中毒时,应采取血、粪、尿及可疑饲料,做相应的实验室检查,以进一步确诊。

2. 治疗

治疗原则是加强护理,消除炎症,清理胃肠,缓解脱水,维护心脏功能,解除中毒,对症治疗。病初可停喂数日。随着病情和食欲的好转,可灌炒面糊或小米汤、麸皮粥。逐渐给予易消化的饲草、饲料和清洁饮水。

抗菌消炎,选用抗生素、磺胺类药物、喹诺酮类药物。

根据腹泻程度及粪便性状,适时进行缓泻和止泻。对于肠音弱,排粪迟缓,粪干、色暗、混有大量黏液、气味腥臭者,为促进胃肠内容物排出,减轻自体中毒,应采取缓泻措施;当病畜粪稀如水,频泻不止,基本无腥臭气味时,应予以止泻。

扩充血容量,纠正酸中毒,常使用糖盐水、复方氯化钠注射液、右旋糖酐、5%碳酸氢钠溶液等。补液数量应根据脱水程度而定。具体根据红细胞压积容量、血钾浓度、血浆二氧化碳结合力等检验结果,按以下公式计算出补液的量及补充氯化钾、碳酸氢钠等物质的量。

$$补充等渗 NaCl 溶液估计量(mL) = \frac{(PCV 测定值 - PCV 正常值)}{PCV 正常值} \times 体重(kg) \times 0.25^* \times 1\,000$$

注:* 动物细胞外液以 25%(0.25)计算。

补充 5%$NaHCO_3$ 溶液估计量(mL) = (CO_2CP^* 正常值 - CO_2CP^* 测定值) × 体重(kg) × 0.4**

注:* CO_2CP 值的单位为 mmol/L;** 动物细胞外液以 25%(0.25)计算,5%$NaHCO_3$ 1 mL = 0.6 mmol,0.25/0.6 = 0.4

$$补充 KCl 估计量(g) = (血清 K^+ 正常值 - 血清 K^+ 测定值) \times 体重(kg) \times \frac{0.25^*}{14^{**}}$$

注:* 动物细胞外液以 25%(0.25)计算;** 1 g KCl 约折合 14 mmol K^+。

静脉补液时,应留有余地,当日一般先给 1/3~1/2 的缺水估计量,边补充边观察,其余的量可在次日补完。$NaHCO_3$ 的补充,可先输 2/3 的量,另 1/3 视具体情况续给。从静脉补 KCl 时,浓度不能超过 0.3%,输入速度不宜过快,可先输 2/3 的量,另 1/3 视具体情况续给。

为了维护心脏功能,可应用西地兰、毒毛旋花子苷 K、安钠咖等药物。

马胃肠炎处方

【处方1】杀菌、补液

10%恩诺沙星注射液 7.5 mL,5%葡萄糖生理盐水 2 000~3 000 mL。一次静脉注射,每天 1~2 次。

【处方2】缓泻、止酵

液状石蜡 500~1 000 mL,鱼石脂 30~50 g,常水适量。一次灌服。

【处方3】收敛、止泻

0.1%高锰酸钾溶液 3 000~4 000 mL。一次灌服。

【处方4】杀菌

磺胺脒 25~30 g,每天 3 次喂服。

【处方5】减少渗出、止血

10%葡萄糖酸钙注射液 300~500 mL,一次静脉注射。

说明:胃肠出血时选用,也可用氯化钙注射液 100~200 mL,一次缓慢静脉注射。

【处方6】制止酸中毒

5%碳酸氢钠注射液 500~1 000 mL,一次缓慢静脉注射。

牛胃肠炎处方

【处方1】抗菌消炎、缓泻止酵、制止酸中毒

(1)硫酸镁 250 g,鱼石脂(加酒精 50 mL 溶解)15 g,鞣酸蛋白 20 g,碳酸氢钠 40 g,常水 3 000 mL,一次灌服。

(2)磺胺甲基异噁唑 20 g,一次口服,每天 2 次,首次量加倍,连用 3~5 d。

【处方2】抗菌消炎、扩充血容量、纠正酸中毒、维持电解质平衡

丁胺卡那霉素注射液300万U,10%氯化钾注射液100 mL,5%葡萄糖生理盐水4 000 mL,5%碳酸氢钠注射液500 mL,25%葡萄糖注射液1 000 mL,一次缓慢静脉注射。

【处方3】杀菌

庆大霉素注射液160万U,一次瓣胃注射。配合强心补液,用于顽固性腹泻。

【处方4】中药治疗

白头翁72 g,黄柏36 g,黄连36 g,秦皮36 g,黄芩40 g,枳壳45 g,芍药40 g,猪苓45 g。水煎取汁,候温,一次灌服。

猪、羊胃肠炎处方

【处方1】抗菌消炎、补液强心、纠正酸中毒、止泻

(1)氟本尼考,每千克体重10~15 mg,拌料内服,每天2次,连用3~4 d。

(2)5%葡萄糖生理盐水100~300 mL,5%碳酸氢钠注射液30~50 mL,25%葡萄糖注射液30~50 mL,一次静脉注射。

(3)次硝酸铋2~6 g,一次灌服。

说明:也可用鞣酸蛋白2~5 g内服。

(4)10%安钠咖注射液5~10 mL,一次肌肉注射。

(5)0.1%硫酸阿托品注射液2~4 mL,一次皮下注射。

【处方2】中药治疗

郁金15 g,黄芩10 g,大黄15 g,乌梅20 g,诃子10 g,黄柏10 g,白芍10 g,黄连6 g,栀子10 g,罂粟壳6 g。水煎取汁,候温,一次灌服。

【处方3】针灸治疗

针刺脾俞、百会、后海穴。或用庆大霉素注射液,每千克体重4 000 U,后海穴注射,每天1次,连用1~2 d。

犬胃肠炎处方

【处方1】解除平滑肌痉挛

2.5%氯丙嗪注射液0.2~0.8 mL,维生素B_1注射液0.5~1 g。一次肌肉注射,每天1次,连用3 d。

【处方2】补充血容量、维持电解质平衡

复方氯化钠注射液250~750 mL,5%葡萄糖注射液250 mL,25%维生素C注射液2~4 mL,5%维生素B_6注射液2 mL,0.2%地塞米松注射液1~3 mL。一次静脉滴注,每天2次,连用3~5 d。

【处方3】止泻、杀菌

次硝酸铋0.3~2.0 g,磺胺脒0.2~0.8 g。加水适量,一次内服,每天2~3次,连用4 d。

【处方4】中药治疗

郁金3 g,黄芩2 g,大黄3 g,诃子2 g,黄柏2 g,白芍2 g,木香2 g,陈皮2 g。水煎取汁,候温,一次灌服或直肠滴入,每天1剂,连用3剂。

【处方5】针灸治疗

庆大小诺霉素注射液8万~16万U,或穿心莲注射液2~4 mL,一次注入脾俞、后海穴,每天1次,连用2~3 d。

【相关知识】胃肠炎是胃肠表层黏膜及深层组织的重剧性炎症。由于胃和肠的解剖结构和生理功能密切相关,胃和肠的疾病容易相互影响。胃和肠的炎症多同时或相继发生,按其炎症性质可分为黏液性、化脓性、出血性和纤维素性胃肠炎;按其病程经过可分为急性胃肠炎和慢性胃肠炎;按其病因可分为原发性胃肠炎和继发性胃肠炎。胃肠炎是畜禽常见的多发病,以马、牛、猪、犬最为常见。

1. 发病原因

(1)原发性病因 主要由于采食了发霉变质饲料或饮用了不洁饮水,或因采食了巴豆等有毒植物,误食酸、碱、砷、汞、铅等有刺激性或腐蚀性的化学物质,或误食了尖锐异物刺伤胃肠黏膜后被链球菌、葡萄球菌等化脓菌感染,从而导致胃肠炎发生。饲养管理不善、气候突变、卫生条件不良、车船运输等应激因素使机体抵抗力降低,容易受到条件性病原菌的侵袭而发生胃肠炎。此外,滥用抗生素造成胃肠道菌群失调,从而引起胃肠炎。

(2)继发性胃肠炎 常见于各种病毒性传染病(猪瘟、猪传染性胃肠炎、犬细小病毒性胃肠炎、犊牛病毒性肠炎、羔羊出血性毒血症、鸡新城疫等)、细菌性传染病(沙门氏菌病、巴氏杆菌病、副结核等)、寄生虫病(球虫、蛔虫等)及一些内科疾病(肠变位、便秘、幼畜消化不良、创伤性网胃炎等)的过程中。

2. 主要症状

(1)急性胃肠炎 全身症状严重,病畜精神沉郁,食欲减退或废绝,体温升高,心率增快,呼吸加快,眼结膜暗红或发绀。

以胃和十二指肠炎症为主的胃肠炎,口腔黏腻或干燥,舌苔重,口臭。反刍动物的嗳气、反刍减少或停止,鼻镜干燥。猪、犬出现呕吐,呕吐物带血或混有胆汁。触诊腹壁紧张,有明显压痛。排粪迟滞,粪球干小、色暗,表面覆盖多量黏液。

以肠炎为主的胃肠炎,主要表现为剧烈腹泻。粪便呈粥样或水样,腥臭,粪便中混有黏液、血液和脱落的黏膜组织,有的混有脓液。病的初期,肠音增强,随后逐渐减弱甚至消失;当炎症波及直肠时,排粪呈现里急后重;病至后期,肛门松弛,排粪呈现失禁自痢。不同程度的腹痛和肌肉震颤,肚腹蜷缩。眼窝凹陷,皮肤弹性减退,血液浓稠,尿量减少。随着病情恶化,病畜体温降至正常温度以下,四肢厥冷,出冷汗,脉搏微弱甚至脉不感于手,体表静脉萎陷,精神高度沉郁,甚至昏睡或昏迷。

(2)慢性胃肠炎 病畜精神不振,衰弱,消瘦。食欲不定,时好时坏。异嗜,喜食泥土、砖头和粪尿。便秘,或者便秘与腹泻交替。轻微腹痛,肠音不整。体温、脉搏、呼吸常无明显改变。病程数周至数月不等,最终因衰弱而死,或因肠破裂而死于穿孔性腹膜炎和中毒性休克。

3. 预防措施

加强饲养管理,不饲喂发霉变质及有毒饲料、对胃肠黏膜刺激性强的饲料,给予清洁卫生的饮水,减少应激因素的发生。搞好定期免疫接种和驱虫工作。

【技能18】 幼畜消化不良的诊断与治疗

1. 诊断

根据饲养管理情况和临床症状进行综合诊断。临床上要注意以下两点:

(1)单纯性消化不良与中毒性消化不良的区别 单纯性消化不良主要表现消化与营养的急性障碍,全身症状轻微,粪便内含有大量低级脂肪酸并呈酸性反应;中毒性消化不良,呈现严重的消化障碍、明显的自体中毒和重剧的全身症状,粪便内氨的含量显著增加。

(2)幼畜消化不良通常不具有传染性,在犊牛应与轮状病毒病、冠状病毒病、细小病毒病、犊牛副伤寒、球虫病等相鉴别;在羔羊应与羊副伤寒、羔羊痢疾等相鉴别;在猪应与猪瘟、猪传染性胃肠炎、猪副伤寒等相鉴别;在幼驹应与幼驹大肠杆菌病、马副伤寒等相鉴别。

2. 治疗

治疗原则是加强护理,除去病因,促进消化,防止肠道感染,恢复胃肠功能以及对症治疗。

首先,将患病幼畜置于干燥、温暖、清洁的畜舍内,禁乳(禁食)8~10 h,此时可喂饮适量的盐酸水溶液(氯化钠 5 g,33% 盐酸 1 mL,凉开水 1 000 mL)或温红茶水;纠正母畜的饲养错误,给予全价日粮,改善乳汁质量,保持乳房卫生。

对于单纯性消化不良,为促进消化,可给予胃液、人工胃液或胃蛋白酶。排出胃肠内容物,对腹泻不甚严重的病畜,可应用油类泻剂或盐类泻剂进行缓泻。清除胃肠内容物后,用下法分别处理。

犊牛、幼驹消化不良处方

【处方 1】人工初乳

鱼肝油 10~15 mL,氯化钠 10 g,鸡蛋 3~5 枚,鲜温牛乳 1 000 mL。饲喂时要搅拌均匀,开始时以 1.5 倍稀释,以后 1 倍稀释,每次饮用 500~1 000 mL,每天 5~6 次。

【处方 2】促进消化

(1)胃蛋白酶 10 g,稀盐酸 5 mL,维生素 B_1 和维生素 C 适量,常水 1 000 mL。每次 30~50 mL,灌服,每天 2~3 次。

(2)胃蛋白酶 1 600~4 000 U,或乳酶生 10~30 g,内服,适用于单纯性消化不良。

【处方 3】防止脱水,保持水盐代谢平衡

(1)病初饮用生理盐水 500~1 000 mL,每天 5~8 次。或饮用口服补液盐(氯化钠 3.5 g,氯化钾 1.5 g,碳酸氢钠 2.5 g,葡萄糖 20 g,加水至 1 000 mL),每次每千克体重 50~100 mL,每天 5~8 次。

(2)5% 葡萄糖生理盐水注射液 250~500 mL,5% 碳酸氢钠注射液 20~60 mL,一次静脉注射,每天 2~3 次。

【处方 4】抑菌消炎,防止肠道感染

磺胺脒每千克体重 0.12 g,磺胺-5-甲氧嘧啶每千克体重 50 mg,内服。

【处方 5】提高机体抵抗力和促进代谢机能

葡萄糖枸橼酸钠血(血液 100 mL,枸橼酸钠 2.5 g,葡萄糖 5 g,灭菌蒸馏水 100 mL),犊牛、幼驹每千克体重 3~5 mL,皮下注射。第二次开始每次可增量 20%,间隔 1~2 d 注射 1 次,每 4~5 次为一个疗程。

【处方 6】中药治疗

焦山楂、麦芽、神曲、莱菔子各 15~30 g,半夏、陈皮、茯苓、白术各 10~20 g,连翘 5~10 g。水煎取汁内服,每天 1 剂,连用 3 剂。

【处方 7】针灸治疗

针刺脾俞、后海、后三里、百会穴。或用硫酸庆大霉素注射液 50 万 U,后海穴注射。

仔猪、羔羊消化不良处方

【处方 1】人工初乳

每次饮用 50～100 mL，每天 5～6 次。

【处方 2】促进消化

胃蛋白酶 10 g，稀盐酸 5 mL，维生素 B_1 和维生素 C 适量，常水 1 000 mL。每次 10～30 mL，灌服，每天 2～3 次。

【处方 3】防止脱水，保持水盐代谢平衡

病初用生理盐水 50～100 mL，每天 5～8 次。或饮用口服补液盐（氯化钠 3.5 g，氯化钾 1.5 g，碳酸氢钠 2.5 g，葡萄糖 20 g，加水至 1 000 mL），每次每千克体重 50～100 mL，每天 5～8 次。

【处方 4】抑菌消炎，防止肠道感染，同犊牛方。

【处方 5】提高机体抵抗力和促进代谢机能

葡萄糖枸橼酸钠血 0.5～1 mL，皮下注射。第二次开始每次可增量 20%，间隔 1～2 d 注射 1 次，每 4～5 次为一个疗程。

注：当腹泻不止时，可选用明矾、鞣酸蛋白、次硝酸铋等药物；为制止肠内发酵、腐败过程，可选用乳酸、鱼石脂、萨罗、克辽林等防腐制酵药物。

【相关知识】幼畜消化不良是哺乳期幼畜胃肠消化机能障碍的统称。以犊牛、羔羊、仔猪最为多发。根据临床症状和疾病经过，分为单纯性消化不良和中毒性消化不良两种。

1. **发病原因**

(1)单纯性消化不良

①由于妊娠母畜饲养不良引起。妊娠母畜饲养不良，特别是妊娠后期营养物质不足，可使母畜营养代谢发生紊乱，一方面影响胎儿正常生长发育，造成刚出生的幼畜体质虚弱，吮乳反射出现较晚，抵抗力低下，胃肠道消化机能降低；另一方面，由于母畜初乳中蛋白质、脂肪含量低，维生素、溶菌酶等物质缺乏，而且在产仔后经数小时才开始分泌初乳，并经 1～2 d 后停止分泌，幼畜只能吃到量少、质差的初乳，从初乳中得不到足够的免疫球蛋白，则易发生消化不良。

②由于哺乳母畜饲养不善引起。哺乳母畜饲料中营养物质不足，如矿物质、维生素、微量元素缺乏等，严重影响了母乳的数量和质量，不能满足幼畜生长发育所需的营养，体质下降，抵抗力降低，进而导致幼畜消化道机能障碍。此外，当母畜患乳房炎等慢性疾病时，母乳中含有各种病理产物和病原微生物，幼畜食后极易发生消化不良。

③由于幼畜饲养管理和护理不当引起。如新生幼畜不能及时吃到初乳或食入的量不够，不仅使幼畜得不到足够的免疫球蛋白，而且会由于饥饿而舔食污物，或因人工哺乳的代乳品配制不当、不定时定量、乳温过高或过低，哺乳期幼畜补饲不当等，均可引起幼畜消化机能紊乱，从而导致发病。

④应激因素的影响。如畜舍潮湿、气温骤降、过度拥挤、卫生不良等，都可引起本病的发生。

(2)中毒性消化不良　多因单纯性消化不良治疗不当或治疗不及时，导致肠内容物发酵、腐败，产生的有毒物质被机体吸收，引起自体中毒。

2. **主要症状**

(1)单纯性消化不良　病畜精神不振，喜躺卧，食欲减退，体温一般正常或偏低。主要表现为腹泻，犊牛多排粥样或水样粪便，粪便呈深黄色、黄色或暗绿色，混有黏液和泡沫；羔羊的粪便多呈灰绿色,混有气泡和白色小凝块;仔猪的粪便稀薄,呈淡黄色,含有黏液和泡沫,有的粪便呈灰白色或黄白色干酪样;幼驹的粪便稀薄,混有气泡及未消化的凝乳块或饲料残渣。肠音高朗,并有轻度臌气和腹痛现象。脉搏、呼吸加快。若腹泻不止时,则导致被毛粗乱无光泽,皮肤干皱,眼窝凹陷,异嗜,贫血,逐渐消瘦,生长发育缓慢。

(2)中毒性消化不良 全身症状重剧,病畜精神沉郁,目光痴呆,食欲废绝,全身无力,躺卧于地。剧烈腹泻,常表现为失禁自痢,粪便内含有大量黏液和血液,并呈恶臭、腥臭或腐败臭气味。体温升高,心音减弱,心率增快,呼吸浅快,皮肤弹性降低,眼窝凹陷,全身震颤,反射降低。病至后期,体温多突然下降,四肢及耳尖、鼻端厥冷,终至昏迷而死亡。

3. 预防措施

加强妊娠母畜饲养管理,特别是在妊娠后期,应增喂富含蛋白质、脂肪、矿物质及维生素的优质饲料;改善母畜的卫生条件,保持乳房清洁;加强对仔畜的护理,保证新生仔畜能尽早地吃到初乳;人工哺乳应定时、定量,且应保持适宜的温度,饲具清洁卫生,经常洗刷消毒;避免各种应激因素的影响;定期驱虫和预防注射。

【技能19】 肝炎的诊断与治疗

1. 诊断

根据病史调查和临床症状可怀疑为本病,实验室检查及病理剖检结果有助于确诊。

(1)实验室检查

①尿液检查 病初尿胆素原增加,其后尿胆红素增多,尿中含有蛋白,尿沉渣中有肾上皮细胞及管型。

②血液检查 红细胞脆性增高,凝血酶原降低,血液凝固时间延长。血清总蛋白和 γ-球蛋白增加,血清尿素氮和血清胆固醇降低。

③肝功能检验 血清胆红素增多,重氮试剂定性试验呈两相反应;麝香草酚浊度与硫酸锌浊度升高;谷-丙转氨酶(GPT)、谷-草转氨酶(GOT)和乳酸脱氢酶(LDH)活性增高。并发弥漫性血管内凝血时,血液中血小板及纤维蛋白明显减少。

(2)病理变化 在急性实质性肝炎初期,肝脏肿大,呈黄土色或黄褐色,表面和切面有大小不等、形状不整的出血性病灶,胆囊缩小;中、后期,肝脏表面有大小不等的灰黄色或灰白色小点或斑块。当肝细胞坏死范围广泛时,肝脏体积缩小,被膜皱缩,边缘薄,质地柔软,呈灰黄色或红黄相间。

2. 治疗

治疗原则是排除病因,加强护理,保肝利胆,清肠止酵,促进消化机能。首先停止饲喂发霉变质的饲料或含有毒物的饲料,应使病畜保持安静,避免刺激和兴奋,役用家畜应停止使役。饲喂富有维生素、容易消化的碳水化合物饲料,给予优质青干草、胡萝卜,或者放牧。饲喂适量的豆类或谷物饲料,但昏睡、昏迷时,禁喂蛋白质,待病情好转后再给予适量的含蛋氨酸少的植物性蛋白质饲料。

积极治疗原发病,如由于病毒引起的,可采用抗病毒药物,应用高免血清等;由细菌因素引起者,应使用抗菌药物;由寄生虫引起者应进行合理驱虫。由中毒引起性的,要给予解毒,如氨中毒引起的肝炎,可用 20% 谷氨酰胺溶液及鸟氨酸制剂皮下注射。

保肝利胆,通常用 25% 葡萄糖注射液,或者用 5% 葡萄糖生理盐水注射液、5% 维生素 C 注射液、5%维生素 B_1 注射液静脉注射。同时,内服人工盐并皮下注射氨甲酰胆碱,以促进胆汁的分泌与排泄。必要时,静脉注射肝泰乐注射液。

清肠,内服硫酸钠或硫酸镁;止酵,内服鱼石脂和酒精溶液等;对于明显的黄疸,可用苯巴比妥或天冬氨酸钾镁溶液静脉注射;具有出血性素质的病畜,可静脉注射10%氯化钙注射液或肌肉注射维生素 K_3 等止血药物;若病畜疼痛或兴奋不安,可应用水合氯醛或安溴等镇静药物。

马、牛肝炎处方

【处方1】保肝利胆

(1)5%葡萄糖生理盐水注射液 2 000～3 000 mL,5%维生素 C 注射液 30 mL,5%维生素 B_1 注射液 10 mL。一次静脉注射,每次 50～100 mL,每天 2 次。

【处方2】清肠止酵

人工盐 250～300 g,鱼石脂 25～30 g,常水 5 000～6 000 mL。混合溶解后,一次灌服。便秘或泻痢腥臭时选用。

【处方3】防止出血

1%维生素 K_3 注射液 20～30 mL,一次肌肉注射。适用于马、牛有出血倾向时选用。

【处方4】利尿消肿

速尿,每千克体重 0.5～1 mg。一次肌肉注射,每天 1～2 次。腹水时选用。

【处方5】中药治疗

(1)茵陈 120 g,郁金 45 g,栀子 60 g,黄芩 45 g,大黄 60 g。共为末,开水冲,候温,一次灌服。适用于急性肝炎。

(2)茵陈 60 g,干姜 15 g,猪苓 30 g,白术 40 g,甘草 15 g,泽泻 30 g,制附子 15 g,茯苓 45 g,陈皮 30 g。共为末,开水冲,候温,一次灌服。适用于慢性肝炎。

猪、羊肝炎处方

【处方1】保肝利胆

25%葡萄糖注射液 50～100 mL,静脉注射,每天 2 次。

【处方2】清肠止酵

人工盐 50～60 g,鱼石脂 5～6 g,常水 800～1 000 mL。混合溶解后,一次灌服。便秘或泻痢腥臭时选用。

【处方3】防止出血

1%维生素 K_3 注射液 2～5 mL,一次肌肉注射。适用于有出血倾向时选用。

【处方4】利尿消肿

速尿,每千克体重 0.1～0.2 mg,一次肌肉注射,每天 1～2 次。有腹水时选用。

【处方5】中药治疗

(1)茵陈 24 g,郁金 9 g,栀子 12 g,黄芩 9 g,大黄 12 g。共为末,开水冲,候温,一次灌服。适用于急性肝炎。

(2)茵陈 12 g,干姜 3 g,猪苓 6 g,白术 8 g,甘草 3 g,泽泻 6 g,制附子 3 g,茯苓 9 g,陈皮 6 g。共为末,开水冲,候温,一次灌服。适用于慢性肝炎。

犬肝炎处方

【处方1】保肝利胆

(1)25%葡萄糖注射液 50～300 mL,1%维生素 B_2 注射液 0.5～1 mL,5%维生素 B_6 注射

液 1～2 mL,0.1%维生素 B_{12} 注射液 0.5～1 mL,1%维生素 K_1 注射液 1～2 mL,1%硫辛酸注射液 2～3 mL。每天分 2 次静脉注射,连用 3～5 d。

(2)5%维生素 B_1 注射液 2 mL。一次肌肉注射,每天 1 次,连用 3～5 d。

【处方 2】抗菌消炎

注射用氨苄青霉素 0.5～2.0 g,注射用水 5～10 mL,0.2%地塞米松注射液 1～2 mL。混合,一次肌肉注射,每天 1 次,连用 3～5 d。

【处方 3】中药治疗

生地 3 g,败酱草 5 g,白茅根 15 g,大青叶 15 g,木通 3 g。水煎取汁,候温内服,每天 1 剂,连用 3～5 剂。

【处方 4】针灸治疗

白针或将维生素 B_1 注射液 2 mL 注入三焦俞、脾俞和肝俞穴。

【相关知识】肝炎是在病因的作用下肝脏实质细胞发生以变性、坏死为主要特征的炎症过程。各种家畜、家禽都有发生。

1. 发病原因

病因主要见于以下 3 个方面:

(1)传染性因素

①细菌性因素　见于链球菌、葡萄球菌、坏死杆菌、结核杆菌、沙门氏菌、化脓棒状杆菌、肺炎弯曲杆菌、禽败血性梭状杆菌及钩端螺旋体等。

②病毒性因素　见于犬病毒性肝炎病毒、鸭病毒性肝炎病毒、鸡包涵体肝炎病毒、马传染性贫血病毒、牛恶性卡他热病毒等。

③寄生虫性因素　见于弓形虫、球虫、鸡组织滴虫、肝片吸虫、血吸虫等。

进入肝脏的病原体,不仅可以破坏肝组织而产生毒性物质,同时其自身在代谢过程中也释放大量毒素,并且还以机械损伤作用使肝脏受到损伤,导致肝细胞变性、坏死。

(2)中毒性因素

①霉菌毒素　见于长期饲喂霉败饲料。一些霉菌,如镰刀菌、杂色曲霉菌、黄曲霉菌等,它们产生的毒素可严重损伤肝脏,引起肝炎。

②植物毒素　采食了羽扇豆、蕨类植物、野百合、春蓼、千里光、小花棘豆、天芥菜等有毒植物可引起肝炎。

③化学毒物　误食砷、磷、锑、汞、铜、四氯化碳、六氯乙烷、氯仿、萘、甲酚等化学物质,以及反复投予氯丙嗪、睾酮、氟烷、氯噻嗪等药物,可使肝脏受到损害,引起肝炎。

④代谢产物　由于机体物质代谢障碍,使大量中间代谢产物蓄积,引起自体中毒,常常导致肝炎的发生。

(3)其他因素　在大叶性肺炎、坏疽性肺炎、心脏衰弱等病程中,由于循环障碍,肝脏长期瘀血,二氧化碳和有毒的代谢产物滞留,肝窦状隙内压增高,肝脏实质受压迫,引起肝细胞营养不良,导致门静脉性肝炎的发生。

2. 主要症状

食欲减退,精神沉郁,体温升高,可视黏膜黄染,皮肤瘙痒,脉率减慢。呕吐(猪、犬明显),腹痛(马较明显)。初便秘,后腹泻,或便秘与腹泻交替出现,粪便恶臭,呈灰绿色或淡褐色。尿色发暗、有时似油状。叩诊肝脏,肝脏浊音区扩大;触诊和叩诊均有疼痛反应。肝细胞弥漫性损害时,各器官有出血倾向,如胃肠出血和鼻出血等。后躯无力,步态蹒跚,共济失调。狂躁不安,痉挛,或者昏睡、昏迷。肝硬变时,可出现腹水。

【技能 20】 犬胰腺炎的诊断与治疗

1. 诊断

根据病史和临床症状可做出初步诊断,实验室检查以及 B 超检查、X 线检查有助于确诊。还应注意与其他急腹症、肾衰等相区别。

(1)实验室检验

①血液及腹水检查 白细胞总数增多,中性粒细胞比例增大,核左移。血清淀粉酶和脂肪酶活性升高,多数病例于发病后 8~12 h 开始升高,24~48 h 达到高峰,维持 3~4 d;腹水中含有较多的脂肪酶和淀粉酶。

②粪便检查 粪便呈酸性反应,显微镜下可发现脂肪球和肌纤维。胰蛋白酶试验呈阴性。

③X 线软片试验 取 5%碳酸氢钠溶液 9 mL,加入粪便 1 g,搅拌均匀。取 1 滴该混悬液滴于 X 线软片(未曝光的软片或曝光后的暗黑部分)上,经 37.5℃,1 h,或室温下 2.5 h,用水冲洗,若液滴下面出现一个清亮区,表示存在胰蛋白酶。如软片上只有一个水印子,表明胰蛋白酶为阴性。

④明胶管试验 在 9 mL 水中加入粪便 1 g 混匀,取一试管盛 7.5%明胶 2 mL,加热使明胶液化,然后加入粪便稀释液和 5%碳酸氢钠溶液各 1 mL,混匀,经 37.5℃,1 h,或室温下 2.5 h,再置冰箱中 20 min,若混合物不呈胶冻状,表明胰蛋白酶为阳性。

(2)B 型超声波检查 急性胰腺炎可见胰腺肿大、增厚,或呈假性囊肿;慢性胰腺炎可见胰腺内有结石和囊肿。

(3)X 线检查 上腹密度增加,有时可见胆结石和胰腺部分的钙化点。

2. 治疗

治疗原则是抑制胰腺分泌,消炎止痛,纠正水盐代谢。在出现症状的 2~4 d 内应禁食,以防止食物刺激胰腺分泌。禁食时需静脉注射葡萄糖、复合氨基酸,维持营养和调节酸碱平衡等对症治疗。病情好转时给予少量肉汤或柔软易消化的食物。一旦发现胰腺坏死,尽快手术切除坏死部位胰腺。

【处方 1】维持营养、抑制胰腺分泌

5%葡萄糖注射液 250~500 mL,25%维生素 C 注射液 2~4 mL,5%维生素 B_6 注射液 1~2 mL,复方氯化钠注射液 250~500 mL,盐酸山莨菪碱 5~10 mg。一次静脉注射,每天 1 次,重症每天 2~3 次,连用 3~5 d。

【处方 2】抑制胰腺分泌

硫酸阿托品注射液 0.05~0.4 mg。一次肌肉注射,每天 1 次,连用 2~3 d。

【处方 3】消炎

丁胺卡那霉素 4 万~16 万 U。一次脾俞穴注射,每天 1 次,连用 2~4 d。

【处方 4】止痛

盐酸吗啡,每千克体重 0.1~0.5 mg。一次皮下注射。止痛时选用,或杜冷丁每千克体重 5~10 mg。

【处方5】抗炎、抗休克

地塞米松0.1～1 mg。一次静脉注射。发生休克时使用。

【相关知识】胰腺炎是因为胰腺酶消化胰腺自身以及胰腺周围组织所引起的一种炎症性疾病。按病程可分为急性胰腺炎和慢性胰腺炎。临床上以突发性腹部剧痛、休克和腹膜炎为特征。本病多发于犬。

1. 发病原因

(1)急性胰腺炎

①总胆管Vater氏壶腹部梗阻　见于胆道蛔虫、胆结石、肿瘤压迫、局部水肿、局部纤维化、黏液淤塞等。总胆管与胰腺管共同开口于Vater氏壶腹部,当壶腹部阻塞时,胆汁逆流入胰管并激活胰蛋白酶原为胰蛋白酶,后者进入胰腺及其胰腺周围组织,引起自身消化。

②胰腺分泌功能亢进　进食大量脂肪性食物,可产生明显食饵性脂血症(乳糜微粒血症),改变胰腺细胞内酶的含量,易诱发急性胰腺炎;十二指肠炎症和胰管痉挛,可能引起胰管阻塞,胰管压力随之增高,导致胰泡破裂,胰酶逸出,从而发生胰腺炎。

③传染性疾病　如犬传染性肝炎、钩端螺旋体病等可损害肝脏诱发胰腺炎。

④药物性因素　如噻嗪类利尿药、硫唑嘌呤、门冬氨酸酶和四环素等。胆碱酯酶抑制剂和胆碱能拮抗药也可诱发胰腺炎。

⑤其他因素　胰腺创伤、交通事故、高空摔落及外科手术导致胰腺创伤,诱发胰腺炎。

(2)慢性胰腺炎　多由急性胰腺炎治疗不当或临床未被发现的急性胰腺炎转化而来。胆囊、胆管、十二指肠等胰腺周围器官炎症蔓延,以及胰动脉硬化、血栓形成、胰石、慢性胰管阻塞或狭窄、胆管口括约肌痉挛等也可引起。

由于炎症的反复发作,胰腺呈广泛纤维化,局灶性坏死,腺泡和胰岛组织的萎缩和消失,假囊泡形成和钙化,胰腺组织减少,使分泌功能减退,胰蛋白酶含量和胰岛素含量显著降低。

2. 主要症状

(1)急性胰腺炎　常见水肿型和出血性坏死型两种类型。

①水肿型胰腺炎　精神萎靡,食欲不振或废绝,进食后腹部疼痛,呕吐和腹泻,有时粪便中带血,触诊腹壁敏感和紧张,用力按压疼痛躲让,弓腰收腹。

②出血性坏死型胰腺炎　体温下降,精神高度沉郁,剧烈呕吐和腹泻,甚至发生血性腹泻,触诊腹壁极为紧张,按压疼痛剧烈。随着病情发展,逐渐进入昏迷状态。

(2)慢性胰腺炎　腹痛反复发作,疼痛剧烈时常伴有呕吐。不断地排出大量橙黄色或黏土色、酸臭味粪便,其粪中含有不消化食物,发油光。未发作时动物表现贪食,但消瘦,生长停止。如病变波及胃、十二指肠、总胆管或胰岛时,可导致消化道梗阻、梗阻性黄疸、高血糖及糖尿。胰腺有假性囊肿形成时,腹部可摸到肿块。

【技能21】　腹膜炎的诊断与治疗

1. 诊断

(1)症状诊断　根据病史和症状可做出诊断,必要时可做腹腔穿刺液检查。但应与子宫积水及蓄脓、膀胱破裂、膀胱麻痹、牛创伤性网胃炎、肠变位、肝硬化等疾病进行鉴别。

(2)剖检诊断　腹膜充血、潮红、粗糙。腹腔中有混浊的渗出液,其内混有纤维蛋白絮片。腹膜壁面覆盖有纤维蛋白膜,腹膜和腹腔各器官互相粘连。胃肠破裂或穿孔所引起的腹膜炎,腹腔内有食糜或粪便;化脓性腹膜炎,有脓性渗出物;腐败性腹膜炎,有恶臭的渗出物;血管严重损伤时,渗出物中有大量红细胞;膀胱破裂,则有尿液。

慢性腹膜炎,结缔组织增生,纤维蛋白机化,形成带状或绒毛状的附着物,并与邻近的内脏器官粘连。

(3)实验室检查 白细胞总数增多,嗜中性粒细胞比例增大,核左移。腹部 X 射线检查,可见肠腔普遍胀气,并有多个小气液面等肠麻痹征象。

2. 治疗

治疗原则是加强护理,消炎止痛,制止渗出,对症治疗。加强护理,使动物保持安静。最初 2～3 d 内应禁食,经静脉给予营养药物,随病情好转,逐步给予流质食物和青草。如果是由腹壁创伤或手术创伤引起的,则应及时进行外科处理。

消炎,应用抗生素或磺胺类药物;止痛,用安乃近、盐酸吗啡、水合氯醛酒精等。

制止渗出,增强抵抗力,可应用葡萄糖生理盐水、氯化钙、乌洛托品等;为改善血液循环,增强心脏机能,可及时应用安钠咖、毒毛旋花子苷 K、西地兰等药物。

根据个体症状表现,采取相应对症治疗措施。对于肠臌气的家畜,可内服萨罗(水杨酸苯酯)、鱼石脂等药物;对便秘的家畜,可使用缓泻剂,或进行灌肠;渗出液量大时,进行腹腔穿刺排液(如果渗出液浓稠,可行腹壁切开)。排液后,用生理盐水,同时加入无刺激性的抗菌药物,彻底洗涤腹腔。

马、牛腹膜炎处方

【处方1】抗菌消炎、止痛

青霉素 480 万 U,链霉素 300 万 U,0.25％普鲁卡因注射液 300 mL,生理盐水 500～1 000 mL。一次腹腔注射,注射前加温至 37℃左右。

【处方2】抗菌消炎、制止渗出、促进渗出物排出

庆大霉素 100 万 U,5％氯化钙注射液 100～150 mL,40％乌洛托品注射液 40 mL,5％葡萄糖生理盐水注射液 3 000 mL,1％地塞米松注射液 3 mL。一次静脉注射。

犬腹膜炎处方

【处方1】抗菌消炎、维持酸碱平衡

林格氏液 500～1 000 mL,0.2％地塞米松注射液 2～5 mL,先锋霉素 1～2 g,25％维生素 C 注射液 2～4 mL。一次静脉注射,每天 1 次,连用 2～3 d。

【处方2】抗菌消炎、止痛、制止渗出、促进渗出物排出

(1)0.2％普鲁卡因注射液 20 mL,青霉素 160 万 U。腹腔穿刺放液后,一次注入腹腔。

(2)10％葡萄糖酸钙注射液 20 mL,10％葡萄糖注射液 100～200 mL。一次缓慢静脉注射,每天 1 次,连用 2～3 d。用于腹腔渗出液过多的病犬。

【处方3】中药治疗

大腹皮 20 g,茯苓皮 15 g,桑白皮 20 g,陈皮 10 g,白术 10 g,二丑 15 g。水煎取汁 90 mL,按每千克体重 5 mL,深部灌肠,每天 1 次。用于腹腔渗出液过多的病犬。

【相关知识】腹膜炎是在致病因素作用下,引起腹膜局限性或弥漫性炎症。按病因可分为原发性腹膜炎和继发性腹膜炎;根据病程可分为急性腹膜炎和慢性腹膜炎。

1. 发病原因

(1)原发性腹膜炎 通常是由于受寒、感冒、过劳或某些理化因素的影响,机体防卫机能降

低,抵抗力减弱,受到大肠杆菌、沙门氏菌、链球菌和葡萄球菌等条件致病菌的侵害而发生。

(2)继发性腹膜炎 多由腹壁的创伤、腹腔与胃肠的穿刺或手术感染所致,或者由胃肠及其他脏器破裂或穿孔引起;也见于胃肠、肝脏、脾脏、子宫及膀胱等器官炎症的蔓延。此外,某些传染病(如炭疽、猪瘟、出血性败血症、肠结核、猪丹毒、马腺疫等)、寄生虫病(如肝片吸虫病、棘球蚴病等)也可继发本病。

2.主要症状

腹膜炎的临床症状视动物种类、炎症性质和范围而有所不同。

(1)马腹膜炎

①马急性弥漫性腹膜炎 多取急性经过。病马精神沉郁,食欲废绝,眼窝凹陷,体温升高,结膜发绀,腹围紧缩。有时痛苦呻吟,全身出冷汗。不愿走动,常低头拱背站立,强迫行走时,则举步谨慎,当转弯或卧地时,则表现格外小心。腹痛,病畜表现摇尾,前肢刨地,回头顾腹,时起时卧。口色暗红,舌苔黄腻,口干、臭。病初肠音增强,随后减弱或消失。尿量少,浓稠,色深。心率增快,心音减弱。呼吸浅快,为胸式呼吸。触诊腹部,病畜躲避或抵抗。腹腔大量积液时,叩诊呈水平浊音。直肠检查,直肠内蓄有恶臭粪便,腹膜敏感。

②马急性局限性腹膜炎 仅表现腹壁局部敏感,腹肌紧张,全身症状不明显。

③马慢性腹膜炎 症状轻微,表现慢性胃肠卡他症状,体温有时升高,消化不良,发生顽固性腹泻,逐渐消瘦。有时继发腹水,腹部膨大。直肠检查,可触到腹膜面粗糙,腹膜与其他器官或器官之间互相粘连。

(2)牛腹膜炎 精神沉郁,食欲减退或废绝,眼窝凹陷,拱背站立,四肢聚于腹下,强迫行走时,步态强拘,有时呻吟。瘤胃蠕动音减弱或消失,并有轻度臌气,便秘。体温变化不明显,如在创伤性腹膜炎初期,体温升高。直肠检查,盲肠中宿粪较多,腹壁紧张。腹腔积液时肠管呈浮动状;慢性腹膜炎时,病牛逐渐消瘦。

(3)猪腹膜炎 病猪喜卧,食欲不振,严重时食欲废绝,呕吐或呃逆,体温升高,呼吸加快,排粪减少。

(4)犬腹膜炎

①犬急性弥漫性腹膜炎 体温突然升高,精神沉郁,食欲废绝,心跳加快,心律不齐,脉沉细数。腹痛,站立时吊腹,走动时弓腰、迈步拘泥。触诊腹部,腹壁紧张且敏感。常有反射性呕吐。呼吸浅而快,呈胸式呼吸。后期腹围增大,轻轻冲击触诊有波动感,腹腔穿刺液多混浊、黏稠,有时带有血液或脓汁。重剧者多死于虚脱和休克。整个病程一般为2周左右,少数在数小时到1d内死亡。

②犬慢性腹膜炎 腹痛不明显,多表现为慢性肠功能紊乱,如消化不良、拉稀或便秘等,时间延长可致病犬消瘦、发育不良。也有少数继发腹腔脏器粘连和腹水。

3.预防措施

平时避免各种不良因素的刺激和影响,防止腹腔及骨盆腔脏器的破裂和穿孔;直肠检查、灌肠、导尿以及助产、子宫整复、胎盘剥离、难产手术以及子宫内膜炎的治疗等都必须谨慎;去势、腹腔穿刺以及腹壁手术均应按照操作规程进行,防止腹腔感染。

【技能22】 犬腹腔积液的诊断与治疗

1.诊断

(1)症状诊断 腹围增大,腹部两侧对称性、下垂性臌胀,叩诊呈水平浊音,触诊有波动或震水音。

(2)实验室诊断　通过腹腔穿刺液检查,鉴别腹腔积液的性质。漏出液为淡黄色透明液体或稍混浊的淡黄色液体,相对密度低于 1.018,一般不凝固,蛋白总量在 25 g/L 以下,黏蛋白定性试验(Rivalta 试验)为阴性反应。细胞计数,常小于 $100×10^6$ 个/L。细菌学检查为阴性。

渗出液为深黄色混浊液体(但因病因不同,亦可呈现红色、黄色等颜色),相对密度高于 1.018,蛋白总量在 30 g/L 以上,黏蛋白定性试验为阳性。细胞计数,常大于 $500×10^6$ 个/L。细菌学检查,可找到病原菌。

2. 治疗

治疗原则是积极治疗原发病,对症治疗。首先注重原发病治疗。为促进积液的吸收和排出,应用强心药和利尿药,如洋地黄、安钠咖、利尿素、醋酸钾等。积液量大时,应进行腹腔穿刺,排出腹腔积液,一次排液量不可过大,以防发生虚脱。

【处方 1】强心、利尿

(1)25%葡萄糖注射液 200 mL,10%氯化钙注射液 10 mL,20%安钠咖注射液 2 mL。一次静脉注射,每天 1 次,连用 3 d。

(2)速尿,每千克体重 2~5 mg,抗醛固酮剂,每千克体重 4 mg。1 次口服,每天 2 次,连用 3 d。

【处方 2】五皮饮加减

大腹皮 20 g,茯苓皮 15 g,桑白皮 20 g,陈皮 10 g,白术 10 g,二丑 15 g。水煎取汁 90 mL,按每千克体重 5 mL,深部灌肠,每天 1 次。用于腹腔渗出液过多的病犬。

【处方 3】抗菌消炎

青霉素钾 160 万~320 万 U、链霉素 100 万 U、生理盐水 40 mL。穿刺放液后,注入腹腔。

【相关知识】在生理状态下,动物的腹腔内含有少量液体,主要起润滑作用。病理状态下,腹腔内液体增多,称为腹腔积液或腹水。按其形成的原因及性质,可分为漏出液性腹腔积液和渗出液性腹腔积液。临床上以腹围增大,触诊腹壁有波动为特征。各种家畜都有发生,以犬多发。

1. 发病原因

本病主要见于慢性肝病,如肝炎、肝硬化、肝肿瘤等;心脏病,如心包炎、心力衰竭、心脏丝虫病等;肺部疾病,如大叶性肺炎、肺结核、肺肿瘤等;肾脏疾病,如慢性肾炎等,以上疾病可使血液和淋巴回流受阻,导致体液渗漏至腹腔。

此外,肠变位、肝门静脉或腹腔大淋巴管受到肿瘤或肿胀的压迫,引起血液循环障碍也可引起腹水;全身营养不良,血液中蛋白质含量过低,致使血液胶体渗透压下降时,也可引起腹水发生。重症胰腺炎、腹膜炎等,使炎症区内的毛细血管壁受损,通透性增高,血液中的液体、细胞和分子较大的蛋白质渗透到腹腔,导致腹水。

2. 主要症状

典型症状是腹部外形发生明显变化,腹下部两侧对称性肿胀,状如蛙腹。当动物体位改变时,腹部的形态也随着改变,腹部的最低处即膨起。腹部叩诊呈水平浊音,腹部冲击式触诊,可感到回击波或震荡音。腹腔穿刺有多量液体流出。患畜食欲减退,消瘦,被毛粗乱,便秘,有时便秘和下痢交替出现,排尿减少,黏膜苍白或发绀,脉搏微弱,常表现呼吸困难(由于腹水压迫横膈膜),体温变化因原发病不同而情况不一,漏出液性腹腔积液,体温一般正常。

◆◆◆ 任务2　呼吸系统疾病 ◆◆◆

问题一：急性支气管炎患畜最主要的临床症状是（　　　）

A. 流鼻液 　　　　　B. 呼吸困难 　　　　　C. 气喘

D. 体温升高 　　　　E. 咳嗽

问题二：黑白花奶牛，4岁。高烧稽留不退，精神沉郁，食欲废绝。临床检查，体温41.5℃，恶寒，战栗，咳嗽，流鼻液呈铁锈色，呼吸困难，肺部听诊有湿性啰音。血液白细胞总数升高，单核细胞减少。X线检查肺部有大片阴影。该牛所患疾病为（　　　）

A. 肺气肿 　　　　　B. 急性支气管炎 　　　　C. 支气管肺炎

D. 大叶性肺炎 　　　E. 间质性肺炎

问题三：一患病奶牛体重下降，产奶量下降，精神沉郁，不愿活动，呈痛性咳嗽、呼吸困难，不敢深呼吸。临床检查，体温41.0℃，胸壁有压痛，叩诊胸壁有水平浊音，浊音区听取肺泡呼吸音减弱，浊音区上方听诊肺泡呼吸音增强。胸腔穿刺有黄色液体流出，遇空气后凝固成乳酪状。该牛所患疾病为（　　　）

A. 肺炎 　　　　　　B. 肺气肿 　　　　　C. 肺水肿

D. 胸腔积水 　　　　E. 胸膜炎

【技能23】　感冒的防治方法

1. 治疗

治疗原则是解热镇痛，防止继发感染。

牛感冒处方

【处方1】解热镇痛

复方氨基比林注射液40～50 mL，柴胡注射液40 mL，一次分别肌肉注射，每天2次，连用3 d。或阿司匹林15～20 g，口服。或30%安乃近注射液20～40 mL，肌肉注射。

【处方2】防止继发感染

复方磺胺甲基异噁唑注射液80 mL，肌肉注射，首次量加倍，每天2次，连用3 d。也可选用青霉素、链霉素等肌肉注射。

【处方3】中药治疗

荆芥、防风、桔梗各30 g，羌活、前胡、枳壳各25 g，柴胡35 g，茯苓45 g，甘草15 g。共为细末，开水冲调，候温，一次灌服，每天1剂，连用2～3 d。

【处方4】针灸治疗

针刺耳尖、尾尖、蹄头、鼻中、山根穴。

猪感冒处方

【处方1】解热镇痛

30%安乃近注射液3～5 mL，肌肉注射，每天2次，连用3 d。或柴胡注射液5～10 mL，一次肌肉注射。或阿司匹林2～5 g，口服。

【处方2】防止继发感染

青霉素160万～240万U,肌肉注射。也可选用复方磺胺甲基异噁唑注射液,肌肉注射,首次量加倍,每天2次,连用3 d。

【处方3】中药治疗

(1)风寒感冒(发热轻、畏寒怕冷、鼻流清涕、粪便稀薄等)。

取荆芥20 g、防风20 g、桔梗20 g、羌活15 g、前胡15 g、枳壳各15 g、柴胡15 g、甘草15 g。水煎取汁,候温,一次灌服,每天1剂,连用2～3 d。

(2)风热感冒(发热重、黏脓性鼻液、便秘、尿少色黄)。

取金银花20 g、连翘20 g、荆芥15 g、薄荷15 g、牛蒡子15 g、淡豆豉15 g、竹叶15 g、芦根40 g、甘草10 g,水煎取汁,候温,一次灌服,每天1剂,连用2～3 d。

【处方4】针灸治疗

针刺耳尖、尾尖、蹄头、鼻中、山根、太阳穴。

犬感冒处方

【处方1】解热镇痛

复方氨基比林2.5～5 mL,肌肉注射,或阿司匹林0.5～1 g,口服,每天2～3次,连用3～5 d。也可肌肉注射安乃近注射液0.3～0.6 g。

【处方2】抗菌消炎

氨苄青霉素每千克体重2～7 mg,肌肉注射,每天2次。或丁胺卡那霉素每千克体重10～20 mg,肌肉注射,每天2次,连用3～5 d。

【处方3】中药治疗

(1)风寒感冒(鼻流清涕、头痛、恶寒颤抖、耳鼻四肢不温等)。

用柴胡、荆芥、防风、枳壳、川芎、茯苓、炒桔梗、生姜各15 g、甘草6 g,因症状严重行走不便或卧地不起者,加羌活、独活各15 g,水煎取汁灌服,每天1剂,连用2～3 d。

(2)风热感冒(耳鼻四肢温热、鼻流黏涕、尿少便干等)。

用连翘、银花各15 g,薄荷、淡豆豉、牛蒡子各10 g,荆芥穗、桔梗、甘草各8 g,淡竹叶7 g,煎汤内服,每天1剂,连用3～4 d。

【处方4】针灸治疗

白针疗法以大椎为主穴,肺俞、百会、睛明、阳池等为配穴;血针疗法以山根、耳尖为主穴,膝脉、涌泉、滴水等为配穴。

2. 预防措施

加强饲养管理,晚秋和冬季注意防寒保暖,避免出汗后受到风吹雨淋。适当增强耐寒锻炼,增强机体抵抗力,以减少本病的发生。

【相关知识】感冒是指机体因风寒侵袭所引起的以上呼吸道黏膜炎症为主症的急性发热性疾病。临床上以体温升高、鼻流清涕、羞明流泪、呼吸增快、咳嗽、皮温不均等为特征。

1. 发病原因

主要由于饲养管理不当引起。如厩舍阴湿寒冷,墙壁有缝或屋顶有洞,易形成贼风侵袭机体。早春、秋末气温骤变,机体来不及适应,或出汗后遭受雨淋、风吹等均可引发本病。在长途运输、营养不良及患有慢性疾病等机体抵抗力下降的情况下,更易发病。

2. 主要症状

突然发病,病畜精神委顿,头低耳耷,眼半闭,眼结膜充血、肿胀,羞明流泪。咳嗽,鼻黏膜充血肿胀,初流清涕,时间长则流出黏脓性鼻液,打喷嚏。体温升高,心跳、呼吸加快,体表温度不均,耳尖、鼻端发凉。严重者食欲减退或废绝,反刍减少或停止,瘤胃蠕动减弱,常伴有便秘。鼻镜干燥,口干舌燥,畏寒怕冷,拱腰战栗,行走不灵,甚至躺卧不起,磨牙。若及时治疗,则很快痊愈。有时因继发引起支气管肺炎,使病情加重。

3. 诊断方法

根据天气变化情况、机体受寒,以及临床症状,可初步诊断。注意与流感鉴别,后者具有高度传染性,体温常突升至 40～41℃,且全身症状明显。

【技能 24】 支气管炎的诊断与治疗

1. 诊断

根据病史分析和临床症状,可做出诊断。X 线检查,仅见肺纹理增粗,可作为辅助诊断。

2. 治疗

以抗菌消炎、止咳祛痰和抗过敏为治则。

牛支气管炎处方

【处方 1】抗菌消炎

12％复方磺胺-5-甲氧嘧啶注射液 100 mL,一次肌肉注射,每天 2 次,首次量加倍,连用 3～5 d。或青霉素钠 80 万 U,0.25％普鲁卡因注射液 20～40 mL,一次气管内注射,每天1 次,连用 3～5 次。

【处方 2】止咳祛痰

若咳嗽频繁、支气管分泌物黏稠,用氯化铵 20 g,或吐酒石 3 g,1 次口服,每天 2 次。或 10％～20％痰易净(乙酰半胱氨酸)溶液 3～5 mL,气管内注入;若分泌物不多,但咳嗽频繁、痛咳,用复方樟脑酊 30～50 mL,或复方甘草合剂 100～150 mL,内服,每天 1～2 次。

【处方 3】抗过敏

10％异丙嗪注射液 4 mL,一次肌肉注射。或一溴樟脑 4 g,一次内服。

【处方 4】对症治疗

若发生严重呼吸困难,可用 5％盐酸麻黄素 4～10 mL,皮下注射,每天 2 次。或用氨茶碱 1～2 g,肌肉注射,每天 2 次。

【处方 5】中药治疗

(1)风寒束肺(咳嗽,怕冷,无汗,鼻流清涕,口色青白,舌苔薄白,脉浮紧)者,取紫苏、荆芥、防风、陈皮、茯苓、桔梗各 25 g,姜半夏 20 g,麻黄、甘草各 15 g,生姜 30 g,大枣 10 枚。共为细末,开水冲调,候温灌服。

(2)风热犯肺者(咳嗽,鼻流黄涕,咽喉肿痛,耳鼻温热,身热,口干贪饮,口色偏红,舌苔薄白或黄白相间,脉浮数)者,取桑叶、杏仁、桔梗、薄荷各 25 g,菊花、银花、连翘各 30 g,生姜 20 g,甘草 15 g。共为细末,开水冲调,候温灌服。

(3)燥热伤肺(干咳无痰,咳而不爽,被毛焦枯,唇焦鼻燥,口色红而干,苔薄黄少津,脉浮细而数)者,取党参、阿胶各 60 g,黄芩 45 g,五味子 50 g,乌梅 20 g,桑叶、款冬花、川贝、桔梗、米壳各 30 g。共为细末,开水冲调,候温灌服。

猪支气管炎处方

【处方 1】祛痰镇咳

(1)咳嗽频繁、支气管分泌物黏稠者,用溶解性祛痰剂,取氯化铵 0.5～2 g,或吐酒石 0.2～0.5 g,灌服,每天 1～2 次。

(2)咳嗽严重且疼痛者,用复方樟脑酊 5～10 mL,灌服,每天 1～2 次。或磷酸可待因 0.1～0.5 g,灌服,每天 1～2 次。

【处方 2】抗菌消炎

硫酸卡那霉素注射液,每千克体重 1 万 U,肌肉注射,每天 2 次,连用 3～5 d。或 20%磺胺嘧啶钠注射液 10～20 mL,肌肉注射,每天 2 次,连用 3～5 d。也可用青霉素、链霉素、盐酸环丙沙星等配合地塞米松治疗。

【处方 3】抗过敏

一溴樟脑,0.1～0.5 g,内服。或盐酸异丙嗪 25～50 mg,内服。

【处方 4】对症治疗

体质虚弱,25%葡萄糖注射液 200～300 mL,静脉注射。心脏衰弱,用 10%安钠咖注射液 2～10 mL,皮下注射,每天 2～3 次。呼吸困难时,用 3%盐酸麻黄素 1～3 mL,肌肉注射,氨茶碱 0.2～0.5 g,肌肉注射。

【处方 5】中药治疗

(1)风寒束肺(咳嗽,怕冷,无汗,鼻流清涕,口色青白,舌苔薄白,脉浮紧)者,取紫苏、荆芥、防风、陈皮、茯苓、桔梗各 20 g,姜半夏 10 g,麻黄、甘草各 5 g,生姜 15 g,大枣 10 枚。共为细末,开水冲调,候温灌服。

(2)风热犯肺者(咳嗽,鼻流黄涕,咽喉肿痛,耳鼻温热,身热,口干贪饮,口色偏红,舌苔薄白或黄白相兼,脉浮数)者,取桑叶、杏仁、桔梗、薄荷各 20 g,菊花、银花、连翘各 25 g,生姜 10 g,甘草 5 g。共为细末,开水冲调,候温灌服。

(3)燥热伤肺(干咳无痰,咳而不爽,被毛焦枯,唇焦鼻燥,口色红而干,苔薄黄少津,脉浮细而数)者,取党参、阿胶各 30 g,黄芩 25 g,五味子 30 g,乌梅 10 g,桑叶、款冬花、川贝、桔梗、米壳各 15 g。共为细末,开水冲调,候温灌服。

【处方 6】针灸治疗

针刺苏气、大椎、风池、山根、耳尖、尾尖穴。

犬气管炎处方

【处方 1】抗菌消炎

头孢噻吩钠 10～20 mg,肌肉注射,每天 1～2 次;或普鲁卡因青霉素每千克体重 2 万～4 万 U,每天 1 次,连用 3～5 d。

【处方 2】祛痰止咳

祛痰,可用氯化铵 0.2 g,口服,每天 3 次;干咳用磷酸可待因 1～2 mg,口服,每天 2 次;严重气喘,可肌肉注射氨茶碱 0.05～0.1 g,每天 3 次;慢性支气管炎,用碘化钾 0.2～1 g,口服,每天 2～3 次,对乙酰半胱氨酸,0.1～0.2 g,每天 3 次,或用化痰药进行气雾疗法。

【处方 3】抗过敏

对于变态反应引起的支气管炎,可肌肉注射地塞米松,5～10 mg,每天 1 次,还可选用扑尔敏、苯海拉明等药物。

【处方 4】强心补液

用 5% 葡萄糖溶液 200 mL,20% 安钠咖注射液 2 mL,静脉注射。

【处方 5】中药治疗

取百合 30 g,百部 15 g,黄芪 30 g,浙贝母 15 g,桔梗 18 g,杏仁 15 g,麻黄 9 g,枇杷叶 15 g,白芨 15 g,党参 30 g,款冬花 18 g,甘草 9 g,用水浸泡 30 min 后,水煎 2 次,合并滤液,分 2 次灌服,每天 1 剂,连用 3 d。

【处方 6】针灸治疗

白针疗法以大椎、肺俞为主穴,身柱、灵台、水沟等为配穴;水针疗法用氨苄西林 0.15 g、2% 普鲁卡因溶液 0.2 mL、注射用水 0.3 mL 溶解后喉俞穴注射;血针疗法以尾尖、耳尖为主穴,涌泉、滴水等为配穴。

【相关知识】支气管炎是指支气管黏膜表层或深层的炎症。临床上以不定型热、咳嗽、流鼻液为特征。

1. 发病原因

(1)原发性病因 主要由风寒感冒引起。厩舍寒冷或遭受贼风侵袭,夜露风霜,冷雨浇淋等致风寒感冒,机体免疫力降低,一方面容易招致环境中细菌、病毒等感染;另一方面,呼吸道寄生菌如肺炎球菌、巴氏杆菌、链球菌、葡萄球菌等乘虚而入,引发本病。

吸入煤烟、氨气、尘埃、霉菌孢子等刺激性物质,或投药时将药物误入气管,可造成气管黏膜的损伤,从而引起支气管炎。

此外,厩舍通风不良、闷热潮湿、维生素 A 等营养物质缺乏,均可成为本病的诱因。

(2)继发性因素 见于喉炎、肺炎等邻近器官炎症的蔓延,以及口蹄疫、恶性卡他热等传染病,肺线虫病、蛔虫病等寄生虫病的过程中。

2. 主要症状

根据病程可分为急性支气管炎和慢性支气管炎。

(1)急性支气管炎 病初为干咳、短咳、痛咳,3~4 d 后由于炎性渗出物增多,咳嗽变为湿咳,疼痛减轻。流鼻液,初为浆液性,后为黏液或脓性,咳嗽后鼻液增多。触诊喉头或气管,敏感性增高,常反射性地引起持续的咳嗽。肺部听诊,初期肺泡呼吸音增强、粗粝,能听到干啰音,以后随渗出物逐渐增多,则呈湿啰音。胸部叩诊无变化。初期体温正常或轻度升高(0.5~1℃),一般持续 2~3 d 后下降。若炎症侵害细支气管引起细支气管炎,则体温升高 1~2℃,呼吸加快,严重者呼吸困难,可视黏膜发绀。

(2)慢性支气管炎 病程较长,出现持久的拖延数月甚至数年的咳嗽,特别是在采食、饮水、运动或早晚气温降低时,常引起剧烈的干性咳嗽。鼻液少而黏稠。人工诱咳阳性。体温一般无变化,但因支气管狭窄和肺泡气肿,可发生呼吸困难。肺部听诊,病初黏膜有稀薄的渗出物时,可听到湿啰音,肺泡呼吸音增强,以后由于渗出物浓稠,可听到干啰音,当并发肺气肿时,肺泡呼吸音减弱或消失。病畜长期食欲不振,逐渐消瘦,被毛粗乱无光泽。

3. 预防措施

加强饲养管理,保持厩舍通风干燥,适当增加运动,防止受寒感冒。

【技能 25】 小叶性肺炎的诊断与治疗

1. 诊断

根据呼吸困难、弛张热、叩诊出现散在浊音区等症状,可做出初步诊断。X 线检查,肺纹理增粗,伴有小片模糊阴影,有助于确诊。

2. 治疗

以抗菌消炎、祛痰止咳、制止渗出、促进渗出物吸收和排出及对症治疗为原则。

牛小叶性肺炎处方

【处方1】抗菌消炎

10%磺胺嘧啶钠注射液100～150 mL,肌肉注射,每天1次。或青霉素320万U,链霉素200万～300万U,混合,一次肌肉注射,每天2次,连用3～4 d。或青霉素320万U,蒸馏水15～20 mL,溶解后缓慢气管内注射。

【处方2】止咳祛痰

氯化铵20～30 g,复方甘草合剂150 mL,一次分别灌服。

【处方3】制止渗出、促进渗出物吸收和排出

5%氯化钙注射液120 mL,40%乌洛托品注射液40～60 mL,10%安钠咖注射液30 mL,25%葡萄糖注射液500～1 000 mL,95%酒精300～500 mL,一次静脉注射。

【处方4】对症治疗

呼吸困难时,用5%盐酸麻黄素4～10 mL,皮下注射,每天2次。或用氨茶碱1～2 g,肌肉注射,每天2次。体温过高,可用扑热息痛10～20 g,内服。

【处方5】中药治疗

麻黄15 g,杏仁8 g,生石膏90 g,双花、连翘各30 g,黄芩、知母、元参、生地、麦冬、天花粉各25 g,桔梗20 g。共为细末,开水冲调,候温,加蜂蜜250 g为引,一次灌服,每天1剂,连用3～5剂。

猪小叶性肺炎处方

【处方1】抗菌消炎

青霉素160万U,链霉素200万U,肌肉注射,每天2次,连用3～4 d。或取鼻液做细菌药敏试验,根据药敏试验结果选用相应的抗生素或磺胺类药物。

【处方2】祛痰止咳

(1)咳嗽频繁、支气管分泌物黏稠者,用溶解性祛痰剂,取氯化铵1～2 g,碳酸氢钠1～2 g,混合后灌服,每天2～3次,连用2～3 d。

(2)咳嗽严重且疼痛者,用复方樟脑酊5～10 mL,灌服,每天2～3次。或磷酸可待因0.1～0.5 g,灌服,每天1～2次。

【处方3】制止渗出和促进渗出物排出

(1)制止渗出,用10%氯化钙注射液10～20 mL,或10%葡萄糖酸钙注射液10～20 mL,静脉注射,每天1次。

(2)促进渗出物排出,用25%葡萄糖注射液200～300 mL、10%安钠咖注射液2～10 mL,静脉注射。

【处方4】对症治疗

体温升高者,用复方氨基比林或安痛定注射液5～10 mL,肌肉注射。呼吸困难时,用5%盐酸麻黄素1～3 mL,皮下注射,每天2次。

【处方5】中药治疗

麻黄5 g,杏仁3 g,生石膏30 g,双花、连翘各10 g,黄芩、知母、元参、生地、麦冬、花粉各

10 g,桔梗 4 g。共为细末,开水冲调,候温,加蜂蜜 50 g 为引,一次灌服,每天 1 剂,连用 3～5 剂。

【处方 6】针灸治疗

针刺苏气、大椎、风池、山根、耳尖、尾尖穴。

【相关知识】小叶性肺炎又称为支气管肺炎,是指个别肺小叶或几个肺小叶的炎症。临床上以弛张热型、呼吸加快、肺区叩诊呈散在浊音区和听诊有捻发音等为特征。

1. 发病原因

本病多由支气管炎蔓延而致,受寒感冒、吸入刺激性气体或投药时误入气管等引起支气管炎的病因,均可引起本病。也可继发于流感、牛恶性卡他热、结核病等传染病,肺丝虫、蛔虫等寄生虫病,以及化脓性子宫炎、乳房炎等。

2. 主要症状

病初主要表现急性支气管炎症状。病畜咳嗽,初为干咳、短咳、痛咳,继则呈湿咳,疼痛减轻或消失。人工诱咳阳性。初期和末期鼻液量多,根据病变的程度可流出浆液性、黏液性或黏液脓性鼻液,有时混有血丝。随病情发展,在多数肺泡出现炎症时,全身症状加重,精神沉郁,食欲、反刍减少或消失,但口渴贪饮。体温升高达 39.5～41℃,呈弛张热型。脉搏增至 90～100 次/min,呼吸加快达 40～100 次/min,并有不同程度的呼吸困难,眼结膜潮红或发绀。

肺区叩诊,出现局灶性浊音区,浊音区周围可听到过清音。肺区听诊,在浊音区,肺泡呼吸音减弱,可听到捻发音,以后随炎性渗出物性状不同,可听到干啰音和湿啰音,病程稍长则肺泡呼吸音消失,但在其他健康部位听诊,肺泡呼吸音增强。

血液检查,白细胞总数和嗜中性白细胞增多,核左移。

3. 预防措施

加强饲养管理,保持厩舍干燥温暖、通风清洁,防止受寒感冒,适当增加运动,提高机体抵抗力。若怀疑由传染病引起,应隔离观察治疗。

【技能 26】 大叶性肺炎的诊断与治疗

1. 诊断

根据症状、剖检变化可做出诊断,X 射线检查有助于确诊。

2. 治疗

以抗菌消炎、制止渗出和促进渗出物排出为治则。

猪大叶性肺炎处方

【处方 1】抗菌消炎

土霉素或四环素,每千克体重 5～15 mg,溶于 5%葡萄糖生理盐水 200～300 mL 中,缓慢静脉注射,每天 2 次。或 10%磺胺嘧啶钠注射液 30 mL,静脉注射。

【处方 2】制止渗出和促进渗出物排出

(1)制止渗出,用 10%氯化钙注射液 10～20 mL,或 10%葡萄糖酸钙注射液 10～20 mL,静脉注射,每天 1 次。

(2)促进渗出物排出,用 40%乌洛托品注射液 20～40 mL,5%葡萄糖生理盐水 100～300 mL,10%安钠咖注射液 2～10 mL,一次静脉注射。

【处方 3】中药治疗

取石膏 40 g(先煎)、水牛角 10 g(挫细末冲服)、生地 10 g、黄连 6 g、栀子 10 g、丹皮 10 g、黄芩 10 g、赤芍 10 g、玄参 10 g、知母 10 g、连翘 10 g、桔梗 10 g、竹叶 10 g、甘草 15 g,水煎取汁,候温,一次灌服。

【处方 4】针灸治疗

(1)氨苄青霉素 80 万 U,地塞米松注射液 8~12 mg,大椎穴注射,每天 1 次,连用 2~3 d。

(2)针刺山根、鼻中、耳尖、尾尖、涌泉、滴水穴。

犬大叶性肺炎处方

【处方 1】抗菌消炎

对细菌感染,用头孢菌素每千克体重 30 mg,口服,每天 2 次。或选用红霉素、先锋霉素、卡那霉素等。厌氧菌和异物吸入性肺炎,可用洁霉素每千克体重 5~10 mg,肌肉注射,每日 2 次。如为真菌引起的化脓性肺炎,则应选用两性霉素 B 静脉注射。

【处方 2】止咳祛痰

祛痰,可内服氯化铵 0.2~1 g,或碘化钾 0.2~1 g。止咳,可内服复方樟脑酊、复方甘草合剂或止咳糖浆 3~5 mL。咳嗽严重者可用对乙酰半胱氨酸做喷雾疗法,犬 50 mL/h,每次喷雾 30~60 min,每天 2 次。或用可待因每千克体重 5~10 mg,肌肉注射,每天 2~3 次。

【处方 3】制止渗出

5%氯化钙溶液或者 10%葡萄糖酸钙溶液 10~15 mL,缓慢静脉注射。

【处方 4】解热镇痛

肌肉注射安乃近 0.3~0.6 g,或内服对乙酰氨基酚(扑热息痛)0.1~1 g。

【处方 5】中药治疗

取麻黄 2 g,杏仁 2 g,石膏 4 g,浙贝母 2 g,黄芩 3 g,天花粉 2 g,枇杷叶 2 g,紫菀 2 g,苏子 2 g,桔梗 2 g,山药 2 g,砂仁 3 g,桑白皮 2 g,黄柏 3 g,车前子 2 g,水煎取汁,蜂蜜 10 mL 为引灌服,每天 1 剂,连用 3 d。

【处方 6】针灸治疗

穿心莲注射液 1 mL,身柱、肺俞穴注射,每天 1~2 次。咳喘严重者,用麻黄碱 10~30 mg,肺俞穴注射。

【相关知识】大叶性肺炎又称格鲁布性肺炎、纤维素性肺炎,是一个或几个肺大叶的急性炎症过程。临床上以高热稽留、铁锈色鼻液、肺部出现广泛性浊音区等为特征。

1. 发病原因

主要由病原微生物引起。如肺炎双球菌、链球菌、绿脓杆菌、巴氏杆菌等。受寒感冒、吸入刺激性有害气体、长途运输等因素,引起机体抵抗力下降,常成为本病的诱因。

2. 主要症状

病猪食欲减退或废绝,精神不振,持续高热,体温升高至 40~41℃以上,稽留 6~9 d 后逐渐减退或骤退至常温。心跳、脉搏加快,初期体温升高 1℃,脉搏数增加 10~15 次/min,继续升高 2~3℃时,脉搏数不再增加,后期脉搏逐渐变小而弱。呼吸急促,严重时呈混合性呼吸困难。眼结膜初期潮红,后期发绀。初期流出浆液性、黏液性或黏液脓性鼻液,出现短而痛的干咳,在肝变期流出铁锈色鼻液,表现湿咳。肺部叩诊,病初充血渗出期听到过清音或鼓音,肝变期叩诊呈浊音,在后期渗出物逐渐被吸收、排出,叩诊呈过清音或鼓音。肺区听诊,在充血期可听到呼吸音增强和干啰音,随肺泡渗出液增多可听到湿啰音或捻发音,在肝变期可听到支气管呼吸音,溶解期可听到湿啰音或捻发音。

3. 剖检变化

在未使用抗生素治疗的情况下,典型病变有充血水肿期、红色肝变期、灰色肝变期和溶解消散期4个时期。

(1)充血水肿期　发病后1~2 d。病变肺叶肿大,重量增加,呈暗红色,切面光泽平滑而湿润,按压流出大量血样泡沫。切取一小块投入水中,呈半沉于水状态。

(2)红色肝变期　发病后3~4 d。肺脏肿大,质地变实,呈暗红色,切面干燥,呈粗糙颗粒状,类似肝脏,故称肝变。肺膜常有纤维蛋白性渗出物覆盖。切下一小块投入水中,完全下沉。

(3)灰色肝变期　发病后5~6 d。病变部肿胀,呈灰色,质地坚实。切面干燥,颗粒状,灰白色,故称灰色肝变。切下一小块投入水中,完全下沉。

(4)溶解消散期　发病后7 d左右。肺叶体积复原,质地变软,病变部位呈黄色,挤压有少量脓性混浊液体流出。

4. X线检查

充血期肺纹理增粗,肝变期有大片均匀的浓密阴影,溶解期有散在不均匀的片状阴影。

5. 预防措施

加强饲养管理,给予营养丰富的饲料和清洁饮水。猪舍保持通风、干燥,做好保暖防寒,避免受寒感冒。定期做好免疫接种和驱虫工作,积极治疗原发病。

【技能27】　异物性肺炎的诊断与治疗

1. 诊断

根据有误咽、灌药呛肺或吸入其他异物的病史,结合临床症状及实验室检查结果可做出诊断。必要时配合实验室诊断和X线检查。

(1)实验室诊断　将鼻液收集在玻璃杯内,可分为三层,上层为黏性有泡沫,中层为浆液性并含有絮状物,下层是脓液且混有很多肺组织块。显微镜检查时,可看到肺组织碎片、脂肪滴、脂肪晶体、棕色至黑色的色素颗粒、红细胞、白细胞及大量微生物。如将鼻液在10%氢氧化钾溶液中煮沸,离心获得的沉淀物在显微镜下检查,可见到肺弹力纤维。

(2)X线检查　肺部可见到透明的肺空洞及坏死灶阴影。

2. 治疗

迅速排出异物,制止肺组织的腐败分解,缓解呼吸困难,对症治疗。

牛异物性肺炎处方

【处方1】排出异物

让病牛取前高后低的站立姿势,或卧地时后躯垫高,有利于咳出异物。同时用1%盐酸毛果芸香碱注射液20 mL,肌肉注射。

【处方2】制止肺组织的腐败分解

青霉素80万~160万U,链霉素100万~200万U,0.25%盐酸普鲁卡因注射液50~200 mL,一次气管内注射,每天2次。

【处方3】抗菌消炎

12%复方磺胺甲基异噁唑注射液80 mL,肌肉注射,每天2次,首次量加倍。或10%磺胺嘧啶钠注射液 500～700 mL,静脉注射。

【处方 4】制止渗出、促进渗出物排出

用 5％氯化钙注射液 120 mL,40％乌洛托品注射液 40～60 mL,10％安钠咖注射液 30 mL,25％葡萄糖注射液 500～1 000 mL,一次静脉注射,每天 1～2 次。

【处方 5】防止自体中毒

用樟酒糖溶液(含 0.4％樟脑、6％葡萄糖、30％酒精、0.7％氯化钠的灭菌水溶液)200～250 mL,一次静脉注射,每天 1 次。

【处方 6】中药治疗

芦根 250 g,薏苡仁、桔梗、鱼腥草各 60 g,桃仁、冬瓜子各 45 g。水煎取汁,候温,一次灌服,每天 1 剂,连用 3～5 剂。

犬异物性肺炎处方

首先让动物横卧,把后腿抬高,便于异物向外咳出。同时皮下注射 2％盐酸毛果芸香碱注射液 0.2～1 mL,使气管分泌物增加,可促使异物迅速排出。当呼吸高度困难时,应进行氧气输入。

【处方 1】抗菌治疗

用丁胺卡那霉素每千克体重 10 mg,肌肉注射;或用氨苄青霉素每千克体重 100 mg,肌肉注射。或口服磺胺甲基异噁唑(SMZ)、磺胺二甲基嘧啶(SM2)或复方新诺明片等。

【处方 2】止咳平喘

用咳必清 25 mg,每天 2 次,连用 2～4 d。如咳喘严重时,可用氨茶碱每千克体重 10 mg,肌肉注射,或用 10％葡萄糖酸钙溶液 10～15 mL 混入生理盐水内缓慢滴入,每天 1 次。

【处方 3】中药治疗

用百合、白芨各 30 g,研为极细末,加蜂蜜和水各 50 mL,调匀 1 次灌服,每天 1 剂,连用 3 d。

【处方 4】针灸治疗

用氨苄青霉素 0.2～0.4 g,注射用水 3 mL 稀释后,进行身柱、肺俞和喉俞穴注射。

【相关知识】异物性肺炎是指由于空气以外的其他气体、液体、固体等异物被吸入肺内,而引起的支气管和肺的炎症。如果由于腐败性细菌感染导致肺组织坏死和分解,则称为肺坏疽。临床上以呼吸极度困难,两鼻孔流出脓性或腐败性鼻液为特征。

1. 发病原因

主要由于误咽或吸入异物引起,见于咽炎、咽麻痹、破伤风、食道阻塞和伴有意识障碍的脑病等。灌药时,因呛咳使药物进入气管,也是本病的常见原因。

肺部创伤和肋骨骨折时引起创伤性肺坏疽。

此外,本病也可由大叶性肺炎转变而来。

2. 主要症状

病初呈现支气管肺炎的症状,呼吸急速而困难,腹式呼吸,并出现湿性咳嗽。体温升高,脉搏快而弱,有时战栗。病后期呼出气有腐败性恶臭味,两鼻孔流出有奇臭的污秽鼻液。听诊肺部有明显啰音。叩诊肺部敏感,初期呈浊音,后期由于出现肺空洞,叩诊呈灶性鼓音,若空洞周围被致密组织所包围,其中充满空气,则叩诊呈金属音,若空洞与支气管相通则叩诊呈破壶音。

3. 预防措施

经口投药时,药液不要太稠,头不要抬得太高,遇咳嗽时应立即停止灌药,并使其低头。使用胃管时,必须判定胃管正确进入食管后,方可灌入药液。对严重呼吸困难和吞咽障碍的动物,不能强制性经口投药,应改用其他给药方法。

【技能28】 犬胸膜炎的诊断与治疗

1. 诊断

依据症状结合血液检查、胸腔穿刺可确诊。要与胸腔积液相区别。胸腔积液无高热,胸壁不敏感,穿刺液多透明且不易凝固。

血液检查 急性病例可见嗜中性白细胞增多,核左移,淋巴细胞减少。

2. 治疗

加强饲养管理,防止胸壁受伤,增强机体抵抗力,积极治疗原发病。加速炎性渗出物的吸收和排出,用利尿剂、强心剂及轻泻剂。对渗出物较多严重影响呼吸的病例,可进行胸腔穿刺,放出积液。然后用0.1%雷佛奴尔溶液冲洗胸腔,再向胸腔内注射青霉素和金霉素各约20万～40万U。促进炎症消散,用10%樟脑酒精、松节油、芥子精等刺激剂,涂抹胸壁,再敷以温热的纱布。有条件者,可用紫外线照射疗法。

【处方1】抑制渗出

静脉注射10%氯化钙注射液2～10 mL,每天1次,连用3～5 d。也可试用地塞米松每千克体重0.05～2 mg,口服,每天1次,连用3～5 d。

【处方2】止痛

疼痛剧烈者,用杜冷丁每千克体重11 mg,肌肉注射,每天2～3次,至疼痛缓解时止。

【处方3】针灸治疗

抗生素可注入身柱、天突、肺俞等穴。

【相关知识】胸膜炎是由各种致病因素作用于胸膜而引起的炎症。临床上以腹式呼吸、胸膜摩擦音、胸部叩诊敏感且出现水平浊音区为特征。

1. 发病原因

急性原发性胸膜炎,多见于胸壁创伤,如肋骨骨折、胸壁挫伤、胸壁穿透创等,胸膜腔肿瘤、微生物侵入胸腔亦可引发本病。

继发性原因多见于结核病、腹膜炎、心包炎、化脓性肺炎等病的炎症蔓延。

2. 主要症状

发病早期,精神沉郁,食欲减退,震颤,体温升高可达40℃以上,后降至39～40℃,呈弛张热型。呼吸浅表快速,多呈明显的腹式呼吸,咳嗽短弱带痛。触诊胸壁敏感,常躲避触压,甚至战栗、呻吟。不愿躺卧、走动,常站立,肘部外展。胸部叩诊敏感疼痛,咳嗽加重。往往于一侧或两侧呈水平浊音。胸部听诊,病初可听到胸膜摩擦音。胸腔穿刺,大多能抽取出多量黄色易凝固的液体。

慢性病例表现为反复发生微热、呼吸迫促、体质虚弱。如胸膜发生广泛粘连或增厚,则肺泡呼吸音明显减弱。

◆◆◆ 任务3 心血管系统疾病 ◆◆◆

问题一:对于心力衰竭的患畜,临床上常使用洋地黄毒苷或毒毛旋花子苷 K 等制剂,其治疗目的是为了(　　)

A. 镇静　　　　　　B. 减轻心脏负担　　　　　　C. 增强心肌收缩力

D. 利尿消肿　　　　E. 改善心肌营养

问题二:某规模猪场的三窝 14～18 日龄仔猪中有 23 头哺乳仔猪发病,并在第二天死亡 3 头。患病仔猪精神不振,离群伏卧,不愿走动,食欲不振,被毛粗乱,体温不高,皮肤有皱褶,两耳发凉。有的出现呼吸急促,黏膜苍白,也有出现腹泻或腹泻与便秘交替出现的症状。剖检可见,心脏扩张和充血,心包积液,心外膜有点状出血。血液稀薄呈水样,凝固性差。肾脏呈灰白色,肺水肿,肝肿大呈灰色并有出血点。最可能的疾病是(　　)

A. 铜缺乏症　　　　B. 佝偻病　　　　　　　　　C. 仔猪缺铁性贫血

D. 再生障碍性贫血　E. 钴缺乏症

【技能 29】 心力衰竭的诊断与治疗

1. 诊断

根据发病原因,静脉怒张、心跳加快、脉细弱、黏膜发绀、易疲劳、呼吸困难以及全身性水肿等症状,以及心、肺听诊和叩诊变化,进行综合分析从而建立诊断。X 线检查,如右心衰竭时可发现心影增大,左心衰竭时则有肺门影增大及肺纹理增粗。

2. 治疗

避免剧烈运动,加强饲养管理,提高机体抵抗力,积极治疗原发病。减轻心脏负担,增强心肌收缩力。由于急性心力衰竭可因缺氧和心源性休克而死亡,故应争分夺秒,进行抢救。胸部按压心脏、输氧、心脏内注射肾上腺素,把舌头拉出口腔外以利于呼吸,必要时进行气管插管。

牛心力衰竭处方

【处方1】减轻心脏负担

先根据病牛体质和静脉瘀血程度,酌情放血 1 000～2 000 mL(贫血时不放血),然后用毛花强心丙(西地兰丙)3 mL,25% 葡萄糖注射液 1 000 mL,25% 维生素 C 注射液 20 mL,1% ATP(三磷酸腺苷)200 mL,辅酶 A 500 U,5% 葡萄糖生理盐水 1 000 mL,一次静脉注射。

【处方2】增强心脏收缩力

20% 安钠咖注射液 10～20 mL,肌肉或静脉注射(适用于急性、慢性心力衰竭)。或 0.02% 洋地黄毒苷注射液 5～10 mL,静脉注射(适用于慢性心力衰竭)。对某些传染病或中毒引起的心力衰竭,为兴奋呼吸和心肌,可用 10% 樟脑磺酸钠注射液 10～20 mL,皮下或肌肉注射。对心搏动过速,每分钟超过 100 次的重症病牛,可用复方奎宁注射液 15 mL,一次肌肉注射。

【处方3】心搏动亢盛和胸壁震动的病牛

用安溴注射液 50～100 mL,静脉注射。

【处方4】消除水肿、利尿

用速尿,每千克体重0.5～1 mg,肌肉注射,每天1～2次,连用2～3 d。

【处方5】中药治疗

(1)急性心力衰竭,取党参、生姜、大枣各60 g,熟附子32 g。水煎取汁,候温,一次灌服。

(2)慢性心力衰竭,取当归、远志、陈皮、红花、甘草各15 g,茯苓、白芍各20 g,白术、党参、五味子各25 g,黄芪30 g。共为细末,开水冲调,候温,一次灌服,每天1剂,7剂为一个疗程。

犬心力衰竭处方

用三磷酸腺苷、辅酶A、细胞色素C、维生素B_6和葡萄糖等能量合剂进行辅助治疗。注意纠正酸碱平衡失调和电解质紊乱,尤其是低钾血症。

【处方1】减轻心脏负荷

镇静,皮下或肌肉注射安定注射液1～2 mL;泻血,静脉穿刺或切开放血250～500 mL;利尿,静脉注射速尿10～20 mg,或利尿酸钠10～20 mg;应用血管扩张剂,选用苄胺唑啉5～10 mg或硝普钠5～10 mg,加入10%葡萄糖溶液200 mL中,静脉注射。

【处方2】增强心肌收缩力,改善心脏功能

用毛花强心丙注射液(或西地兰0.2～0.4 mg)0.3～0.6 mg,加入10～20倍5%葡萄糖溶液中,缓慢静脉注射,必要时4～6 h后再用1次。也可用洋地黄毒苷,按每千克体重0.033～0.11 mg,每天2次,口服,或以每千克体重0.006～0.012 mg(全效量)静脉注射,然后以全效量的1/10维持。应用洋地黄类药物必须注意,感染、发热引起的心动过速而无心力衰竭的病犬不宜使用,可采用抗生素控制感染,部分或全部房室传导阻滞者禁用。

【处方3】改善缺氧状况

用鼻导管给氧,氧流量4～6 L/min,最好用鼻罩加压给氧。

【处方4】中药治疗

取人参10 g,附子3 g,煎汁灌服。或用黄芪30 g,党参15 g,丹参20 g,五味子15 g,红花10 g,当归15 g,熟地30 g,甘草10 g,水煎取汁,候温灌服,每天1剂,连用3～5 d。

【相关知识】心力衰竭不是一个独立的疾病,而是许多疾病过程中都可发生的一种综合征。临床上表现心肌收缩力减弱、心输出血量减少、静脉回流受阻、动脉系统供血不足、全身血液循环障碍等一系列症状和体征。心力衰竭可分为左心衰竭和右心衰竭,但任何一侧心力衰竭都可影响对侧。

1. 发病原因

(1)心脏负荷加重 舒张期负荷加重,常见于心脏瓣膜闭锁不全及先天性动脉导管未闭等;缩期负荷加重,见于主、肺动脉瓣狭窄或体、肺循环动脉高压。

(2)心肌血液供应不足 见于心脏冠状动脉痉挛、栓塞和冠状动脉硬化。

(3)心肌功能障碍 如扩张性心肌病。

(4)心肌发生病变 如由病毒、寄生虫、细菌等引起的心肌炎;由硒、铜等微量元素和维生素B_1缺乏引起的心肌变性;由有毒物质(如铅等)中毒引起的心肌病等。另外,心肌突然遭受剧烈刺激(如触电,快速或过量静脉注射钙剂等)或心肌收缩受抑制(如麻醉引起的反射性心跳骤停或心动徐缓)等。

(5)心包疾病 如心包积液或积血,心脏受压,使心脏舒张受限,引起冠状循环供血不足,而导致心力衰竭。

(6)过快或过量的输液或突然剧烈运动　治疗时,过快或过量的输液以及不常剧烈运动的犬突然运动量过大(如长途奔跑)等引起。

此外,严重的心律失常、手术、分娩、严重感染、电解质平衡紊乱等,都可直接或间接地影响心脏功能,促进心力衰竭的发生。

2. 主要症状

(1)左心衰竭　主要呈现肺循环瘀血。由于肺脏毛细血管内压急剧升高,可迅速发生肺水肿,表现为呼吸加快和呼吸困难,听诊肺部有各种性质的啰音,并发咳嗽等。

(2)右心衰竭　主要呈现体循环障碍(全身静脉瘀血)和心性水肿(全身性水肿)。由于肾脏血液量不足,肾小球的滤过降低,使尿的生成减少。早期可见肝、脾肿大,后期由于腹水及肿大的肝脏压迫胸腔,引起呼吸困难。同时,由于有效循环血液量不足,引起钠和水在组织内潴留,进一步加重了心脏性水肿,引起脑、胃肠、肝、肾等实质脏器的瘀血,并表现出各实质脏器功能障碍的一系列症状。

(3)充血性心力衰竭　由左心或右心衰竭发展而来。特征是肺充血、水肿或腹水。精神极度沉郁,食欲废绝,体重减轻,咳嗽,易疲劳,高度呼吸困难,可视黏膜发绀,浅表静脉怒张,腹围增大等。

【技能30】 犬贫血的诊断与治疗

1. 诊断

根据临床症状和病史调查可做出诊断,但需确定发病原因和贫血的性质,以便于为治疗提供客观依据。

(1)失血性贫血　急性出血时红细胞和血浆同时损失。初期只是血容量减少,红细胞压积和血红蛋白量基本不变化。后期血小板增加,外周血出现多染性红细胞,网织红细胞数增加;慢性出血,病情发展比较缓慢,可持续数月甚至数年。血液检查,常发现白细胞增多,血小板增多,以及低色素性贫血,还可见血清铁浓度降低,血清总铁结合力也降低。

(2)溶血性贫血　急性溶血性贫血时,病情危急,血清游离胆红素迅速增高;慢性溶血性贫血时病情缓慢,可出现合并肝细胞性黄疸,血红蛋白尿和尿胆原排出增多,网织红细胞和骨髓幼红细胞增多。若要区别溶血的病因,尚须配合其他检查。如免疫介导性溶血性贫血,需检测红细胞表面的免疫球蛋白或补体;遗传性溶血,可测定溶血因子或凝血因子;寄生物溶血,可发现血巴尔通体、焦虫等;中毒性溶血,常可发现海恩茨氏小体;裂解性溶血,血涂片上可见破损的红细胞碎片、凝血酶原时间延长等。

(3)营养性贫血　维生素 B_{12} 或叶酸缺乏时,骨髓象和血象出现巨幼红细胞,也可见巨粒细胞和巨核细胞;缺铁时,血象可见小红细胞,骨髓象可见幼红细胞增生。

(4)造血功能障碍性贫血　以血象出现幼粒细胞和幼红细胞为特征。为了与失血和溶血性贫血区别,可作骨髓象检查。

2. 治疗

以祛除病因,补充营养,对症治疗为治疗原则。

(1)失血性贫血　首先要除去病因,重度贫血要尽快输血。并补充造血物质,如铁制剂,维生素 B_{12}、叶酸、维生素 B_6 等。

(2)溶血性贫血　应针对病因治疗。对免疫介导性溶血,可用强的松、环磷酰胺、硫唑嘌吟、环孢菌素等药物,必要时可行脾切除术;遗传性贫血,可采取断乳、输血和用类固醇药物;当有血液巴尔通体时,可用强力霉素每千克体重 22 mg,口服,每天 3 次,连用 2～3 周;治疗巴贝斯焦虫病时,可采用支持疗法(输血、输液),应用广谱抗生素以防继发感染,但以用杀虫药为主,如贝尼尔每千克体重 3.5 mg 深部肌肉注射,隔 2～3 d 重复注射 1 次。贫血严重时应先输血,后用杀虫药;中毒性溶血可针对中毒原因选用美蓝、乙酰半胱氨酸等;裂解性溶血除输血外,还可补铁。

(3)营养性贫血 25%右旋糖酐铁(葡聚糖铁),犬 0.2～10 mL,肌肉注射,每天 1 次。同时补充维生素 B_{12} 和叶酸。

(4)功能障碍性贫血 应纠正原发疾病,根据症状进行支持性治疗,发热及嗜中性粒细胞降低时使用广谱抗生素。对于贫血严重的应输血。对于骨髓功能障碍也可使用肾上腺皮质激素,强的松每日每千克体重 0.5～1 mg。

中药治疗 阿胶 30 g,熟地 20 g,当归 30 g,黄芪 30 g,加水浸泡 30 min,煎煮 2 次,合并滤液,灌服,每天 1 剂,连用 3～5 d。

【相关知识】贫血是指一定容积的循环血液中红细胞数、血红蛋白及红细胞压积低于正常值,红细胞向组织输送氧的能力降低的异常状态。

1. 发病原因

按照贫血的发生原因分为下列 4 类。

(1)失血性贫血 见于各种创伤时的急性出血,胃肠道寄生虫时的慢性出血,胃肠道损伤和溃疡,膀胱炎出血,尿结石出血,子宫出血,肾出血等。

(2)溶血性贫血 见于免疫介导性溶血性贫血,由于红细胞表面覆盖有免疫球蛋白和/或补体导致红细胞迅速破坏;遗传性贫血,多表现溶血性贫血,常与先天免疫以及凝血因子有关;红细胞寄生物,如巴尔通体、巴贝斯焦虫等寄生物致使红细胞破坏;中毒,如洋葱、对乙酰胺基酚、有机磷、锌等中毒破坏血红蛋白及细胞膜;裂解性溶血,如弥散性血管内凝血(DIC)、心、肝疾病、心丝虫、肿瘤、脉管炎、溶血性尿毒症等,致使红细胞机械性分裂。

(3)营养性贫血 主要由于缺乏蛋白质、铁、铜、钴、维生素 B_{12} 及叶酸等造血物质所引起。

(4)造血功能障碍性贫血 见于子宫蓄脓、尿毒症、某些慢性感染性疾病(如慢性肝炎、肾病等)、辐射性疾病(如 X 光照射)等,严重损害骨髓造血功能而发生贫血。

2. 主要症状

根据贫血的程度不同而呈现出轻重不同的临床症状,主要表现可视黏膜苍白,精神沉郁,嗜睡,不耐运动,对寒冷刺激比较敏感。心跳和脉搏数明显增加,气喘,被毛粗乱,有血色素尿或血尿。由感染性疾病引起者,体温升高。

◆◆◆ 任务 4 泌尿系统疾病 ◆◆◆

问题一:肾脏、输尿管结石最突出的症状是(   )

A. 腰腹疼痛   B. 血尿   C. 脓尿

D. 肾肿大   E. 高热

问题二：下面哪种血尿应考虑肾脏、输尿管结石？（　　　）

A. 无痛性全血尿　　　　B. 终末血尿　　　　　　C. 活动后血尿

D. 初期血尿　　　　　　E. 严重血尿伴有血凝块

问题三：公牛，临床表现精神沉郁，体温升高，背腰拱起，不愿走动，少尿，血尿，眼睑、胸腹下、四肢下端及阴囊等处浮肿。肾区压诊或叩诊疼痛，直肠检查肾脏稍坚实，压痛明显。尿比重增高，蛋白尿，尿沉渣中有多量肾上皮细胞、红细胞、白细胞、细菌以及管型。该牛最应怀疑的疾病是（　　　）

A. 肾病　　　　　　　　B. 慢性肾炎　　　　　　C. 间质性肾炎

D. 急性肾炎　　　　　　E. 膀胱炎

问题四：奶牛，雄性，4岁。主要表现尿频、尿淋漓、排尿痛苦症状。直肠触诊膀胱空虚，疼痛。尿液混浊，有氨臭味，混有多量黏液、凝血块，沉渣检查见多量红细胞、白细胞、脓细胞、上皮细胞和磷酸铵镁结晶等，并有细菌。该牛最可能患的疾病是（　　　）

A. 尿道炎　　　　　　　B. 膀胱炎　　　　　　　C. 肾炎

D. 膀胱麻痹　　　　　　E. 尿道结石

【技能 31】　肾炎的诊断与治疗

1. 诊断

根据病史和肾区触诊疼痛、血尿等临床特征，以及实验室检查结果可做出诊断。实验室检查，尿比重增高，蛋白含量增多，尿沉渣中可见有透明颗粒、红细胞管型，有的可见有上皮管型及散在的红细胞、肾上皮细胞、肾盂上皮细胞、白细胞和病原菌等。血液中红细胞数轻度减少，白细胞数正常或偏高，血沉加快，严重病例血中非蛋白氮升高。

2. 治疗

药物治疗以抗菌消炎、利尿和抑制免疫反应为原则。

牛肾炎处方

【处方1】抗菌消炎

青霉素300万U，一次肌肉注射，每天2～3次，连用3～5 d。或卡那霉素3～5 g，一次肌肉注射，每天2次。或呋喃坦啶，每千克体重3～4 mg，一次肌肉注射。

【处方2】促进炎性产物排出和防止自体中毒

5%葡萄糖生理盐水1 000 mL，25%葡萄糖注射液500 mL，40%乌洛托品注射液10～15 mL，10%安钠咖注射液30 mL，一次静脉注射，每天1～2次。

【处方3】中药治疗

滑石、木通、猪苓、泽泻、酒知母、酒黄柏各50～75 g，瞿麦40 g，灯芯草20 g。水煎取汁，候温灌服，每天1剂，连用3～5剂。

猪肾炎处方

【处方1】抗菌消炎

青霉素80万U、链霉素100万U，分别肌肉注射，每天2次，连用3～5 d。

【处方2】利尿

双氢克尿噻0.05～0.2 g，内服，每天1～2次，连用3～5 d。

【处方 3】抑制免疫反应

地塞米松注射液 5～10 mg,肌肉注射,或氢化可的松注射液 20～80 mg,肌肉注射,每天 1 次,连用 3～5 d。

【处方 4】中药治疗

(1)黄连 15 g、栀子 10 g、生地 15 g、木通 10 g、泽泻 10 g、黄芩 15 g、茯苓 10 g、甘草 15 g、滑石 10 g、白芍 10 g,水煎取汁,候温,一次灌服,每天 1 次,连用 3～5 d。

(2)青霉素 80 万 U,注射用水 5 mL,溶解后,注入百会、肾俞等穴。

犬肾炎处方

【处方 1】抗菌消炎

氨苄青霉素每千克体重 5～10 mL,口服,每天 4～6 次,连用 10 d。

【处方 2】促进炎性产物的排出

双氢克尿噻 10～50 mg,肌肉注射,每天 1～2 次。

【处方 3】尿路消毒

乌洛托品每千克体重 100～200 mg,静脉注射,每天 1～2 次。

【相关知识】肾炎是指肾小球、肾小管和肾间质组织发生的炎症性病理变化的统称。临床上以肾区敏感、疼痛、水肿、血尿和蛋白尿等为特征。

1. 发病原因

主要见于细菌(如链球菌、葡萄球菌、丹毒杆菌等)、病毒(如猪瘟等)和寄生虫(如弓形虫等)等感染。内源性中毒(胃肠炎症、代谢障碍性疾病等所产生的毒素、代谢产物或组织分解产物等)和外源性中毒(摄食有毒物质或霉败食物等)也可引起。或由邻近的器官炎症(膀胱炎、阴道炎、子宫内膜炎、结肠炎等)蔓延而来。

2. 主要症状

(1)急性肾炎,表现精神沉郁,体温升高,食欲不振,有时发生呕吐、腹泻。肾区敏感,触诊疼痛。不愿活动,步态强拘,站立时背腰拱起,后肢集拢于腹下。尿频,有的病例有血尿、脓尿,重者无尿。听诊心脏,第二心音增强。随病程延长,可见眼睑、胸腹下发生水肿。病后期出现尿毒症,呼吸困难,嗜睡,昏迷。

(2)慢性肾炎,发展缓慢,食欲不振,消化不良或间有胃肠炎,消瘦,贫血,被毛无光泽,皮肤失去弹性,体温正常或偏低,可视黏膜苍白。病后期在眼睑、颌下、胸腹下和四肢末端出现水肿,重者体腔积水。尿量不定,尿液混浊,内有絮状块,有的有血尿。最终导致尿毒症,倦怠,抽搐,死亡。

【技能 32】　膀胱炎的诊断与治疗

1. 诊断

根据特征性临床症状和尿液的实验室检查结果可确诊。注意与肾盂肾炎、膀胱麻痹、膀胱痉挛和尿结石等相鉴别。

(1)肾盂肾炎　排尿次数增加,尿少,尿中含有少量血液和脓液,但直肠触诊肾脏敏感而膀胱不具痛感。

(2)膀胱麻痹　排尿次数增加,尿少或无尿,直肠触诊,膀胱极度扩张,压迫膀胱有大量尿液排出。

（3）膀胱痉挛　频作排尿动作，尿少或无尿，触诊膀胱敏感疼痛，但尿中无血液和脓液。

（4）尿石症　排尿疼痛，尿液呈点滴状排出，尿结石完全阻塞尿道后，频做排尿动作，但无尿液排出，常伴有尿毒症症状。导尿管探诊和直肠检查可确诊。

2. 治疗

以抗菌消炎、防腐消毒为原则。先用导尿管将膀胱内积尿排出，然后通过导尿管向膀胱内注入生理盐水进行冲洗。将生理盐水排出后，再用 1%～3% 硼酸溶液或 0.1% 高锰酸钾溶液、0.1% 雷佛奴尔溶液、0.5%～1% 氯化钠溶液、0.1% 硝酸银溶液、0.5% 碳酸氢钠溶液、0.1%～1% 氨苯磺胺溶液等，反复冲洗 2～3 次，最后将青霉素 160 万 U、0.25% 普鲁卡因注射液 500 mL 灌入膀胱内。

牛膀胱炎处方

【处方1】抗菌消炎

青霉素 320 万～400 万 U，肌肉注射，每天 2 次，连用 5～7 d。或呋喃坦啶 0.5 g，溶于蒸馏水 50 mL 中，一次肌肉注射，每天 3～4 次。也可根据药敏试验结果选用卡那霉素、新霉素、林可霉素等。

【处方2】中药治疗

滑石、黄柏各 50 g，泽泻、猪苓、知母各 35 g，茵陈、车前子各 30 g，灯芯草 40 g。共为细末，开水冲调，候温灌服，每天 1 剂，连用 3～5 d。

猪膀胱炎处方

【处方1】抗菌消炎

青霉素 100 万 U，链霉素 100 万 U，分别肌肉注射，每天 2 次，连用 3～5 d。

【处方2】中药治疗

黄柏 15 g、黄芩 15 g、木通 10 g、栀子 15 g、车前子 10 g、知母 15 g、猪苓 10 g、甘草 15 g，水煎取汁，候温灌服，每天 1 剂，连用 3～5 d。

【处方3】针灸治疗

青霉素 80 万 U，注射用水 5 mL，溶解后，注入百会、肾俞穴。

犬膀胱炎处方

【处方1】抗菌消炎

氨苄青霉素每千克体重 5～10 mL，口服，每天 4～6 次，连用 10 d。

【处方2】中药治疗

取黄柏、知母、栀子、连翘、金银花、木通、车前草各 5 g，瞿麦、萹蓄各 3 g，滑石 10 g，甘草 2 g，水煎取汁灌服，每天 1 剂，连用 2 d。

【处方3】针灸治疗

氨苄青霉素每千克体重 10～20 mg，注射用水 2 mL，稀释后百会穴注射，每天 1 次，连用 2～3 d。

【相关知识】膀胱炎是指膀胱黏膜或黏膜下层的炎症。临床上以尿频和排尿疼痛为特征。

1. 发病原因

主要由于化脓杆菌、大肠杆菌、葡萄球菌、变形杆菌、绿脓杆菌等病原微生物侵入机体，通过血液循环或尿道侵入膀胱所致。阴道炎、子宫内膜炎、尿道炎、肾炎等邻近器官炎症的蔓延，或由于导尿管消毒不严、操作不当以及膀胱结石、肿瘤、刺激性物质等刺激膀胱黏膜，也可引起膀胱炎。

2. 主要症状

频频排尿或做排尿姿势,但每次仅排出少量尿液,或尿液呈点滴流出。排尿时疼痛,极度不安,摇尾、踢腹。尿液混浊,尿中含有大量黏液、脓汁、血凝块等。严重病例,由于膀胱颈部黏膜肿胀或膀胱括约肌痉挛,引起尿闭,动物更加疼痛不安,呻吟,起卧不宁。雄性动物阴茎频频勃起,雌性动物后躯摇摆,阴门频频开张。全身症状通常不明显,若炎症波及深部组织,可见精神沉郁,体温升高,食欲减退或废绝,排出干硬粪便等。

尿液检查,尿沉渣中含有大量白细胞、脓细胞,少量红细胞、膀胱上皮组织碎片及细菌。

【技能33】 犬尿结石的诊断与治疗

1. 诊断

根据临床上出现的频尿、排尿困难、血尿、膀胱敏感、疼痛,膀胱硬实、膨胀,挤压不动,手搓听到"咯咯"声等症状可做出初步诊断。尿道结石也可触诊或插入导尿管诊断,并可确定其阻塞位置。确诊可用X线检查,在尿路,尤其尿道或膀胱,见有大小不等的结石颗粒。

2. 治疗

首先,通过改变日粮以减少尿结晶源,对磷酸镁铵尿结石,应饲喂米饭和动物性蛋白为主的酸性食物,可使尿液变酸;胱氨酸结石和尿酸盐结石,饲喂添加碳酸氢钠的低蛋白食物,可使尿液碱化;草酸盐结石,给予低钙食物。

若尿道结石较小,可采用水压冲洗疗法。动物镇静或麻醉后,先行膀胱穿刺排尿。助手一手指伸入直肠压迫骨盆部尿道或从体外抵压膀胱,术者经尿道口插入导尿管,用手捏紧其导管周围组织,向尿道内注入生理盐水,以扩张尿道。然后术者手松开,迅速拔出导尿管,解除尿道压力,尿石常随液体射出体外。需重复几次。如无效,可用粗的导尿管经尿道口插至结石端,用力注入生理盐水或液体润滑剂,将结石冲回至膀胱,再做膀胱切开术或其他疗法。

对于膀胱结石,可用膀胱挤压排空法。动物麻醉,经尿道插管,注入适量生理盐水,使膀胱膨胀。注射时,触摸膀胱,防止膀胱过度膨胀。将犬抱起,使其呈垂直姿势。然后轻轻挤压膀胱,使尿液和结石从尿道排出。可重复几次,直至尿道、膀胱无结石为止(通过X线或膀胱造影检查)。

体外震波碎石器、超声碎石器和激光碎石器等技术将结石击碎后排出。药物治疗无效、非手术疗法不能排除及尿路感染已控制的病例,根据结石阻塞部位,可采用阴囊前尿道切开术、膀胱插管术、阴囊尿道造口术及会阴造口术等方法,将结石取出。

【处方1】胱氨酸结石

D-青霉胺每千克体重25 mg,口服,7~14 d为1个疗程。

【处方2】尿酸盐结石

别嘌呤醇每千克体重4 mg,口服,每天2~3次,剂量逐渐增加,2~3周后增至每千克体重16~32 mg,分2~3次口服。

【相关知识】尿石症又称尿路结石,为肾结石、输尿管结石、膀胱结石、尿道结石的统称。是指尿路中的无机或有机盐类结晶的凝结物,即结石、积石或多量结晶刺激尿路黏膜而引起出血、炎症和阻塞的一种泌尿器官疾病。其中膀胱和尿道结石最常见。

1. 发病原因

(1)尿道感染 由于尿路炎症引起上皮细胞脱落,加上炎性渗出物、病原菌的聚集,从而形成结石的核心。胶体物质和矿物质盐类凝集在其周围从而形成结石。此外,许多细菌如葡萄球菌、变形杆菌、沙门氏菌等可使尿素分解为氨,使尿液呈碱性,使磷酸铵镁易于沉淀形成结石。

(2)尿路梗阻 肾盂积尿增多,易形成矿物质盐类沉淀和炎症,形成结石。

(3)胶体和晶体渗透压失衡 尿中的晶体(各种盐类)通过保护性胶体维持着过饱和状态。当胶体和晶体渗透压失衡时,尿中的盐类易发生沉淀。

(4)维生素 A 缺乏和雌激素过剩 促使上皮细胞脱落形成结石的核心。

(5)代谢性疾病 如慢性原发性高钙血症、甲状旁腺功能亢进、食入过多维生素 D、高降钙素等作用,损伤近端肾小管,影响其再吸收,都能增加尿液中钙和草酸分泌,从而促进了草酸钙尿结石的形成。

(6)饮水不足 长期饮水不足,引起尿液浓缩,致使盐类浓度过高而促进尿石的形成。

此外,尿结石的发生与品种及遗传因素有关。如达尔马提亚犬因肝脏缺乏氨和尿酸转化酶发生尿酸盐结石;英国斗牛犬等的尿酸遗传代谢缺陷易形成尿酸铵结石,或机体代谢紊乱易形成胱氨酸结石。

2. 主要症状

表现为频尿、滴尿、血尿,并有强烈的氨臭味。重者可发生尿道阻塞,无尿排出,引起膀胱膨胀,甚至破裂引起尿毒症,病犬精神抑郁,厌食和脱水,有时呕吐和腹泻,可在 72 h 内昏迷、死亡。

因结石所在位置不同,其症状略有差别。

(1)膀胱结石 结石较小一般不表现临床症状。结石大而多时,刺激膀胱黏膜,引起膀胱炎症。表现排尿困难,频尿,血尿,腹围增大。膀胱敏感性增强。膀胱触诊可触及结石。

(2)尿道结石 一般为膀胱结石的并发症,公犬常阻塞龟头和坐骨弓。尿道不全阻塞时,排尿疼痛,排尿时间延长,尿液呈点滴状流出,有血尿。完全阻塞时,发生尿潴留,频频做排尿动作,却不见尿液排出,腹围迅速增大,常引起膀胱破裂和尿毒症。有时表现为突然尿闭。母犬尿道结石发病率相对比公犬少,但一旦发生,则有一个或多个大而圆的结石积聚膀胱内或阻塞在尿道开口处。

(3)肾结石 结石多位于肾盂,发病初期结石小时无明显症状,后期结石大时并发肾炎、肾盂炎、膀胱炎等。精神沉郁,步态强拘,排血尿,触摸肾区时表现疼痛,严重时形成肾盂积水,有时有血尿、菌尿、脓尿等。严重感染时体温升高。

(4)输尿管结石 较少见。多数是由肾结石下移形成。表现为剧烈腹痛,呕吐,动物不愿行走,表情痛苦,拱背,触诊腹部疼痛,有时出现血尿,脓尿和蛋白尿。

【技能 34】 血尿的诊断与治疗

1. 诊断

根据尿中混有血液,并结合临床症状,可做出诊断。对出血部位的判定,采用尿液三杯检验法。即将病畜排出的尿液分为前、中、后三部分,并分别盛接于三个烧杯中,进行肉眼观察。若血尿仅在第一杯中出现,提示血液可能来自尿道;若血尿仅在第三杯中出现,提示血液可能来自膀胱;若在前、中、后三杯中均含有血液,则表示血液可能来自肾脏。

注意与由传染病、血液寄生虫病、中毒病以及溶血性疾病等引起的血红蛋白尿相鉴别,后者尿色透明,静置无红色沉淀,镜检尿沉渣无完整的红细胞,且具有原发病的症状。

2. 治疗

首先应查明病因,积极治疗原发病。在消除病因的基础上,采取制止出血和抗菌消炎的治疗措施。

牛血尿处方

【处方1】制止出血

维生素 K_3 注射液 10~20 mL,或 5%安络血注射液 20 mL,或 1%仙鹤草注射液 40 mL,肌肉注射,每天 1~2 次。也可用 10%氯化钙注射液 100 mL,缓慢静脉注射。

【处方2】抗菌消炎

呋喃坦啶 2~3 g,一次口服,每天 2~3 次。或根据病情选用其他抗生素或磺胺类药物。

【处方3】中药治疗

秦艽、炒蒲黄、当归、大黄、瞿麦各 30 g,连翘 20 g,淡竹叶、没药、灯芯草、赤芍各 15 g,焦栀子、车前子、茯苓各 25 g,甘草 10 g。共为细末,开水冲调,候温,一次灌服,每天 1 剂,连用 2~3 d。

【相关知识】血尿是指尿中混有血液。血尿不是一种独立的疾病,而是泌尿器官出血性疾病的一种共有症状。临床特征是尿液呈不同程度的红色,静止后可有红细胞沉淀层,肉眼发现血凝块或镜检时发现红细胞。

1. 发病原因

主要由于泌尿器官本身疾病引起,如急慢性肾炎、肾盂肾炎、尿石症、肾及膀胱肿瘤、膀胱炎、尿道炎、肾寄生虫等。长期使用磺胺、庆大霉素、水杨酸钠等药物,以及由汞、棉籽饼、菜籽饼、蕨类植物中毒等导致泌尿系血管损伤,也可引起血尿。此外,尚可见于炭疽、白血病等疾病过程中。

2. 主要症状

轻度血尿时全身症状不明显。血尿严重时,则呈贫血症状,表现精神委顿,耳聋头低,食欲不振,可视黏膜逐渐苍白。心跳、呼吸加快,倦怠,四肢无力,易疲劳,稍稍运动即大量出汗。根据血液来源,有肾源性、膀胱源性和尿道源性血尿三种情况。

(1)肾源性血尿　血液与尿液呈均质性混合,每次排出的尿液全部都混有血液。尿沉渣中有大量红细胞、红细胞管型、肾上皮细胞、上皮管型和颗粒管型。临床上可见肾炎、肾损伤的原发病症状。

(2)膀胱源性血尿　血液与尿液不呈均质性混合,每次排出的尿液,最初部分不见有血液,只在终末部分混有血液,尿中常混有血块和坏死组织碎片。尿沉渣中有大量膀胱上皮细胞,有时见有磷酸铵镁结晶或沙砾样物质。临床上可见膀胱炎或膀胱结石的固有症状。

(3)尿道源性血尿　血液与尿液不呈均质性混合,每次排出的尿液仅最初部分混有血液,尿中含有血凝块。尿沉渣中见有大量尿道上皮细胞。临床上可见尿道炎或尿道损伤的原发病症状。

任务 5 神经系统疾病

问题一：7月中旬，某门诊接一4月龄左右德国牧羊犬。主诉前一日患犬食欲、精神均正常，当日午后出现急速喘息、躁动不安，狂吠，流口水，尿黄，厌食等症状，后发展为呼吸困难，抬头引颈呼吸，目光呆滞，神志不清，呕吐，抽搐。临床检查，皮肤灼热，皮肤及可视黏膜潮红，体温41.3℃，心跳加快，末梢血管怒张。该犬最应怀疑的疾病是（　　）

A. 癫痫　　　　　　B. 脑震荡　　　　　　C. 脑膜炎　　　　　　D. 中暑

E. 脊髓炎

问题二：下列神经症状中，属于脑膜炎患畜一般脑症状的是（　　）

A. 局部刺激皮肤出现疼痛反应　　　　　　B. 局部刺激肌肉强直

C. 眼球震颤　　　　　　D. 瞳孔缩小

E. 颈部和背部感觉过敏

【技能 35】 犬脑膜脑炎的诊断与治疗

1. 诊断

根据症状和病史可做出初步诊断。脑脊液检验对诊断本病意义非常重要。由于颅内压升高，脊髓穿刺时脑脊液混浊，容易流出。细菌性脑膜脑炎时，脑脊液中蛋白质含量和白细胞数显著增加；粒细胞性脑膜脑炎时，脑脊液中蛋白质含量、白细胞数增加，并见大量的单核细胞，哈巴犬还可见嗜酸性粒细胞增多；化脓性脑膜脑炎时，脑脊液中除中性粒细胞增多外，还可见到病原微生物。

另外，脑脊液血清学试验有助于确定特定的病原；CT能够较好地确定脑部器质性病变。

2. 治疗

首先将患病动物置于黑暗、安静的环境中，尽可能减少刺激。加强护理、降低颅内压、抗菌消炎、对症治疗。狂躁不安，可使用镇静剂，如口服苯巴比妥，或肌肉注射氯丙嗪；当心脏衰弱时，可用樟脑、安钠咖等强心；对免疫反应引起的脑膜脑炎，可使用皮质类固醇药物和放疗药物合并治疗；对寄生虫引起的可配合使用驱虫药驱虫；昏迷者须吸痰，防止发生吸入性肺炎，同时立即吸氧。

【处方1】降低颅内压、防止脑水肿

20%甘露醇溶液每千克体重1～2 g，静脉注射，每天3～4次。必要时静脉注射速尿每千克体重2～4 mg，每天1次，但应防止引起电解质紊乱。

【处方2】消炎

甲氧苄胺嘧啶每千克体重15 mg，口服，每天2次，或静脉注射氨苄青霉素每千克体重2～10 mg，每天2次。

【处方3】镇静

苯巴比妥每千克体重2～5 mg，口服，或氯丙嗪每千克体重1 mg，肌肉注射。

【处方4】针灸治疗

针刺水沟、天门、尾尖、指(趾)间等穴位,也可将抗生素或磺胺药注入天门、百会、三焦俞等穴。

【相关知识】脑膜脑炎是指脑膜和脑实质的一种炎症性疾病。临床上以伴有一般脑症状、灶性脑症状和脑膜刺激症状为特征。

1. 发病原因

(1)原发性脑膜脑炎 由狂犬病、犬瘟热、大肠杆菌病等感染性疾病及铅、砷、有机磷等中毒引起。颗粒性脑膜脑炎(炎症性网质细胞增多症)为犬的一种特发性疾病,多发生在1～8岁的雌性观赏犬,如哈巴犬、玛尔济斯犬等。

(2)继发性脑膜脑炎 多见于临近部位感染(如脊髓炎、副鼻窦炎、中耳炎等)蔓延以及其他部位感染(如心内膜炎、子宫蓄脓)随血液循环转移至脑部而引起。

2. 主要症状

神经症状可分为脑膜刺激症状、一般脑症状和灶性脑症状。

(1)脑膜刺激症状 是以脑膜炎为主的脑膜脑炎,常伴发脊髓膜炎症,背神经受到刺激,颈、背部敏感。轻微刺激或触摸该处,则有强烈的疼痛反应,肌肉强直性痉挛。

(2)一般脑症状 表现兴奋、烦躁不安、惊恐。有的有意识障碍、不认识主人,捕捉时咬人,无目的地奔走,冲撞障碍物。有的以沉郁为主,头下垂,眼半闭,反应迟钝,肌肉无力,甚至嗜睡。

(3)灶性脑症状 与炎性病变在脑组织中的位置有密切的关系。大脑受损时表现行为和性情的改变,步态不稳,转圈,甚至口吐白沫,癫痫样痉挛;脑干受损时,表现精神沉郁,头偏斜,共济失调,四肢无力,眼球震颤;炎症侵害小脑时,出现共济失调,肌肉颤抖,眼球震颤,姿势异常。炎症波及呼吸中枢时,出现呼吸困难。

单纯性脑炎,体温升高不常见,但化脓性脑膜脑炎时体温升高,有的达41℃。

【技能36】 中暑的诊断与治疗

1. 诊断

根据发病季节、病史调查和临床症状可做出诊断。

2. 治疗

以防暑降温、镇静安神、强心利尿和缓解酸中毒为治疗原则。发病后,应立即将动物放置于通风阴凉处,用冷水浇头或浇洒全身,或用冷水灌肠,饮服大量1%～2%冷盐水,有条件的可在头部放置冰袋,用电风扇吹风,以促进体热放散。

牛中暑处方

【处方1】镇静安神

2.5%盐酸氯丙嗪注射液15 mL,一次肌肉注射。

【处方2】强心利尿和缓解酸中毒

颈静脉泻血1 000～2 000 mL(放血至血液呈鲜红色或不粘手),然后用10%安钠咖注射液30 mL,5%碳酸氢钠注射液500 mL,复方氯化钠注射液2 000 mL,静脉注射,每天2次。

【处方3】促进胃肠功能恢复

病情好转后,用人工盐300 g,口服。或10%氯化钠注射液300～500 mL,静脉注射。

【处方 4】中药治疗

香薷、炙杏仁、藿香、青蒿、知母各 30 g,陈皮 25 g,滑石 60 g,石膏 90 g。水煎取汁,候温,一次灌服。重症时,取茯神、香薷各 40 g,玄参、连翘各 35 g,朱砂 10 g,薄荷、黄芩各 30 g,雄黄 15 g。共为细末,开水冲调,加猪胆 1 只,一次灌服。

【处方 5】针灸治疗

针刺颈脉、三江、太阳、蹄头、尾尖等穴。

猪中暑处方

【处方 1】镇静

兴奋不安者,用 2.5%盐酸氯丙嗪注射液 2～4 mL,肌肉注射。

【处方 2】强心

心功能不全者,用 10%樟脑磺酸钠注射液 4～6 mL,肌肉注射,每天 2 次。

【处方 3】中药治疗

生石膏 25 g、鲜芦根 70 g、藿香 10 g、佩兰 10 g、青蒿 10 g、薄荷 10 g、鲜荷叶 70 g,水煎取汁,候温,一次灌服。

【处方 4】针灸治疗

耳尖穴,放血 100～300 mL。放血后,用 5%葡萄糖生理盐水 200～500 mL,5%碳酸氢钠注射液 50～100 mL,静脉注射。

【相关知识】中暑是日射病和热射病的统称。日射病是指在炎热的季节中,头部受到日光直射,引起脑及脑膜充血和脑实质的急性病变,导致中枢神经系统机能严重障碍的疾病;热射病是指炎热季节潮湿闷热的环境中,新陈代谢旺盛,产热多而散热少,体内积热,引起严重的中枢神经系统机能紊乱现象。

1. 发病原因

暑夏炎热天气,烈日照射头部,引起脑血管充血,甚至脑组织病变,导致神经机能障碍而发生日射病。或在潮湿闷热天气,厩舍拥挤、通风不良,或因车船运输、过于拥挤等,引起机体散热障碍、体温在短时间内急剧升高而发生热射病。动物体质虚弱、心肺功能不全、代谢机能紊乱、皮肤卫生不良、出汗过多、饮水不足、缺喂食盐,以及从北方引进到南方适应性不强等,均易招致中暑的发生和发展。

2. 主要症状

日射病和热射病在其发生和发展过程中,既有联系,又有区别。

(1)日射病 病初精神不振,四肢软弱无力,步态不稳,共济失调,突然倒地,四肢划动如游泳状。目光狰狞,眼球突出,神情恐惧,有时全身出汗。随病情发展,出现心血管运动中枢、呼吸中枢、体温调节中枢机能紊乱。心力衰竭,静脉怒张,脉微欲绝。呼吸急促,节律不齐。有的兴奋不安,体温升高,皮肤干燥,汗液减少或无汗。瞳孔初散大,后缩小。有的突然全身性麻痹,皮肤、肛门、角膜反射减弱或消失,腱反射亢进。常发生剧烈的痉挛或抽搐而死亡。

(2)热射病 体温急剧升高到 40℃以上,皮肤温度升高甚至烫手,全身出汗。站立不动,步态不稳,有的兴奋狂暴,癫狂冲撞,难于控制。随病情恶化,心力衰竭,心律不齐,脉搏疾速而微弱,达 100 次/min 以上,静脉淤血,黏膜发绀。张口伸舌,呼吸困难,有时两鼻孔喷出粉红色带有小泡沫的鼻液。病后期,脱水,汗液分泌停止,皮肤干燥,尿少或无尿,呼吸节律不齐,体温下降,昏迷、死亡。

3. 预防措施

暑热炎天,做好防暑降温工作,加强厩舍通风,防止潮湿、闷热和拥挤,补喂食盐,供给充足的饮水。随时注意观察,发现中暑现象时,应及时救治。

任务6 营养代谢病

问题一:黑白花奶牛,4岁,体重约450 kg,1周前顺产。现发现该牛精神沉郁,食欲下降,渐进性消瘦,乳汁减少。临床检查,呼吸、脉搏、体温均无明显变化,瘤胃空虚,蠕动无力,粪便干硬,外覆黏液,乳房肿胀其浅表静脉明显扩张,乳汁有特殊的烂苹果气味,阴户有分泌物。靠近牛体时也有烂苹果气味。最应怀疑的疾病是( )

A. 前胃弛缓   B. 真胃变位   C. 酮病   D. 乳房炎

E. 营养衰竭症

问题二:黑白花奶牛,4岁,营养良好,2周前产犊。主诉发病3日,红尿,日泌乳量从25 kg减至7.5 kg,食欲减退,可视黏膜苍白。病牛在缺乏阳光的牛棚内舍饲,少活动,以豆饼、甜菜渣、玉米秸为主食。曾注射过青霉素、链霉素,病情反而加重。临床检查,精神沉郁,步态迟缓、蹒跚,体温39℃,脉搏110次/min,呼吸78次/min,可视黏膜黄白,鼻镜湿润,四肢厥冷,食欲大减,饮欲尚可。反刍无力,瘤胃蠕动1次/min。外周血液内出现晚幼红细胞、网织红细胞、嗜碱性红细胞。血清间接胆红素增加,总胆红素237 mg/dL,黄疸指数升高。尿液pH 5.5,蛋白质和潜血强阳性。最应怀疑的疾病是( )

A. 产后血红蛋白尿症   B. 乳热

C. 贫血   D. 肝炎

E. 肝硬化

问题三:哺乳期母猪,产仔14头,猪舍低矮,运动场窄小,阴暗潮湿。病猪体温38.7℃,精神萎靡,喜卧地,行走步态不稳,食欲减退,被毛脱落。身体瘦弱,发育不良,异食癖,四肢弯曲,骨节肿胀,跛行。上下腮骨肿大,咀嚼困难。饲料分析,钙磷比例1:2。该猪所患疾病为( )

A. 佝偻病   B. 骨软症

C. 纤维素性骨营养不良   D. 锰缺乏症

E. 锌缺乏症

问题四:某种牛场3年中累计繁活犊牛34头,产死胎2头。活犊中9头患先天性目盲,其中4头病情严重,出生后即伴有瘫痪、转圈、头向背部后仰、流涎、抽搐,2~6 d死亡,抗生素等药物治疗无效。该牛场青饲料不足,妊娠牛长期饲喂干麦草。该牛群所患疾病首先应考虑的是( )

A. 维生素B_1缺乏症   B. 维生素A缺乏症

C. 维生素E缺乏症   D. 维生素B_{12}缺乏症

E. 硒缺乏症

问题五：某牛场荷斯坦奶牛 68 头，牛舍阳光充足，通风良好，运动场平坦。饲料以玉米面、草糠、麸皮、豆粕、花生饼为主，没有发生过传染病。1 月份开始发现个别犊牛生长发育明显迟缓，身体瘦弱、强拘，随后麻痹，无力吃奶，后期伴有顽固性腹泻，被毛粗乱、黏膜苍白。用左旋咪唑和抗原虫药治疗，未见效果。死前背腰僵硬，后躯摇摆，呼吸、脉搏加快。剖检可见，臀部、股部、肩胛部肌肉肿胀，呈灰白色。心脏上有淡黄色的弥漫性斑块。心包腔、胸腔、腹腔积液。首先应怀疑的疾病是（　　）

A. 硒-维生素 E 缺乏症　　　　　　　　B. 维生素 D 缺乏症

C. 维生素 A 缺乏症　　　　　　　　　D. 锌缺乏症

E. 铜缺乏症

问题六：饲料中钙磷比例不当是猪发生钙磷代谢紊乱疾病的重要原因，临床推荐合理的钙磷比例一般为（　　）

A.5∶1　　　　B.1∶5　　　　C.1∶1　　　　D.1∶2　　　　E.2∶1

【技能 37】　牛酮病的诊断与治疗

1. 诊断

根据临床症状和血酮、尿酮、乳酮以及血糖浓度检验可做出诊断。患酮病时，血酮升高至 1.72～17.2 mmol/L（正常为 0～1.72 mmol/L），尿酮升高至 13.76～22.36 mmol/L（正常为 1.72～12.04 mmol/L），乳酮升高至 6.88 mmol/L（正常为 0.516 mmol/L），血糖浓度降低至 1.12～2.24 mmol/L（正常为 2.8 mmol/L）。

2. 治疗

首先减少饼、粕、黄豆等精料的饲喂量，增喂玉米、甜菜、干草等碳水化合物和粗饲料，并适当增加运动。治疗以提高血糖浓度、缓解酸中毒和调整胃肠机能为原则。

【处方 1】提高血糖浓度，缓解酸中毒

50％葡萄糖溶液 500 mL,1％地塞米松注射液 4 mL,5％碳酸氢钠注射液 500 mL,辅酶 A 500 U,一次静脉注射，每天 1 次，连用 3 d。甘油或丙二醇 500 g,一次内服，每天 2 次，连用 2 d,以后改为半量，再服 2 d。或用丙酸钠 120～200 g,内服，连用 7～10 d。对重症昏迷病牛，同时用胰岛素 100～200 U,肌肉注射。

【处方 2】调整胃肠机能

健康牛瘤胃液 3～5 L,胃管投喂，每天 2～3 次。或脱脂乳 2 L,蔗糖 500～1 000 g,一次内服，每天 1 次，连用 3 d。

【处方 3】镇静

对兴奋不安的病牛，用 2.5％氯丙嗪注射液 12 mL,一次肌肉注射。或用水合氯醛 15～30 g,一次内服。

【处方 4】中药治疗

神曲 100 g,苍术 80 g,党参、当归、赤芍、熟地、砂仁各 60 g,茯苓、木香、白术、甘草各 50 g,川芎 40 g。共为细末，开水冲调，候温灌服，每天 1 剂，连用 3 d。若粪中带有未消化饲料，重用砂仁 80～100 g,加肉桂 50 g;瘤胃蠕动弛缓者，加厚朴 60 g,枳壳 50 g;病程较长，超过 20 d,耳鼻四肢冰凉者，重用党参 80～100 g,加黄芪 60 g,黑附片 50 g;有恶露者，加益母草 100 g;有神经症状者，去茯苓，加石菖蒲、酸枣仁、茯神各 40 g,远志 30 g。

【相关知识】酮病是泌乳母牛在产后几天至几周内由于糖代谢和脂肪代谢紊乱,使血液中糖含量减少,而酮体含量异常增多所引起的全身功能失调的代谢性疾病。临床上以低血糖、酮血、酮乳、酮尿、消化功能障碍和神经功能紊乱为特征。主要发生在饲养良好和产乳量较高的奶牛,也可发生在饲养条件差但产乳量较高的奶牛,后者称为消耗性酮病。

1. 发病原因

主要由饲料中营养不足或日粮配合不当引起。奶牛在分娩后大量泌乳时,若采食量不能满足能量需要而出现负平衡,机体动员体脂和分解蛋白质来满足需要,从而使血液中酮体(丙酮、乙酰乙酸、β-羟丁酸)产生过多而致病。饲料中精料、粗料比例不当,含蛋白质(如黄豆、豆饼、豆腐渣等)比例过高,而粗料特别是碳水化合物饲料(如玉米、麸皮等)饲喂不足,导致体内或饲料中的蛋白质、脂肪分解过多,从而产生大量酮体。

内分泌功能失调,如脑垂体-肾上腺皮质功能不全,甲状腺机能减退,微量元素钴缺乏,都可引起酮病发生。

皱胃变位、创伤性网胃炎、前胃弛缓、胃肠卡他、子宫内膜炎、产后瘫痪等疾病,也可继发本病。

2. 主要症状

根据血液中酮体含量和有无临床表现,将本病分为临床型和亚临床型两种。

(1)临床型酮病 根据临床表现又可分为消化型、神经型和瘫痪型。

①消化型 病初食欲减退,拒食精料,尚能采食少量干草。继而食欲废绝,发生异嗜症,喜喝污水、尿汤,吃污秽不洁的垫草。初便秘,后多排出恶臭的稀粪。瘤胃弛缓,蠕动减弱。体温正常或下降,心跳增速,呼吸浅表。呼出气、尿液、乳汁中有刺鼻的酮臭味(烂苹果味)。病牛精神沉郁,不愿走动。体重减轻,皮下脂肪消失,皮肤弹性减退。泌乳量减少,重者产奶量骤减或无乳。

②神经型 突然发作,上槽后不认槽,在棚内乱转,眼球突出,目光凶视,横冲直撞,站立不安,全身紧张,颈部肌肉强直。有的牛在运动场内乱跑,空口咀嚼,流涎,感觉过敏,舐舌,眼球震颤,哞叫,状似"疯牛"。有的表现精神沉郁症状,不愿走动,呆立槽前,头低耳耷,目光无神,状似睡态,对外界刺激反应迟钝。

③瘫痪型 许多症状与生产瘫痪相似,还出现以上酮病的一些主要症状,如食欲减退或废绝,前胃弛缓等消化系统功能紊乱表现,以及对刺激反应敏感、肌肉震颤、痉挛、泌乳量急剧下降等神经症状,但用钙制剂治疗效果微弱。

(2)亚临床型 无明显临床症状,仅见乳、尿、血中酮体含量升高,间或有产奶量下降和体重减轻现象。

3. 预防措施

加强饲养管理,合理调配日粮,对高产奶牛,产前要喂给充足的碳水化合物和优质牧草。有条件的奶牛场建立定期监测亚临床型酮病的制度,在产前1周至产后20 d,隔天测尿中酮体1次,若为阳性,及时治疗。从产前6周开始,每天在饲料中添加丙酸钠100~120 g,或从产前2周开始每天饲喂烟酸6 g,产后每天12 g,持续12周,能有效减少本病发生。

【技能38】 牛青草搐搦的诊断与治疗

1. 诊断

根据临床症状,结合放牧季节和采食情况可做出诊断。必要时,结合血镁含量测定结果确诊。发生本病时,血镁常低于 0.5 mmol/L 以下(正常为 0.74~0.95 mmol/L),同时,血清钙浓度降低为 1.25~2.2 mmol/L(正常为 2.43~3.10 mmol/L)。

2. 治疗

治宜镇静解痉。

【处方1】乳牛和肉用牛

20％硫酸镁溶液 200~400 mL,25％硼酸葡萄糖酸钙注射液 500 mL,10％葡萄糖注射液 1 000~2 000 mL,一次缓慢静脉注射。注射时,密切注意心跳和呼吸状态。

【处方2】水牛

20％硫酸镁溶液 500~600 mL,25％硼酸葡萄糖酸钙注射液 350 mL,皮下注射。

【相关知识】青草搐搦是指因采食大量幼嫩的青草或谷苗之后不久而突然发生的低血镁症。临床上以感觉过敏、阵发性或强直性肌肉痉挛、惊厥、呼吸衰竭和急性死亡等为特征。

1. 发病原因

血镁浓度降低是引起本病的主要原因。

(1)采食含镁低的牧草 如土壤中镁含量不足,则牧草中镁含量低。夏季降雨之后生长的青草和谷草,通常含镁、钙、钠离子和糖分较低,而含钾、磷离子和蛋白质较高,一般称为"搐搦源性牧草"。土壤中使用氮肥、钾肥或两者同时使用时,也会导致植物中镁含量过低。

(2)镁吸收不足 由于钾离子和镁离子在体内竞争性吸收,若采食高钾牧草,会影响机体对镁的吸收;采食减少或腹泻病牛,会引起镁的摄入和吸收不足。此外,甲状旁腺素减少或甲状腺素分泌过多,也可影响镁的吸收。

(3)低钙血症 病牛发生低镁血症时,通常伴有低钙血症。由于牧草中钾含量高,使机体呈现高钾血症,而高钾血症会使血中钙离子排泄增加,可造成低钙血症性搐搦,与低镁血症性搐搦同时出现。

除以上因素之外,许多应激因素,如兴奋、挤奶、饥饿、天气突变等,都可引发本病。

2. 主要症状

(1)急性病例,表现不安,离群独处,停止采食,颈背和四肢震颤,摇摆,牙关禁闭,磨牙,角弓反张。眼球震颤,瞬膜突出,耳朵直立,尾巴和后肢强直性痉挛,小便频繁。进而发展为全身阵发性痉挛。对刺痛反应敏感,极易引起强烈兴奋或奔跑,不久倒地,若不及时治疗,多在几小时内死亡。

(2)亚急性病例,病牛食欲减退,易惊恐,四肢僵硬,不顾驱赶,头高举,以痉挛性排尿和不断排粪为特征。后肢和尾部轻度强直,头颈伸展,牙关禁闭,在突然受到声音刺激或搬动牛体时,发生明显的颤抖或惊厥,直至卧地后才停止。卧地时类似生产瘫痪症状,头部回转贴在腹壁上。有的病例可自行恢复,有的则转为急性。

(3)慢性病例,病初似无异常,但食欲和产乳量可减少,可呈现面肌抽搐和其他部位的骨骼肌轻微痉挛现象,行为稍有异常。一般可恢复,但若转为急性或亚急性,则表现兴奋不安,运动障碍,最后惊厥死亡。

3. 预防措施

春夏季节要合理放牧,时间不能过长,不能吃得太饱,尤其由舍饲转为放牧时,应逐渐过渡。在干物质日粮中镁含量不足 0.2％时,母牛应适当补充,用氧化镁 60 g 或碳酸镁 120 g,与谷类精饲料混合后饲喂。对曾经发生过本病的牛,应限制放牧。

【技能 39】 牛产后血红蛋白尿症的诊断与治疗

1. 诊断

根据病史调查、临床症状、流行病学分析及实验室检查结果可做出诊断。注意与症候性红尿如溶血性梭菌感染、钩端螺旋体病、巴贝斯焦虫病、蕨中毒等相鉴别。

实验室检查,红细胞减少至 $1×10^{12}$～$2×10^{12}$ 个/L(正常为 $5×10^{12}$～$6×10^{12}$ 个/L),血红蛋白降至 20%～40%(正常为 50%～70%),血清无机磷降至 1.0 mmol/L(正常为 1.3～2.5 mmol/L),重者降至 0.3 mmol/L 以下。黄疸指数升高,血清胆红素定性呈间接反应强阳性。镜检红细胞大小不等,出现多数网织红细胞和有核红细胞,有的还出现海恩茨小体。尿呈中等程度混浊,尿中不含红细胞。

2. 治疗

以补磷为原则。

【处方 1】补磷

20%磷酸二氢钠溶液 300～500 mL,静脉注射,12 h 后重复注射 1 次。重者可连续注射 3～4 次。或 3%次磷酸钙溶液 1 000 mL,静脉注射,每天 1 次,痊愈为止。有条件者,对重症病牛,可一次静脉输注全血 3 000～5 000 mL。

【处方 2】补充骨粉

骨粉 250 g,一次内服,或拌入饲料中饲喂,每天 1 次,连用 5～7 d。

【处方 3】中药治疗

秦艽、当归、车前子各 30 g,蒲黄、黄芩、天花粉、瞿麦、栀子各 25 g,赤芍、红花、大黄、甘草各 15 g。共研细末,青竹叶煎汁同调,一次灌服,每天 1 次,连用 3～5 d。

【相关知识】产后血红蛋白尿症是指营养良好的高产奶牛在产后 2～4 周发生的一种营养代谢病。临床上以低磷酸盐血症、血管内溶血、血红蛋白尿和贫血、黄疸等为特征。

1. 发病原因

主要由于饲料中磷含量过低所引起。如牛在干旱年度的缺磷土壤上放牧,或饲喂大量萝卜、甜菜、青绿燕麦、多年生的黑麦草,以及十字花科植物芜菁、甘蓝、油菜等多汁饲料,特别是十字花科植物,因含有硫氰酸盐,破坏红细胞,造成溶血和贫血。此外,产后泌乳过多,致使磷大量消耗,若此时磷补充不足时,也可发生本病。

2. 主要症状

突然发生血红蛋白尿,尿液呈淡红色、红色、暗红色直至紫红色和棕褐色,排尿次数增多,但每次排尿量减少。轻型经过时,多无明显的全身变化,随贫血加重,可见呼吸急促,心跳加快至 100 次/min,心音亢盛,并可听到功能性杂音。颈静脉怒张、搏动增强,可视黏膜及皮肤苍白、黄染。消化机能紊乱,食欲减退,瘤胃蠕动减弱,粪球干硬,有的排出恶臭稀粪。病后期步态不稳,走路摇晃,体温低于正常,四肢末端、乳房部冰凉。病牛迅速陷于虚脱,多在 3～5 d 内死亡。幸存者常继发异嗜症。

3. 预防措施

及时调整日粮配方,严禁过多饲喂甜菜、芜菁、油菜、甘蓝等含磷量过低和含有硫氰酸盐过多的饲料,增喂含磷丰富的饲料,如稻糠、麦麸、豆类、苜蓿、骨粉等。

【技能 40】 硒和维生素 E 缺乏症的诊断与治疗

1. 诊断

根据临床症状、剖检变化及饲养状况进行初步诊断,饲料中硒含量测定有助于确诊。一般地,每千克饲料中含有 0.1 mg 硒可满足营养需要,若每千克饲料中硒含量低于 0.05 mg 时,便会引起硒缺乏症。

2. 治疗

补充硒和维生素 E,配合对症治疗。

牛硒和维生素 E 缺乏症处方

【处方 1】补充硒和维生素 E

0.1％亚硒酸钠注射液 5～10 mL,皮下或肌肉注射,间隔 15 d 后再重复注射 1 次。10％维生素 E 注射液 3～5 mL,肌肉注射,每天 1 次,连用 5～7 d。

【处方 2】兴奋心脏功能

对心力衰竭病牛,用 20％安钠咖注射液 10～20 mL,肌肉注射。

【处方 3】抑制呼吸痉挛

对呼吸困难者,用 5％盐酸麻黄素 2～10 mL,肌肉注射。

【处方 4】镇静解痉

出现痉挛时,用 25％硫酸镁溶液 40～80 mL,肌肉注射。

猪硒和维生素 E 缺乏症处方

【处方 1】补充硒和维生素 E

0.1％亚硒酸钠注射液,20 日龄以上仔猪 3～5 mL,10～20 日龄 2 mL,10 日龄以内 1 mL,肌肉注射,隔日重复 1 次。10％维生素 E 注射液 1～3 mL,肌肉注射,隔日重复 1 次。

犬硒和维生素 E 缺乏症处方

【处方 1】补充硒和维生素 E

醋酸生育酚注射液每千克体重 0.08 mL,隔天肌肉注射,合并使用碳酸精氨酸每天 2～4 mL,皮下注射。

【相关知识】硒和维生素 E 缺乏症是由于硒和/或维生素 E 缺乏或不足引起的以骨骼肌、心肌及肝组织变性、坏死为主要特征的疾病。临床上表现白肌病、桑葚心、营养性肝坏死等多种形式。

1. 发病原因

(1)饲料中硒和维生素 E 含量不足　当饲料硒含量低于 0.05 mg/kg 以下,被认为是低硒饲料。饲料中的硒来源于土壤,当土壤硒低于 0.5 mg/kg 时即认为是贫硒土壤,因此土壤低硒是硒缺乏症的根本原因。饲料贮存加工不当,如饲料干燥或研磨时,其中氧化酶可破坏维生素 E。潮湿的谷物存放 1 个月,维生素 E 含量可下降 50％。

(2)饲料中不饱和脂肪酸含量增多　长期使用鱼粉、猪油、亚麻油、豆油、玉米油等含大量不饱和脂肪酸的饲料添加剂,其酸败的不饱和脂肪酸可产生过氧化物,促进维生素 E 氧化。

(3)维生素 E 需求量增加　妊娠期或哺乳期母畜对维生素 E 需求量增加。饲料中硒缺乏,则维生素 E 的需求量增加。

(4)其他因素　免疫注射时受到惊吓、长途运输、断奶过早或突然断奶等应激因素的作用,均可使维生素 E 的消耗增加,从而诱发本病。

硒和维生素 E 是天然抗氧化剂。维生素 E 的抗氧化作用是通过抑制多价不饱和脂肪酸产生的游离根对细胞膜的脂质过氧化,硒的抗氧化作用是通过谷胱甘肽过氧化物酶清除不饱和脂肪酸来实现的。谷胱甘肽过氧化物酶能清除体内产生的过氧化物和自由基,对细胞膜具有保护作用。因此,硒和维生素 E 缺乏,细胞膜结构和功能受到损害,最后导致细胞死亡。

2. 主要症状

硒和维生素 E 缺乏在不同动物,症状不全一致,主要有白肌病、渗出性素质和桑葚心等。

(1)白肌病 幼畜以骨骼肌、心肌以及肝脏发生变性、坏死为特征。主要发生在羔羊、犊牛和仔猪。

①急性型 有的病例临床症状不明显,往往在驱赶、奔跑或蹦跳中或受惊吓时突然死亡。或表现呼吸困难,黏膜发绀,心跳加快,心音混浊,有泡沫血样鼻液流出。在 10～30 min 死亡。

②亚急性型 主要表现精神沉郁,食欲减退或废绝,不愿活动,站立时肘部肌群和后肢股部肌肉震颤,运步缓慢,背腰僵硬,后躯摇摆,后期卧地不起。触诊四肢和背腰部肌肉,有硬痛感。舌和咽喉部肌肉变性时,吸吮和采食动作发生困难。膈肌和肋间肌发病时,引起严重的呼吸困难,并出现喘鸣音。初期心搏动增强,以后心搏动减弱,并出现心律不齐。体温多正常,呼吸加快到 80～90 次/min,心率增加到 120～140 次/min。病程可持续 1～2 周,最后因心力衰竭和肺水肿而死亡。

③慢性型 生长发育停滞,精神沉郁,食欲减退,顽固性腹泻,渐进性消瘦,被毛粗乱无光泽。脊柱弯曲,全身乏力,驱赶时行走缓慢,步履蹒跚,喜卧地,易继发呼吸道炎症。

(2)仔猪肝营养不良和桑葚心 主要发生于 21 日龄～4 月龄的猪,一般在出现短时间的精神沉郁、食欲减退或抽搐、嚎叫等症状后突然死亡。病程较缓者,可见精神沉郁,呼吸困难,黏膜发绀,厌食,多躺卧,听诊心跳疾速,节律不齐,心内杂音。腹下部皮肤出现大小、形态不一的紫红色斑点,严重者遍及全身。强迫运动时,常因心力衰竭而死亡。

(3)小鸡渗出性素质 多发于 28～42 日龄小鸡。胸腹下出现淡蓝色水肿,小鸡精神沉郁,闭目缩颈,伏卧不动,出现运动障碍,共济失调,贫血,最后衰竭死亡。

3. 预防措施

缺硒地区或饲用从缺硒地区运入的饲料,可在饲料中添加硒和维生素 E,100 kg 饲料添加 0.022 g 无水亚硒酸钠和 2～2.5 g 维生素 E。母猪配种前和分娩前 2～3 周用 0.1% 亚硒酸钠注射液 8 mL,各肌肉注射 1 次。仔猪 5 日龄肌肉注射 1 mL,25 日龄重复用药 1 次。

【技能 41】 维生素 A 缺乏症的诊断与治疗

1. 诊断

根据临床症状和病史调查结果可做出初步诊断。必要时配合维生素 A 和胡萝卜素含量测定确诊。

2. 治疗

发病后应立即调整饲料,供应富含维生素 A 或胡萝卜素的新鲜青草、胡萝卜、优质干草和黄玉米等饲料。药物治疗宜补充维生素 A。

牛维生素 A 缺乏症处方

【处方 1】补充维生素 A

维生素 A,每千克体重 300～400 U,肌肉注射,每天 1 次,连用 7 d。维生素 AD 注射液 2～4 mL,犊牛一次肌肉注射,每天 1 次,连用 3 d。或鱼肝油,成年牛 20～30 mL,犊牛 5～10 mL,内服。

【处方 2】中药治疗

苍术、松针、侧柏叶各 25 g。共研细末,拌料饲喂,每天 1 次,连喂 5～7 d。

猪维生素 A 缺乏症处方

【处方 1】补充维生素 A

维生素 A 注射液 50 万 IU,肌肉注射,隔日 1 次。或维生素 AD 合剂 2～5 mL,肌肉注射,隔日 1 次。

【处方 2】中药治疗

苍术 5～10 g,仔猪一次喂服,每天 2 次,连用数天。

【相关知识】维生素 A 缺乏症是指因维生素 A 不足或缺乏而引起的一种代谢性疾病。临床上以生长发育不良、视觉障碍和器官黏膜损害为特征。

1. 发病原因

(1)饲料中维生素 A 不足　植物中的维生素 A 主要以维生素 A 原(胡萝卜素)的形式存在,在胡萝卜、青草、南瓜、黄玉米中胡萝卜素含量丰富,而棉籽、亚麻籽、谷类及其副产品如麸皮、米糠、粕类则含量极少。因此,长期使用配合日粮饲喂,而未补充足够青绿饲料则易产生维生素 A 缺乏症。另外,饲料加工不当,如贮存时间太长、长期曝晒及高温处理等,都可导致饲料中维生素 A 的损耗。

(2)消化吸收障碍　维生素 A、胡萝卜素是脂溶性物质,它的消化吸收必须在脂肪、胆汁参与下进行。如果饲料中脂肪含量不足或患肝胆疾病引起胆汁分泌不足,都可影响维生素 A 的消化、吸收,同时肝脏疾病也可影响维生素 A 在体内的贮藏。另外,长期腹泻、十二指肠慢性炎症等疾病,会使机体对维生素 A 吸收不充分,随粪便流失过多。

(3)母乳中含量不足　母牛妊娠后期、泌乳期、肝功能减退、体温升高、甲状腺机能亢进以及注射己烯雌酚等,可导致维生素 A 合成减少。犊牛哺饲不当,不喂初乳或哺饲初乳时间过短,过早断奶而饲喂代乳粉,在加热调制过程中维生素 A 被破坏,犊牛得不到必需的维生素 A 而发病。

维生素 A 可维持细胞膜和细胞器膜的完整性。若维生素 A 在体内含量不足,可导致上皮细胞自身的保护性降低,出现上皮角化、腺体分泌减少,发生干眼、角膜溃疡、胎盘变性及生殖障碍等疾病。同时,上皮细胞对外界的抵抗力降低,进而导致机体的免疫力降低,较易发生消化道、呼吸道及一些黏膜的感染;维生素 A 参与视紫红质的合成,其不足可致视紫红质的再生作用减弱,发生视力减弱及夜盲症。此外,维生素 A 与成骨细胞和破骨细胞的正常活动有密切的关系,进而影响牛骨骼的生长发育。由于颅骨的发育迟缓还可导致脑组织的压力过大,从而出现神经症状。

2. 主要症状

(1)视觉障碍　角膜干燥、羞明,瞳孔散大,眼球突出,重者角膜混浊、肥厚和损伤,且易继发角膜炎,甚至失明。夜间或光线较暗时,视力降低,看不清物体。

（2）皮肤病变及骨骼组织发育障碍 皮肤干燥、脱屑，甚至发生皮炎，被毛粗刚、逆立、无光泽、脱毛，蹄、角生长不良。骨骼生长受阻，出现骨化不全性骨质疏松、软化，骨骼变形。

（3）神经症状 全身肌肉震颤或抽搐，步态蹒跚，共济失调，对声音、触摸表现出感觉过敏，进而发生角弓反张、晕厥等。

（4）繁殖障碍 公畜精液品质不良，性欲减退。母畜发情紊乱，受胎率降低，发生卵巢囊肿、胎衣不下。妊娠母牛多在后期发生流产、死胎或胎儿出生后数日内死亡。胎儿发育不全，常出现瞎眼等先天性缺陷、畸形。幼畜活力低下，生长发育不全。

此外，由于维生素A缺乏引起抗病力低下，易发生乳房炎、子宫内膜炎、膀胱炎、支气管炎或支气管肺炎、胃肠炎和皮肤真菌感染等疾病。病畜精神萎靡不振，食欲减退，异嗜，消瘦，贫血，生长发育缓慢。

3. 预防措施

平时注意日粮配合，适当提供富含维生素A和胡萝卜素的草料。初生幼畜及时供应初乳，保证足够的喂乳量和哺乳期，不要过早断奶。在饲喂代乳品时，要保证足够的维生素A。

【技能 42】 维生素 B_1 缺乏症的诊断与治疗

1. 诊断

根据症状、饲养情况可做出初步诊断，用维生素 B_1 治疗有效可确诊。

实验室诊断、测定红细胞中转酮酶活性可评价硫胺素缺乏情况。先不加硫胺素焦磷酸（TPP）测定一次转酮酶活性，然后在其底物中加入TPP再测一次转酮酶活性，比较两次测定结果，后者酶活性增加越多，说明硫胺素缺乏越严重。

2. 治疗

补充维生素 B_1。

猪维生素 B_1 缺乏症处方

【处方】维生素 B_1 注射液 20 mg，肌肉注射，每天1次，连用3 d。维生素 B_1 片 20～30 mg，喂服或拌于饲料中喂饲，每天1次，连用10 d。

犬维生素 B_1 缺乏症处方

【处方1】轻症犬

用维生素 B_1，20 mg/次，肌肉注射，每天3次。

【处方2】重症犬

用丙硫硫胺或呋喃硫胺 20 mg/次，肌肉注射，10 d后改为口服。

【相关知识】维生素 B_1（硫胺素）缺乏症是由于硫胺素缺乏或不足而引起的一种营养代谢性疾病。临床上以神经机能障碍为特征。

1. 发病原因

（1）饲料中硫胺素含量不足。维生素 B_1 在谷类、麦麸、酵母、大豆中含量丰富，如果摄入不足，则导致缺乏。

（2）维生素 B_1 的吸收和利用障碍。动物患有急慢性腹泻、肝脏疾病等，发生维生素 B_1 的吸收和利用障碍。

（3）维生素 B_1 的需求量增加。妊娠、哺乳、发热、运动量大、甲状腺功能亢进等机体对维生素 B_1 的需求量增加时，如摄入不足，也会引起缺乏。

维生素 B_1 为机体糖代谢过程所必需,缺乏时主要引起机体糖代谢障碍,能量供应减少,使全身细胞特别是脑和末梢神经发生明显的功能障碍。

2. 主要症状

精神不振,食欲减退,生长障碍,被毛无光泽、皮肤干燥,呕吐,腹泻。后肢跛行,步态不稳,行走摇晃。严重者心力衰竭,呼吸困难,黏膜发绀,间或出现阵发性或强直性痉挛。有的眼睑、颌下、胸腹下、股内侧明显水肿。后期体温下降,衰竭死亡。

3. 预防措施

保持全价日粮,供给富含硫胺素的饲料。用干料饲喂时,用多种维生素添加剂,每千克饲料添加 1 g,长期饲喂。

【技能 43】 维生素 B_2 缺乏症的诊断与治疗

1. 诊断

根据症状、饲养状况进行诊断,维生素 B_2 治疗有效可确诊。

2. 治疗

补充维生素 B_2。

猪维生素 B_2 缺乏症处方

【处方 1】维生素 B_2 注射液 $0.02\sim0.03$ g,肌肉注射,每天 1 次,连用 $7\sim10$ d。

【处方 2】核黄素,仔猪 $5\sim6$ mg,成猪 $50\sim70$ mg,内服或拌于饲料中饲喂,连用 $8\sim15$ d。

【处方 3】饲用酵母,仔猪 $10\sim20$ g,成猪 $30\sim60$ g,内服或拌于饲料中饲喂,每天 2 次,连用 $8\sim15$ d。

【处方 4】复合维生素 B 注射液 $2\sim6$ mL,肌肉注射,每天 1 次,连用 $5\sim8$ d。

犬维生素 B_2 缺乏症处方

【处方】添加维生素 B_2 或口服维生素 B_2 $15\sim20$ mg/次,每天 3 次,连用 10 d。

【相关知识】维生素 B_2(核黄素)缺乏症是由于体内核黄素缺乏或不足而引起的一种营养代谢性疾病。临床上以生长缓慢、皮炎、胃肠及眼损害等为特征。

1. 发病原因

(1)饲料中维生素 B_2 含量不足 维生素 B_2 广泛存在于动植物性饲料中,其中以酵母和糠麸中含量最高。如长期饲喂单一饲料,或饲料被碱处理、过度蒸煮使维生素 B_2 被破坏,可导致缺乏症。

(2)维生素 B_2 需求量增加 饲料中脂肪含量过高、蛋白质含量过少,妊娠或哺乳期,仔畜生长过于旺盛,以及寒冷的环境等,动物对维生素 B_2 需求量增加,若补充不足,则易引起缺乏症。

(3)维生素 B_2 吸收、合成障碍 猪患胃肠、肝、胰疾病影响对维生素的吸收、转化和利用。长期大量使用抗生素或其他抑菌药物,影响维生素 B_2 的生物合成,从而发生缺乏症。

核黄素是黄素单核苷酸(FMN)和黄素腺嘌呤二核苷酸(FAD)的组成部分。FMN 和 FAD 在生物氧化中起传递氢的作用,参与糖、蛋白质和脂肪代谢,并对中枢神经系统和毛细血管机能活动有重要影响。核黄素缺乏,引起机体物质代谢障碍,神经、消化、心血管、生殖等系统功能发生紊乱。

2. 主要症状

精神沉郁,食欲减退,生长缓慢。消化不良,呕吐,腹泻,脱水。被毛粗乱无光泽,局部脱毛甚至秃毛。皮肤增厚,有的出现红斑疹、鳞屑、溃疡。眼睑肿胀,结膜炎和角膜炎,甚至晶状体混浊、失明。继而出现神经症状,步态强拘,四肢轻瘫。妊娠母畜发生早产,所产仔畜孱弱,被毛稀少或秃毛,出生后不久即死亡。

3. 预防措施

保持全价日粮,供给青绿饲料、谷类籽实、酵母等富含核黄素的饲料。用干料饲喂时,用多种维生素添加剂,每千克饲料添加 1 g,长期饲喂。

【技能 44】 骨软症的诊断与治疗

1. 诊断

根据临床症状和饲料分析,结合动物年龄、性别、妊娠和泌乳情况、发病季节等调查可确诊。注意与骨折、腐蹄病、关节炎、肌肉风湿、慢性氟中毒等疾病相鉴别。

2. 治疗

补磷,促进钙磷吸收。

牛骨软症处方

【处方1】补磷,促进钙磷吸收

在病初出现异食癖时,可立即补充骨粉,每天 250 g,5～7 d 为一疗程。对跛行病牛,在跛行症状消失后,仍须继续补充骨粉1～2周。

重症病例除补充骨粉外,用 20%磷酸二氢钠溶液 300～500 mL,或 3%次磷酸钙溶液 1 000 mL,一次静脉注射,每天 1 次,连用 3～5 d。

【处方2】中药治疗

煅牡蛎 20 份,煅骨头 30 份,炒食盐、炒黄豆各 15 份,小苏打 10 份,苍术 7 份,炒茴香 3 份。共研细末,每天 90～150 g,喂服,并将精粉料加酵母发酵 24 h,拌料饲喂,连用 30～40 d。

【处方3】针灸治疗

维丁胶性钙注射液 10 万 IU,抢风穴、大胯穴分别注射。

猪骨软症处方

【处方1】在病初出现异食癖时,可立即补充骨粉,每天 50 g,5～7 d 为一疗程。同时,维生素 D 2～4 mL,肌肉注射。

重症病例,用 20%磷酸二氢钠溶液 20～30 mL,或 3%次磷酸钙溶液 50～60 mL,一次静脉注射,每天 1 次,连用 3～5 d。

【处方2】中药治疗

生牡蛎 40 g、炒神曲 150 g、骨粉 80 g、炒食盐 40 g,共研细末,拌料饲喂,连用 30～40 d。

【处方3】针灸治疗

维丁胶性钙注射液 4 mL,抢风穴、大胯穴分别注射。

犬骨软症处方

【处方1】维生素 D_2 胶性钙注射液 1 mL,皮下或肌肉注射。或维生素 D_3 0.15 万～0.3 万 IU,肌肉注射。也可用鱼肝油口服,每次 0.5～1 mL。

【处方2】针灸治疗

早期用维丁胶性钙注射液 1 mL,抢风穴注射,每天 1 次,连用 3 d。

【相关知识】骨软病是指成年动物在软骨内骨化作用完成后发生的一种骨营养不良。临床上以消化紊乱、异嗜、跛行、骨质疏松及骨变形等为特征。

1. 发病原因

主要是由于饲料、饮水中磷含量不足,导致钙、磷比例失调而引起。一般认为,饲料中钙磷比例为 2.5∶1(黄牛)、1.5∶1(乳牛)1∶1(猪)较为合适。饲料和饮水中的钙磷含量与饲料种类和气候条件等关系密切。如麸皮、米糠、高粱、豆饼及其他豆科种子和蒿秆中含磷丰富,而谷草、红茅草中钙含量丰富,青干草中钙磷含量均较丰富。长期干旱和生长在山区、丘陵地区的植物,含磷较低,反之,多雨、平原和低洼潮湿地区生长的植物,含磷较高。由于饲料、饮水中缺磷,改变了钙磷的比例关系,骨骼发生明显脱钙而发生骨软症。

此外,饲料中维生素 D 不足、胃肠疾病等影响钙磷吸收,妊娠和泌乳盛期对钙磷的需求量加大,以及运动、光照不足等,均可成为本病的诱因。

2. 主要症状

病初,表现消化紊乱,出现明显的异嗜癖,舐食泥土、砖头、墙壁,采食污秽的垫草等。之后,出现跛行症状,肢体僵直,拱背站立,行走时后躯摇摆,或出现四肢轮跛,喜卧地。腿部颤抖,后肢伸展呈拉弓状。后期,病畜脊柱、肋弓及四肢关节处疼痛,外形异常。尾椎骨排列移位、变形,重者尾椎骨变软,锥体萎缩,最后几节锥体常消失,人为可使尾椎卷曲而动物不感疼痛。骨盆变形,常致难产。肋骨、肋软骨接合部肿胀、易折断。卧地时常摔倒,导致腓肠肌腱剥脱,四肢及腰椎关节扭伤。长期卧地不起者,可继发褥疮。

3. 预防措施

平时注意日粮配合,保证钙、磷供给及比例适宜。

【技能 45】 佝偻病的诊断与治疗

1. 诊断

根据发病年龄、饲养管理条件和临床特征可做出诊断。

2. 治疗

牛佝偻病处方

【处方 1】调整钙磷平衡,补充维生素 D

鱼肝油,10~15 mL,1 次分 2~3 点肌肉注射,每天 1 次,连用 5~7 d。或维丁胶性钙注射液 2.5 万~10 万 U,肌肉注射,每天 1 次,连用 5~7 d。或 10% 葡萄糖酸钙注射液 100~200 mL,静脉注射,每天 1 次,连用 3~5 d。

【处方 2】中药治疗

苍术末 30~40 g,内服,每天 1 次,连用数日。

猪佝偻病处方

【处方 1】鱼肝油 2~4 mL,分点肌肉注射,每天 1 次,连用 5~7 d。或维丁胶性钙注射液 8~10 mL,肌肉注射,每天 1 次,连用 5~7 d。或 10% 葡萄糖酸钙注射液 20~50 mL,静脉注射,每天 1 次,连用 3~5 d。

【处方 2】中药治疗

骨粉 70%、五加皮 1.5%、苍术 1.5%、小麦麸皮 18%、茯苓 2.5%、大黄 2.5%、仙灵脾

1.5%、白芍 2.5%,共研细末,加入骨粉混匀,每天取 30~50 g,分 2 次拌料喂服,连喂 7 d。

犬佝偻病处方

【处方1】维生素 D_2 胶性钙注射液 0.25 万~0.5 万 IU,皮下或肌肉注射。或维生素 D_3 0.15 万~0.3 万 IU,肌肉注射。也可用鱼肝油口服,每次 0.5~1 mL。

【处方2】针灸治疗

早期用维丁胶性钙注射液 1 mL,抢风穴注射,每天 1 次,连用 3 d。

【相关知识】佝偻病是指幼畜因钙磷代谢障碍而引起骨组织发育不良的一种非炎性疾病。临床上以消化紊乱、异嗜、跛行及骨骼变形为特征。

1. 发病原因

(1)饲料中钙磷缺乏或比例失调 饲料中钙、磷比例以 1:1 或 2:1 较适宜。当日粮高磷低钙时,由于过多的磷与钙结合会影响钙的吸收,造成钙缺乏,高钙低磷时,过多的钙与磷结合,形成不溶性的磷酸盐,影响磷的吸收,造成磷缺乏。

(2)维生素 D 缺乏 维生素 D 具有调节血液中钙磷之间的最适当比例,促进肠道对钙磷的吸收,刺激钙在软骨组织中的沉着,提高骨骼坚韧度等作用。由于饲料中维生素 D 缺乏,或光照不足,皮肤内的 7-脱氢胆固醇不能转变为维生素 D_3,导致乳汁中维生素 D 严重不足,从而引起哺乳期仔畜发生佝偻病。

(3)其他因素 仔畜长期消化机能紊乱,影响机体对维生素 D 的吸收,也易发生本病。

2. 主要症状

早期呈现精神沉郁,食欲减退,消化不良,然后出现异嗜癖。病畜喜卧地,不愿起立或运动,发育迟滞,消瘦,贫血,被毛粗乱无光泽。随病情发展,骨骼和关节变形,运步强拘和严重跛行。站立时拱背低头,前肢腕关节屈曲,向前方外侧突出,呈“O 状”,后肢跗关节内收,呈“八”形叉开站立。肋骨扁平,胸廓狭窄,肋骨与肋软骨结合部呈串珠状肿胀。头骨肿大,下颌骨支增厚,咀嚼反刍无力。鼻腔狭窄,呼吸困难。体温一般无明显变化。

3. 预防措施

经常补充维生素 D,冬季舍饲期保证充足的日光照射,饲料中钙和磷的比例应控制在(1.2~2):1 的范围内,并及时治疗胃肠疾病。

◆◆◆ 任务7 中毒病 ◆◆◆

问题一: 亚硝酸盐中毒的特效解毒药是(　　　)

A.亚甲蓝　　　　B.氯化钠　　　　C.硫代硫酸钠　　　　D.麝香草酚蓝

E.硫酸亚铁

问题二: 氢氰酸中毒的特效解毒药是(　　　)

A.碳酸氢钠　　　　B.碳酸钠　　　　C.硫酸钠　　　　D.亚硝酸钠

E.氯化钠

问题三: 猪食盐中毒的典型症状是(　　　)

A.呼吸困难　　　　　　　　　　　　B.周期性发作的神经症状

C.发绀　　　　　　　　　　　　　　　　D.黄疸

E.血尿

问题四: 牛大量采食青杠树叶可引起中毒,其主要症状为(　　　)

A.呼吸系统症状　　　　　　　　　　　　B.肾病综合征

C.心血管系统症状　　　　　　　　　　　D.中枢神经症状

E.外周神经症状

问题五: 反刍动物在饲料中加入尿素补饲时,为防止尿素中毒,用量一般控制在饲料总干物质的(　　　)

A.0.5%以下　　　　B.1%以下　　　　　C.3%以下　　　　　D.5%以下

E.10%以下

问题六: 健康犊牛 3 头,采食霉烂甘薯,当日下午即出现精神沉郁,肌肉震颤,食欲及反刍减退。第二天就诊,临床检查,1 头犊牛眼球突出,瞳孔散大,呈现窒息状态,不久便死亡。另外 2 头反刍基本停止,体温正常,有明显的呼气性呼吸困难,呼吸加快,呼吸音如同拉风箱样,在较远的地方就能听见。听诊肺部有破裂音。流大量鼻液并呈泡沫状,张口呼吸,长期站立,不愿卧地。对于该病,可采用放血治疗,但放血前应给动物使用(　　　)

A.输氧疗法　　　B.呼吸兴奋剂　　　　C.强心剂　　　　　D.镇静剂

E.葡萄糖

【技能 46】　牛青杠树叶中毒的诊断与治疗

1. 诊断

根据有采食或饲喂青杠树叶的病史,有明显的发病季节和发病区域,以及食欲异常、严重水肿等临床症状可做出诊断。

2. 治疗

目前尚无特效解毒药物,凡发病急剧者,多以死亡告终。对病情较轻者,根据临床症状采用润肠、利尿、强心和补液等对症治疗措施。

【处方 1】促进胃肠内毒物的排除

内服硫酸镁 300~500 g,加常水 1 500~2 000 mL,溶解后 1 次灌服。

【处方 2】利尿、强心和补液

用 5%葡萄糖生理盐水 1 500~2 000 mL、25%葡萄糖溶液 500~1 000 mL、20%安钠咖注射液 10 mL、40%乌洛托品注射液 50 mL、5%碳酸氢钠注射液 50~100 mL,1 次静脉注射,每天 2 次,连用 3~5 d。

【处方 3】中药治疗

黄连、黄柏各 30 g,黄芩 35 g,大黄、猪苓、桔梗各 40 g,茯苓、车前、木通、天花粉各 50 g。水煎取汁灌服,每天 1 剂,连用 3 剂。

【相关知识】牛青杠树叶中毒是指牛过量采食青杠树叶及其嫩枝而引起的中毒。临床上以出现消化障碍、体躯下垂部位发生局限性皮下水肿和体腔积水等为主要特征。

1. 发病原因

青杠树广泛生长于丘陵地带,其有毒成分为幼芽、嫩叶、嫩枝、花和种子中含有的栎单宁。在春季,由于青杠树发芽长叶早于其他草类植物,特别是春季干旱,牧草生长迟缓,放牧时耕牛采食大量青杠树叶而引起中毒。也有的是因为牧草缺乏，人工采集青杠树的新叶和嫩枝喂牛而导致中毒病的发生。因此，本病有明显的季节性，多发生于3月底到5月初，且有地域性。

2. 主要症状

一般在采食青杠树叶后几天到1周左右发病。病初患牛精神沉郁，仅吃少量干草，厌食青草。随后出现磨牙、不安、回头顾腹、后肢踢腹等腹痛现象。鼻镜干燥，粪便干结并夹杂多量的黏液，或小粪球串联呈念珠状，重者则为腥臭的焦黄或黑红色的糊状便。口腔黏膜有豆大的浅溃疡灶。尿液在发病不久即转为清亮，排尿次数增多。但随着病势加剧，饮欲逐渐减少甚至消失，尿液减少甚至无尿排出。同时在体躯下垂部位如会阴、股内、阴鞘、脐下、胸前、颌下等部位出现皮下水肿，胸腹腔积液，腹围膨大而对称性下垂。体温一般无明显变化，但后期由于盆腔器官水肿而使肛门温度过低。孕牛病后可使胎儿死亡或流产，并常继发子宫内膜炎。病情严重者，多在发病后2周左右死亡。

实验室检查　尿液检查，有严重的蛋白尿，尿沉渣中出现肾上皮细胞、白细胞和管型等，尿中鞣酸浓度在 $1.91\sim2.67$ mg/mL；血液检查，血中鞣酸 $38\sim79$ μg/mL，谷草转氨酶和谷丙转氨酶活性升高。

3. 预防措施

做好饲草贮备，不在青杠树林放牧，不用青杠树叶及其嫩枝喂牛。在难以彻底制止采食青杠树叶的情况下，及时做好宣传和加强监视，定期饮喂1%生石灰水，每天每头牛500 mL左右，以预防本病。

【技能47】　亚硝酸盐中毒的诊断与治疗

1. 诊断

根据病史调查和临床特征可做出诊断。必要时取胃内容物或饲料汁液1滴，滴于滤纸上，滴加10%联苯胺溶液 $1\sim2$ 滴，再滴加10%醋酸 $1\sim2$ 滴，若滤纸变为棕色，则为阳性。

2. 治疗

牛亚硝酸盐中毒处方

【处方1】特效解毒

1%美蓝溶液，按每千克体重 $1\sim2$ mg用药，一次静脉注射，必要时，2 h后再重复用药1次。或5%甲苯胺蓝溶液，按每千克体重5 mg用药，静脉注射或肌肉注射。若无美蓝和甲苯胺蓝，重用维生素C及10%葡萄糖溶液静脉注射，也可达到治疗目的。

【处方2】中药治疗

绿豆粉 $500\sim700$ g，甘草末100 g。开水冲调，候温，一次灌服。

猪亚硝酸盐中毒处方

【处方1】特效解毒

美蓝，每千克体重 $1\sim2$ mg，配成1%的溶液，静脉注射。或甲苯胺蓝，每千克体重5 mg，配成5%的溶液，静脉注射。或维生素C $0.5\sim1$ g，静脉注射。

【处方2】补液强心

10%安钠咖注射液 $5\sim10$ mL，10%葡萄糖注射液300 mL，静脉注射。

【处方3】中药治疗

绿豆粉250 g、甘草末100 g，开水冲调，加菜油200 mL，一次灌服，每天1剂，连用2 d。

【处方4】针灸治疗

针刺尾尖、耳尖、蹄头穴。

3. 预防

确实改善青绿饲料的堆放和加工方法,采用摊开敞放以避免硝酸盐转化为亚硝酸盐。接近收割的青饲料不能施用含有硝酸盐的化肥农药,以避免增高硝酸盐的含量。对可疑饲料和饮水可采用简易化验法,以监测硝酸盐和亚硝酸盐的含量,防止中毒病的发生。

【相关知识】亚硝酸盐中毒是因食入含过多的硝酸盐或亚硝酸盐的饲料而引起的中毒。临床上以可视黏膜发绀、呼吸困难、角弓反张、血液凝固不良等为特征。

1. 发病原因

各种鲜嫩青草、作物秧苗和叶菜类等均含有硝酸盐,如果堆积时间过久,特别是经过雨水淋湿和烈日暴晒,极易发酵产热,致使饲料中的硝酸盐在硝化菌的作用下转化为亚硝酸盐,被牛大量采食后引起中毒。此外,牛采食含硝酸盐过多的青绿饲料,能在瘤胃中将硝酸盐转化为亚硝酸盐而引起中毒。

亚硝酸盐中的亚硝酸根(NO_2^-)具有强氧化性,可将血液中的氧合血红蛋白迅速地氧化成高铁血红蛋白,从而使血红蛋白失去携氧功能,导致组织细胞缺氧。因血液与组织都缺氧,故发病动物可视黏膜呈暗红色。

2. 主要症状

多在食后 1~5 h 出现症状。精神沉郁,茫然呆立,步态蹒跚,肌肉震颤,高度呼吸困难,心跳加快,眼结膜及口、鼻黏膜发绀。流涎,腹痛,腹泻,有时可有呕吐。牛瘤胃蠕动减弱甚至消失,反刍停止,嗳气减少或停止,瘤胃臌气。重者耳、鼻、四肢冰凉,体温正常或稍有下降。最后卧地不起,四肢划动,全身痉挛挣扎死亡。血液凝固不良,呈酱油色。

【技能48】 氢氰酸中毒的诊断与治疗

1. 诊断

根据突发呼吸困难、可视黏膜鲜红、迅速死亡的临床症状特点,结合病史调查可做出诊断。

2. 治疗

清洗胃内毒物,用 0.05％高锰酸钾溶液洗胃,至洗出液无苦杏仁味为止。

牛氢氰酸中毒处方

【处方1】特效解毒

亚硝酸钠 2 g,配成 5％溶液,一次静脉注射。随后再静脉注射 10％硫代硫酸钠溶液100~200 mL。或亚硝酸钠 3 g,硫代硫酸钠 15 g,蒸馏水 200 mL,混合,一次静脉注射。

【处方2】中药治疗

金银花 120 g,绿豆 500 g。煎汤,候温,一次灌服。

猪氢氰酸中毒处方

【处方1】特效解毒

亚硝酸钠 0.2 g,配成 5％溶液,一次静脉注射。随后再静脉注射 10％硫代硫酸钠溶液20~30 mL。或亚硝酸钠 1 g,硫代硫酸钠 5 g,蒸馏水 50 mL,混合,一次静脉注射。

【处方2】中药治疗

金银花 20 g,绿豆 100 g。煎汤,候温,一次灌服。

【相关知识】氢氰酸中毒是指因采食大量含氰苷的植物及其果实、种子等而引起的中毒。临床上以呼吸困难、黏膜潮红、震颤和惊厥等为特征。

1. 发病原因

主要因为采食了未经去皮的木薯，未经熟榨的亚麻仁，未经水浸渍的海南刀豆、狗爪豆，或采食了含氰苷较高的高粱及玉米的新鲜幼苗和再生苗，以及桃、李、梅、杏、枇杷、樱桃的叶和种子等引起的中毒。

植物中的氰苷在动物咀嚼时，在植物脂解酶的作用下产生游离氢氰酸，吸收入血后，抑制细胞色素氧化酶等许多酶的活性，使之失去了传递氧的功能，导致细胞缺氧而发生中毒。因为血液中的氧气未被细胞消耗，故病畜可视黏膜呈鲜红色。

2. 主要症状

在采食后 15～20 min 出现症状。表现不安，很快转为沉郁。口角流出大量白色泡沫状涎液，腹痛，呻吟，磨牙。结膜及口、鼻黏膜潮红，血液鲜红色。呼吸极度困难，呼出气中有苦杏仁味。随之全身极度衰弱，行走不稳，很快倒地，体温下降，心搏动减弱，瞳孔散大，眼球震颤，反射机能减弱或消失。全身抽搐，角弓反张，惨叫，迅速窒息死亡。

3. 预防措施

禁止饲喂高粱、玉米的幼苗或二茬苗等含有氰苷的饲草。对含氰苷的饲料，可用流水浸渍 24 h，或漂洗后再加工利用。

【技能 49】　菜籽饼中毒的诊断与治疗

1. 诊断

根据临床症状、病理变化和病史调查，结合饲料和胃内容物中有毒物质分析，可确诊。

2. 治疗

目前尚无特效解毒药物。立即停喂可疑饲料，给予充足饮水和优质饲料。尽早采用洗胃、泻下等排毒措施。排出胃内毒物，保护胃肠黏膜，用 0.1% 高锰酸钾溶液洗胃，然后灌服牛奶、豆浆和鸡蛋清适量。严重病例还应采取强心、利尿、补液、平衡电解质等对症治疗措施。

牛菜籽饼中毒处方

【处方 1】泻下

用液状石蜡 500～1 000 mL，灌服。

【处方 2】止泻

活性炭 100～200 g，磺胺脒 30～60 g，灌服，每天 2 次，连用 3～5 d。

【处方 3】治疗血红蛋白尿

20% 磷酸二氢钠溶液 300～500 mL，静脉注射，每天 1 次，连用 3～4 d。同时，用硫酸亚铁 5～15 g，配成 0.5%～1% 溶液内服，每天 1 次，连用 10 d。

【处方 4】治疗肺水肿

用 5% 氯化钙溶液 100～200 mL，或 10% 葡萄糖酸钙溶液 200～600 mL，10% 葡萄糖溶液 500 mL，一次静脉注射。

【处方 5】治疗肺气肿

硫酸阿托品溶液 15～20 mL，皮下注射。

【处方 6】中药治疗

甘草 80 g,绿豆 100 g。水煎取汁,候温灌服。

猪菜籽饼中毒处方

【处方1】泻下

硫酸钠 35～50 g,小苏打 5～8 g,鱼石脂 1 g,加水 100 mL,溶解后一次灌服。

【处方2】对症治疗

25％葡萄糖注射液 100～200 mL,静脉注射。10％安钠咖注射液 5～10 mL、维生素 C 注射液 2～4 mL、亚硫酸氢钠甲萘醌(维生素 K₃)注射液 2～4 mL,分别肌肉注射。

【处方3】中药治疗

取甘草、绿豆各 60 g,水煎取汁,候温,一次灌服,每天 1 剂,连用 2～3 d。

【相关知识】菜籽饼中毒是指因长期采食菜籽饼而引起的中毒。临床上以胃肠炎、肾炎、肺水肿、肺气肿等为特征。

1. 发病原因

主要是因为长期单一饲喂或一次过量饲喂未经去毒处理的菜籽饼而引起。菜籽饼含有硫葡萄糖苷,经芥子酶水解而产生异硫氰丙烯酯等有害物质,从而对动物产生毒害。

2. 主要症状

食欲减退或废绝,精神委顿,前胃弛缓,瘤胃臌气。便秘或腹泻,粪便中混有血液和黏液。排尿次数增多,血红蛋白尿,尿液落地时溅起多量泡沫。呼吸增数,张口呼吸,发出鼾音,从鼻孔中流出泡沫状鼻液。下颌间隙、颈部、胸腹下部、四肢等部位常出现皮下气肿。病情进一步发展,病牛出现视觉障碍,甚至失明。肌肉无力,站立不稳,行走摇晃,或倒地痉挛。最后因心力衰竭,虚脱而死。

3. 剖检变化

血液呈油漆状,凝固不良。体腔积液。肠黏膜点状出血。心内、外膜有出血点。肝脏充血、肿大。肾脏点状出血。肺气肿、水肿。

4. 预防

用菜籽饼做饲料时,首先应测定其毒性,严格控制饲喂量。实践中,可将菜籽饼经发酵处理,或用土埋入容积约 1 m³ 的土坑内 2 个月,可有效减毒,达到安全饲用的目的。

【技能 50】 食盐中毒的诊断与治疗

1. 诊断

根据饲料分析、临床症状及病理变化可确诊。若病史资料不明或症状表现不典型时,可将胃肠内容物连同黏膜取出,加少量水浸出后滤过,将滤液蒸发至干,取残留物或其中的结晶物放入硝酸银溶液中时,若出现白色沉淀,或将其在火焰中燃烧时,呈鲜黄色的火焰者为阳性。

2. 治疗

在立即停喂含食盐饲料和严格控制饮水的基础上,实施对症治疗。

牛食盐中毒处方

【处方1】促进钠离子排出

液状石蜡 1 000 mL,胃管投服。

【处方2】降低颅内压

用 20％甘露醇溶液 1 000～1 500 mL,静脉注射。

【处方3】镇静解痉

用25％硫酸镁溶液100～250 mL,或溴化钾溶液50～100 mL,静脉注射。

【处方4】补液、强心、利尿

用5％葡萄糖注射液2 000～3 000 mL,10％安钠咖注射液30 mL,25％维生素C溶液8～10 mL,静脉注射,必要时,隔8～12 h再注射1次。

【处方5】调节血液中阳离子平衡

用10％葡萄糖酸钙300～500 mL,静脉注射。

【处方6】中药治疗

甘草60 g,绿豆120～200 g。水煎取汁,候温灌服。或茶叶120 g,菊花100 g,水煎取汁,候温灌服。

猪食盐中毒处方

【处方1】催吐

1％硫酸铜溶液50～100 mL,灌服。

【处方2】保护胃肠黏膜

面粉糊50～100 g或白糖150～200 g,催吐后灌服。

【处方3】降低颅内压

20％甘露醇溶液或25％山梨醇溶液,每千克体重5 mL,静脉注射。或用25％～50％葡萄糖溶液50～100 mL,静脉注射或腹腔注射。

【处方4】解痉镇静

25％硫酸镁溶液,每千克体重0.5 mL,静脉注射。

【处方5】强心

心脏衰弱者,用20％安钠咖注射液2.5～10 mL,皮下或肌肉注射。

【处方6】中药治疗

生石膏35 g、天花粉25 g、鲜芦根45 g、绿豆50 g,以上为15 kg猪一次用量。水煎取汁,候温灌服。

【处方7】针灸治疗

针刺耳尖、尾尖、百会、天门、脑俞穴。

犬食盐中毒处方

【处方1】缓解脑水肿、降低颅内压

20％甘露醇溶液每千克体重1～2 g,静脉注射。或10％葡萄糖溶液200～500 mL,维生素C 0.5 g,10％葡萄糖酸钙注射液每千克体重50 mg,缓慢静脉注射。

【处方2】促进体内钠、氯离子的排出

用速尿每千克体重0.5～1 mg,肌肉注射。

【处方3】解痉、镇静、安神

用2.5％盐酸氯丙嗪注射液4～6 mL,维生素B₁ 50～100 mg,肌肉注射。

【相关知识】食盐中毒是指内服食盐过量或采食含盐制品过多而引起的中毒性疾病。临床上以出现消化紊乱和神经症状等为特征。

1.发病原因

(1)摄入食盐过多 当日粮中添加食盐比例过高或拌和不匀,或采食含盐过多的泔水、饭店残羹、酱渣、咸菜等,而引起中毒。

(2)饮水不足 食盐中毒的发生与饮水情况密切相关。如猪饲料中含 2.5％的食盐,若不给予充足的饮水,可引起中毒;若自由饮水时,即使饲料中食盐含量高达 10％～13％,也不易引起中毒。

(3)用药不当 治疗某些疾病时,给予过量的硫酸钠、乳酸钠、碳酸钠等也可引起中毒。

钠是动物机体必需的矿物元素,日粮中适量的食盐具有增进食欲,维持机体盐类代谢平衡等作用,但过多的食盐被摄入后,一部分进入血液,大部分滞留于消化道,一方面可直接刺激胃肠黏膜引起炎症反应,另一方面,使胃肠内容物渗透压升高,导致组织失水。由于血液浓缩,尿量减少,吸收入血的氯化钠广泛分布于各组织器官,又可造成组织水肿。

2. 主要症状

急性中毒表现厌食,极度口渴,流涎,呕吐,腹痛,磨牙。胃肠蠕动音增强,腹泻,粪中带有黏液和血液。尿量由多到少或无尿。心跳加快,呼吸促迫。视力减弱,失明,肌肉痉挛,眼结膜发绀。后期出现运动失调,步态蹒跚,口角、耳、上下唇痉挛,抽搐,口中流出白色泡沫。有的乱冲乱跳,作圆圈运动,严重者卧地不起。多在 24～48 h 内发生麻痹而死亡。

慢性中毒表现食欲减退,体重减轻,脱水,体温下降,衰弱,偶尔腹泻。强迫运动时,发生虚脱和强直性痉挛。

3. 剖检变化

皮下、骨骼肌水肿。胃肠黏膜潮红肿胀、出血、甚至脱落。肠道内容物稀软带血,呈暗红色。心包积液,膀胱黏膜充血潮红。

4. 预防措施

在平时饲养过程中,正确地经常加喂适量食盐,以防止"盐饥饿"。在补盐时,要保证充足的饮水。长期缺盐的动物,对盐的敏感性增高,在喂给食盐时,应先从少量再到足量进行饲喂。注意保管好饲料盐,以防被动物偷食。

【技能 51】 酒糟中毒的诊断与治疗

1. 诊断

根据临床症状、病史调查和病理变化可做出诊断。

2. 治疗

立即停喂酒糟,解除酸中毒,用 1％碳酸氢钠溶液 1 000～2 000 mL,内服或灌肠。

牛酒糟中毒处方

【处方1】强心补液

葡萄糖生理盐水 1 000～2 000 mL,复方氯化钠注射液 1 000～2 000 mL,25％葡萄糖注射液 500 mL,5％碳酸氢钠溶液 800～1 000 mL,一次静脉注射,每天 1 次,连用 3 d。

【处方2】中药治疗

甘草 30 g,葛根 250 g。水煎取汁,候温灌服。

猪酒糟中毒处方

【处方1】缓泻

硫酸钠 30 g,加水适量溶解,灌服。或植物油 150 mL,灌服。

【处方2】强心利尿

25％葡萄糖注射液 30～50 mL、10％氯化钙注射液 10～20 mL、10％安钠咖注射液 5～10 mL，一次静脉注射。

【处方3】中药治疗

葛根 150 g、甘草 20 g，水煎取汁，候温，一次灌服。

【相关知识】酒糟中毒是因长期或突然采食多量新鲜的或酸败的酒糟而引起的中毒。临床上以出现神经症状、胃肠炎和皮肤病变等为特征。

1. 发病原因

常见于突然一次大量饲喂酒糟，或饲喂霉烂变质酒糟，或长期单一饲喂酒糟而引起中毒。

2. 主要症状

急性中毒时表现兴奋不安，很快出现食欲减退或拒食、腹痛、腹泻等胃肠炎症状。体温升高，呼吸困难，心跳加快，脉搏细弱，步态不稳或倒地不起。后期体温下降，四肢麻痹，因呼吸中枢麻痹而死亡。

慢性中毒表现食欲不振。眼结膜潮红、黄染，流涎，腹泻，消瘦。皮炎多始于系部，特别是后肢系凹部出现红斑、带疼痛性的肿胀或发生水疱，水疱破溃后形成溃疡，以后逐渐干燥形成痂皮。重者皮炎可蔓延至跗关节以上，甚至乳房、阴囊、会阴、肛门周围、躯干两侧以及颈部等。若遇细菌感染，则发生化脓、坏死。有的表现牙齿松动、脱落，骨质疏松变脆，母畜屡配不孕或流产。

3. 剖检变化

胃肠黏膜充血、出血，小结肠段出现固膜性炎，直肠段出血、水肿，肠系膜淋巴结充血。心脏有出血斑。肺充血、水肿。肝脏、肾脏肿胀、质脆。

4. 预防措施

饲喂时应控制饲喂量，并注意与其他饲料搭配饲用，使酒糟的比例不超过日粮的 1/3。妥善贮存和保管好酒糟，不宜堆放过厚，避免日晒，防止发酵产酸或霉烂变质。对轻微酸败的酒糟，应加入 1％石灰水，以中和酸类，降低毒性。若严重发霉变质，要坚决废弃。

【技能 52】　黄曲霉毒素中毒的诊断与治疗

1. 诊断

根据临床症状和剖检变化，结合病史调查可做出初步诊断，确诊需对可疑饲料进行黄曲霉毒素测定。

(1)血液检查　早期红细胞数量明显减少，凝血时间延长，白细胞总数增多。

(2)肝功能检查　碱性磷酸酶、谷-草转氨酶和异柠檬酸脱氢酶活性升高。

(3)黄曲霉毒素 B_1 的定性检验　称取被检样 100 g 于 500 mL 锥形瓶中，加入萃取液（7 份甲醇、3 份水）300 mL，在磁力搅拌器上搅拌 3 min 后静置，取上清液 150 mL 于 500 mL 分液漏斗中。取 30 mL 苯于分液漏斗中，振荡 30 s 后加入纯化水 300 mL，待分层后弃去下层液，将上层液移入烧杯中加热蒸干，加入苯 0.5 mL，使之溶解。然后取上清液 1 滴（0.05 mL），滴于滤纸上，待干后在紫外光下观察，滤纸上若出现蓝色荧光，表明有黄曲霉素 B_1 存在，必要时可用标准黄曲霉毒素作对照。

2. 治疗

发现中毒时，应立即停喂霉败饲料，减少或不喂含脂肪多的饲料。本病目前尚无特效疗法,主要根据病情采取对症治疗。

牛黄曲霉毒素中毒处方

【处方1】排出胃肠内有毒物质

人工盐或硫酸镁200～300 g,加水灌服。

【处方2】解毒保肝,防止出血

用25％～50％葡萄糖溶液500～1 000 mL、复方氯化钠注射液1 000～2 000 mL、维生素C 0.5～1 g,静脉注射。或用20％葡萄糖酸钙注射液500～1 000 mL,一次静脉注射。

【处方3】强心

20％安钠咖注射液10～20 mL,肌肉注射。

【处方4】中药治疗

防风20 g,甘草30 g,水煎取汁,加生绿豆粉500 g,白糖100 g,水1 000 mL,混合,灌服,每天1次,连用3～5 d。

猪黄曲霉毒素中毒处方

【处方1】排出毒物

硫酸钠或硫酸镁30～50 g,加水溶解,灌服。

【处方2】解毒保肝

用25％～50％葡萄糖注射液200～300 mL、复方氯化钠注射液200～300 mL、维生素C注射液10～20 mL,静脉注射。

【处方3】强心

用20％安钠咖注射液5～10 mL,肌肉注射。

【处方4】抗菌消炎

土霉素每千克体重60～100 mg,分2～3次口服,连用3～5 d。

【处方5】中药治疗

茵陈、栀子、大黄各20 g,水煎取汁,凉后加葡萄糖30～60 g、维生素C 0.1～0.5 g,混合,灌服,每天1次,连用3～5 d。

犬黄曲霉毒素中毒处方

【处方1】清除毒物

用0.05％高锰酸钾溶液洗胃,投服硫酸钠以泻毒。

【处方2】保肝、止血

静脉注射25％～50％葡萄糖注射液和维生素C、20％葡萄糖酸钙注射液、40％乌洛托品溶液等。

【处方3】防止继发感染

氨苄青霉素每千克体重10～15 mg,肌肉注射,每天2次。或用头孢拉啶每千克体重20～25 mg,肌肉注射,每天2次。

【相关知识】黄曲霉素中毒是由于食入被黄曲霉毒素污染的饲料而引起的中毒性疾病。临床上以消化机能紊乱、腹水及神经症状等为特征。

1. 发病原因

黄曲霉菌广泛存在于自然界中,在多雨季节、温度在25～30℃时最为活跃,易感染花生、玉米、黄豆、棉籽等植物种子,其代谢产物为黄曲霉毒素,具有很强的毒性和致癌作用。若动物采食或饲喂了被黄曲霉毒素污染的上述种子及其副产品时,则会引起中毒。

2. 主要症状

(1)急性型　多发于犊牛、幼猪。体温升高 1～1.5 ℃或接近正常,精神沉郁,食欲减退或废绝。可视黏膜初苍白,后期黄染。粪球干硬,表面覆有黏液和血液。后肢无力,行走不稳,间歇性抽搐。重者卧地不起,呈昏迷状态,常于 2～3 d 内死亡。有的不表现临床症状而突然死亡。

(2)慢性型　多发于成年牛、猪。食欲减退,消化不良,日渐消瘦,可视黏膜黄染,皮肤表面出现紫斑。随病情发展,呈现兴奋不安、痉挛和角弓反张等神经症状。妊娠母畜常出现流产和死胎。

犬中毒多呈慢性经过,早期表现食欲不振,精神委顿,不愿活动,消瘦,胃肠功能紊乱,间断性腹泻,黏膜苍白和体温正常等。稍后出现精神极度沉郁、嗜睡、唇麻痹、流涎、可视黏膜黄染、肌肉震颤、血便、腹水、腹部下垂。病程长者,可发生肝癌。

3. 剖检变化

肝脏苍白、变硬,表面有灰白色区,呈退行性变性。胆管上皮增生,胆囊扩张。腹腔积液,肠系膜、皱胃和结肠水肿。

4. 预防措施

本病关键在于预防,做好饲料的防霉和有毒饲料的去毒工作。在谷物收割和脱粒过程中,避免遭受雨淋,尽快晒干。饲料应放在干燥、通风的仓库保存,保持仓库的温度在 25℃以下,相对湿度在 85%以下。定期检查贮存的饲料,对重度污染的饲料应以全部舍弃为宜。对污染的仓库可用福尔马林 25 mL、高锰酸钾 25 g、水 12.5 mL,混合后熏蒸,或每立方米用 5%过氧乙酸 2.5 mL 喷雾消毒。对轻度发霉饲料,可先磨成细粉,然后按 1∶3 比例加入清水浸泡,反复换水,直至浸泡的水呈现无色为止。但为了安全,也要与未污染的饲料搭配使用为宜。

【技能 53】　牛黑斑病甘薯中毒的诊断与治疗

1. 诊断

根据病史调查和临床症状可确诊。本病无体温升高、无传染性可与牛肺疫及出血性败血症等相区别。

2. 治疗

本病无特效解毒剂,一旦发生中毒,可迅速采取排毒、解毒、缓解呼吸困难以及对症治疗措施。

【处方 1】排毒、解毒

如早期发现,毒物尚停留在瘤胃内,可用 1%高锰酸钾溶液 1 500～2 000 mL,或 1%过氧化氢溶液 500～1 000 mL,一次灌服。当毒物已经进入肠道,用硫酸镁 500～700 g,加水 6 000～7 000 mL,混合后灌服。若中毒时间较长,毒素已经进入血液,可于颈脉穴放血 1 000～2 000 mL。

【处方 2】缓解呼吸困难

用 5%葡萄糖生理盐水 1 000～2 000 mL,5%维生素 C 溶液 40～60 mL,静脉注射。或用 10%硫代硫酸钠溶液 100～150 mL,1%硫酸阿托品注射液 2～3 mL,静脉注射。或用 3%过氧化氢溶液 125～250 mL,生理盐水 400～500 mL,静脉注射。直至气喘、可视黏膜发绀症状消失后停药。

【处方3】治疗肺水肿

用50％葡萄糖注射液500 mL,10％氯化钙溶液100 mL,20％安钠咖注射液10 mL,混合,缓慢静脉注射。

【处方4】治疗酸中毒

用5％碳酸氢钠溶液250～500 mL,一次静脉注射。胰岛素注射液150～300 U,一次皮下注射。

【处方5】中药治疗

白矾、贝母、白芷、郁金、葶苈子、黄芩、石苇、黄连、龙胆、甘草各50 g,冬枣200 g。水煎取汁,候温加蜂蜜200 mL为引,一次灌服,每天1次,连用2～4 d。

【相关知识】黑斑病甘薯中毒是因食入一定量的患有黑斑病、软腐病和象皮虫病的甘薯而引起的中毒。临床上以呼吸困难、急性肺水肿及间质性肺气肿,并于后期出现皮下气肿为特征。

1. 发病原因

甘薯黑斑病的病原是一种霉菌,侵害于甘薯的虫害部分和表皮裂口上,受侵害的部位表皮干枯、凹陷、坚实,有圆形或不规则的与周围界限明显的暗黑色斑点。病变部位干硬、味苦,产生翁家酮、甘薯酮和翁家醇等耐高温的毒素,虽经切片、晒干、磨粉、酿酒的酒糟均含有一定数量的毒素,被牛采食后都可引起中毒。

甘薯软腐病是由于甘薯贮藏期间感染软腐病病菌所致,其特征是受害部位软化,流出有酒味的黄色液体,后期长出白色绒毛状菌丝,顶端有黑色颗粒;象皮虫病是由于甘薯贮藏期间被象皮虫咬伤,甘薯的表皮呈黑色点状,味苦。甘薯被以上两种致病菌感染后,引起的中毒症状与黑斑病甘薯中毒的症状相同。

2. 主要症状

急性中毒后,多突然出现精神沉郁,肌肉震颤,食欲、反刍减退或完全停止。典型的症状是呈现高度呼吸困难,呼吸次数增至80～100次/min以上,以后次数逐渐减少,但呼吸运动加深。呼吸音粗而强烈,如拉风箱样音响。初期由于支气管和肺泡充血及渗出,听诊肺部出现啰音,以后由于肺泡弹力下降,导致呼气性呼吸困难。直到肺泡破裂后,气体窜入间质,引起间质气肿,此时听诊肺部有肺泡破裂音。严重者出现皮下气肿,触压有捻发音,流出大量泡沫状鼻液及唾液,张口呼吸,长期站立,不愿卧地,眼球突出,瞳孔散大,可视黏膜发绀,多因窒息在1～3 d内死亡。

慢性中毒病程较长,主要表现胃肠炎症状,病牛前胃弛缓,反刍减少,食欲减退,粪便黑色、干硬,外面覆盖黏液和血液。

3. 预防措施

加强甘薯的保管,禁用霉烂、病变甘薯或其副产品作饲料。对病变甘薯禁止乱丢,应集中深埋、沤肥或火烧处理,以防牛误食中毒。

【技能54】 有机磷农药中毒的诊断与治疗

1. 诊断

根据毒物来源调查,结合"前流、后泻,中间抖"的特征症状,可做出诊断。确诊为哪一种有机磷农药,可进行有机磷农药的定性检验。

2. 治疗

立即停止使用可疑饲料和饮水,如系因外用敌百虫等制剂过多而引起的中毒,则要充分用清水冲洗用药部位(勿用肥皂水等碱性溶液),若系经口中毒,可用大量清水或2%～3%碳酸氢钠溶液(敌百虫中毒禁用)进行洗胃,以免继续吸收,加重病情。与此同时,使用阿托品结合解磷定、氯磷定和双复磷等特效解毒剂解毒。对于危重病例,尚应采用对症疗法,如消除肺水肿、兴奋呼吸、输入高渗葡萄糖溶液等。

牛有机磷中毒处方

【处方1】特效解毒

(1)硫酸阿托品10～50 mg,皮下注射。首次用药1 h后,如症状未减轻,可提前适量重复给药,当出现瞳孔散大,停止流涎,脉搏加快时,即不再用药。然后按正常的每隔4～5 h给药一次,连用1～2 d。

(2)解磷定,每千克体重20～50 mg,5%葡萄糖溶液或生理盐水100 mL,溶解后,静脉注射或皮下注射,每1.5～2 h给药1次。解磷定对内吸磷、对硫磷、甲基内吸磷等大部分有机磷药物中毒的疗效确实,但对敌百虫、乐果、马拉硫磷等效果较差,同时对中毒较久的病例也无效。

或双复磷,每千克体重40～60 mg,皮下、肌肉或静脉注射。该药强效持久,可通过血脑屏障。对急性内吸磷、对硫磷、甲拌磷等中毒的疗效良好,但对慢性中毒病例效果不佳。

或氯磷定,剂量同解磷定,可肌肉注射或静脉注射,对敌百虫、敌敌畏,对硫磷、内吸磷中毒已2～3 d者无效,对乐果中毒疗效较差。

【处方2】中药治疗

防风60 g,绿豆250～500 g,煎水灌服,每天2次,连用2 d。或甘草120 g,绿豆250～500 g,煎水灌服,每天2次,连用2 d。

猪有机磷中毒处方

【处方1】特效解毒

(1)硫酸阿托品注射液5～10 mg,皮下或肌肉注射,每1～2 h 1次。药量达到轻度中毒状态(阿托品化),直到瞳孔逐渐散大,视力恢复,全身症状显著减轻。

(2)在用阿托品之后,随即用解磷定每千克体重15～30 mg,溶于葡萄糖溶液或生理盐水100 mL中,缓慢静脉注射。解磷定的作用快速,但持续的时间仅为1.5～2 h,必要时可重复给药。也可使用氯磷定、双复磷和双解磷。

【处方2】清除毒物

中毒时间未超过2 h用1%硫酸铜溶液50～100 mL,催吐,然后用清水洗胃。中毒时间稍长者,用硫酸钠30～50 g,水适量,灌服以泻下。

【处方3】中药治疗

取绿豆250 g,甘草50 g,滑石50 g,共为细末、开水冲调,候温,一次灌服。

犬有机磷中毒处方

【处方1】清除毒物

中毒时间未超过2 h用催吐疗法,0.2%～0.4%硫酸铜溶液,犬40～50 mL,口服。中毒时间稍长者,灌入盐类泻剂。

【处方2】药物解毒

(1)阿托品每千克体重0.2 mg,皮下或肌肉注射,每1～2 h 1次。药量达到轻度中毒状态(阿托品化),直到瞳孔逐渐散大,视力恢复,全身症状显著减轻。

(2)在用阿托品之后,随即用解磷定每千克体重20～50 mg,溶于葡萄糖溶液或生理盐水100 mL中,缓慢静脉注射。解磷定的作用快速,但持续的时间仅为1.5～2 h,必要时可重复给药。

【相关知识】有机磷农药中毒是指因食入、接触或吸入有机磷农药而引起的中毒。临床上以流涎、腹泻、呕吐、肌肉强直性痉挛和瞳孔缩小等为特征。

1. 发病原因

常见的有机磷农药主要有敌百虫、敌敌畏、乐果、甲胺磷、对硫磷等,除用于农业杀虫外,尚用于杀灭体虱、治疗疥螨、驱除胃肠道线虫等。若使用不合理或管理不当,使动物误食了被农药污染的饲料、饲草,误饮了被农药污染的饮水,或用于驱杀体内外寄生虫时浓度过高、剂量过大等,均可引起中毒。

有机磷进入机体后与体液中的胆碱酯酶结合,抑制胆碱酯酶活性,造成体内乙酰胆碱堆积,从而出现胆碱能神经过度兴奋的症状。

2. 主要症状

中毒后多在1～3 h内出现症状,最快的在采食后20 min即可发病。表现精神沉郁或狂躁不安,可视黏膜淡染或发绀,食欲减退或废绝,大量流涎,流泪,流鼻液,腹痛,磨牙,肠音亢进,不时排出稀软或水样带血粪便。频尿,出冷汗,呼吸困难,呼出气中带有蒜臭味,四肢末端厥冷。心跳加快,瞳孔显著缩小。全身肌肉震颤,重则强直性痉挛,共济失调,倒地不起,最后因呼吸肌麻痹窒息而死。

3. 预防措施

健全农药运输、保管和使用制度,以防动物误食。喷洒过农药的地方要做好标记,1个月内禁止放牧或收割牧草。用有机磷农药驱杀体内外寄生虫时,要严格掌握剂量,防止中毒病的发生。

【技能55】 牛尿素中毒的诊断与治疗

1. 诊断

根据有采食尿素史,结合临床症状,以及血氨、瘤胃内氨浓度测定,可确诊。当瘤胃液氨浓度达到46.9～117.4 mmol/L、血氨浓度达到1.2 mmol/L时,即发生显著的中毒。

2. 治疗

【处方1】中和尿素的分解产物氨和抑制瘤胃内脲酶的活性

发现中毒后,立即灌服食醋或稀醋酸等弱酸溶液,如1%醋酸1 000 mL,白糖250～500 g,常水1 000 mL,或食醋500 mL,加水1 000 mL内服。

【处方2】抑制痉挛

可用10%葡萄糖酸钙注射液500 mL,10%硫代硫酸钠溶液100～200 mL,10%葡萄糖注射液2 000 mL,一次静脉注射。

【处方3】消除瘤胃中氨

用1%～3%的甲醛溶液100 mL,缓慢灌服。

【处方4】中药治疗

绿豆250 g,滑石粉250 g,炙甘草80 g。水煎取汁,候温灌服。

【相关知识】尿素中毒是因误食或饲料中添加过量的尿素而引起的中毒。临床上以呼吸困难和强直性痉挛等为特征。

1. 发病原因

主要见于尿素保管不当,被牛大量偷食,或误作食盐使用而引起中毒。或因使用尿素饲料不当,如尿素的饲喂量,成年牛应控制在每天200～300 g,且在饲喂时,尿素的喂量应逐渐增多,若初次即突然按规定量喂牛,则易导致中毒;将尿素溶于水中喂牛时,也易发生中毒。此外,由于饲料中糖类含量不足,而豆科饲料比例过大,肝功能紊乱,瘤胃液pH升高,以及饥饿或间断性饲喂尿素等,也可成为中毒的诱因。

2. 主要症状

牛大量采食尿素后半小时左右即可出现中毒症状。病初表现不安,呻吟,肌肉震颤,步态不稳,共济失调,摔倒在地不能自行起立。继则出现全身强直性痉挛,高度呼吸困难,口、鼻中流出泡沫状液体,心跳加快,心率达每分钟100次以上。后期出冷汗,瞳孔散大,肛门松弛,排粪失禁,尿淋漓。急性中毒的病牛,多在1～2 h以内窒息死亡。有的病程可达1 d左右,且常发生后躯不全麻痹。

实验室检查　血氨浓度升高至4.7 mmol/L(正常为0.12～0.36 mmol/L),同时,血红蛋白含量、红细胞压积升高。

3. 预防措施

严格化肥保管和使用制度,防止被牛误食或偷食。用尿素作饲料添加剂时,严格掌握用量,体重500 kg的成年牛,每天用量为100～150 g。尿素使用时以拌料喂给为宜,使用时要由小剂量逐步过渡到大剂量,并且不间断饲喂。不得化水饮服,且在喂后2 h内不能饮水。如日粮中蛋白质已足够,不宜加喂尿素。犊牛不宜使用尿素。

【技能56】　安妥中毒的诊断与治疗

1. 诊断

根据病史、症状和剖检变化,可做出初步诊断,胃内容物和残剩饲料中检出安妥,即可确诊。

安妥检测　将胃内容物置于研钵中捣碎,加丙酮于40～50℃水浴中2 h后过滤。取滤液水浴蒸干,将残渣置于试管中,加入80%醋酸、20%铁氰化钾溶液数滴,加热,出现深蓝色并久置不褪色,可证实安妥存在。

2. 治疗

本病无特效解毒药,主要是防止毒物吸收和对症治疗。

猪安妥中毒处方

【处方1】排出毒物

早期用1%硫酸铜溶液40～60 mL,催吐,然后口服硫酸钠40～60 g导泻。

【处方2】对症治疗

50%葡萄糖注射液10～30 mL、20%甘露醇注射液100～300 mL、10%安钠咖注射液5～10 mL,一次静脉注射。出血严重者,亚硫酸氢钠甲萘醌(维生素K₃)注射液20～30 mg,肌肉注射。

【处方3】针灸治疗

针刺尾尖、耳尖、尾本、滴水、涌泉穴,必要时剪耳、断尾放血。

犬安妥中毒处方

【处方1】排除毒物 根据具体情况采用催吐、洗胃、灌肠等急救措施。

(1)中毒不久给予催吐剂,0.2‰～0.4‰硫酸铜溶液,40～50 mL,口服。

(2)洗胃,用0.1‰高锰酸钾溶液100～500 mL,清除胃内没有消化的毒物。

(3)导泻,硫酸镁,8～25 g,口服。禁用油类泻剂,以免促进毒物吸收。

【处方2】对症治疗

缓解肺水肿和胸膜渗出,可先静脉放血,再缓慢静脉注射高渗利尿剂如50%葡萄糖溶液或20%甘露醇溶液;也可肌肉注射二巯基丙醇溶液或静脉注射硫代硫酸钠溶液。注射维生素K制剂制止出血。

【相关知识】安妥中毒是由于误食安妥的饵料或被安妥污染的饲料而引起的中毒性疾病。临床上以呼吸困难、呕吐、流血样带泡沫的鼻液、兴奋不安等为特征。

1. 发病原因

安妥经胃肠道吸收,分布于肺、肝、肾和神经组织中。在组织液中水解成为二氧化碳、氨气和硫化氢等,对局部组织具有刺激作用。但对机体的主要毒害作用则是经交感神经系统阻断缩血管神经,造成肺部微血管壁的通透性增加,以致血浆大量透入肺组织和胸腔,导致严重的呼吸障碍。此外,安妥尚具有抗维生素K样作用,即阻抑了血中凝血酶原的生成及其活性,从而降低了血液的凝固性,致使中毒动物呈出血性倾向。

2. 主要症状

呼吸急促,呕吐,咳嗽,口吐白沫,眼结膜发绀,听诊肺区有水泡音。驱赶行走困难,步态强拘,共济失调,鼻孔流出带血色的泡沫状液体。重者张口呼吸,体表冰冷,骚动不安,强直性痉挛,瞳孔散大,数分钟后倒地窒息死亡。

3. 剖检变化

以肺部的病变最为显著,全肺呈暗红色,极度肿大,且有许多出血斑,气管内充满血色泡沫。胸腔内有大量的水样透明液体。肝呈暗红色,稍肿大。脾也呈暗红色,并见有溢血斑。心包积液,心冠状血管扩张。肾充血,表面有溢血斑。胃中有时尚可检出安妥的颗粒或团块,有的可能有胃肠卡他性病变。

【技能57】 磷化锌中毒的诊断与治疗

1. 诊断

根据病史、临床症状可做出初步诊断,如在胃内检出磷化锌即可确诊。

2. 治疗

本病尚无特效疗法。主要采用一般解毒和对症治疗措施。

猪磷化锌中毒处方

【处方1】排出毒物

如能早期发现,灌服1%～2%硫酸铜溶液催吐,同时,硫酸铜与磷化锌形成不溶性的磷化铜,从而阻滞吸收而降低毒性。或用0.1%～0.5%高锰酸钾溶液洗胃,可使磷化锌氧化成磷酸盐而失去毒性。然后口服硫酸钠 40～60 g 导泻。

【处方 2】对症治疗

5％硫代硫酸钠溶液 30～40 mL、10％维生素 C 注射液 3～5 mL、10％安钠咖注射液 5 mL,静脉注射,若呼吸困难,用尼可刹米 0.5 g 肌肉注射。

【处方 3】中药治疗

用仙人掌(球)50 g,去刺,捣汁,一次灌服,每天 2 次,连服 2～3 d。

犬磷化锌中毒处方

【处方 1】排出毒物

中毒早期可灌服 0.2％～0.5％硫酸铜溶液催吐,继之用 5％碳酸氢钠溶液洗胃,以延缓磷化锌分解为磷化氢。或用 0.1％高锰酸钾溶液洗胃,使磷化锌变为毒性较低的磷酸盐,再投服硫酸钠导泻。

【处方 2】对症治疗

镇静解痉,戊巴比妥钠每千克体重 25 mg,静脉注射;制止渗出,用 10％葡萄糖酸钙溶液 10～20 mL,缓缓静脉注射,每天 1～2 次。

【相关知识】磷化锌中毒是由于摄入磷化锌毒饵或被磷化锌污染的饲料和饮水而引起的中毒性疾病。临床上以呕吐、腹痛、腹泻、黄疸和昏迷等为特征。

1. 发病原因

磷化锌进入机体后,可在胃酸的作用下释放出磷化氢气体,刺激胃肠黏膜,引起急性出血性胃肠炎。磷化氢和未完全分解的磷化锌被吸收后进入血液,随血液循环进入全身组织,一方面直接损害血管内膜和红细胞,发生溶血形成血栓;另一方面还可引起组织细胞变性坏死,最终由于全身组织广泛出血、组织缺氧而导致昏迷死亡。

2. 主要症状

中毒发生较快,食入毒物 15 min 后即可出现症状,表现为食欲减退,继而呕吐不止,腹痛不安,呕吐物或呼出气体有大蒜味,腹泻,粪便中混有血液,呕吐物和粪便在暗处可发出磷光。呼吸加快加深,心脏节律不齐。黏膜呈黄色,尿液量少色黄。末期出现共济失调、兴奋不安、喘息、痉挛、惊厥、昏迷,一般在 2～3 d 内死亡。

3. 剖检变化

胃内容物有蒜臭味,将其移置暗处时,可见有磷光。尸体静脉扩张,呈泛发性的微血管损害。胃肠道充血、出血,肠黏膜脱落。肝、肾淤血、混浊、肿胀。肺间质水肿,气管内充满泡沫状液体。

项目2

动物外科疾病

◆◆◆ 任务 1　损伤 ◆◆◆

问题一:以下不属于新鲜创临床表现的是(　　)

A. 出血　　　　　　　B. 创口哆开　　　　　C. 疼痛　　　　　　　D. 功能障碍

E. 创内出现红色、平整颗粒状的新生肉芽组织

问题二:清创缝合,哪项不正确?(　　)

A. 清除污物,异物,切除失活组织,彻底止血

B. 清创术应在伤后 6~8 h 内进行

C. 清创后,创内撒布抗生素粉或磺胺粉

D. 头面部伤口超过 12 h,不考虑清创缝合

E. 污染严重的伤口,清创后可延期缝合

问题三:下列关于损伤的说法哪项是错误的?(　　)

A. 一期愈合指组织修复以本来组织细胞为主　　B. 清创术最好在伤后 6~8 h 内进行

C. 大量皮质激素的应用,可影响愈合　　　　　D. 首先是抢救生命及治疗休克

E. 伤口已经感染,应延期缝合

【技能 1】　如何治疗不同类型的创伤?

主要以抗感染、止血、促进创伤愈合为原则。对严重的大面积创伤,应及时采用压迫、钳夹、结扎、填塞等方法止血,或用止血粉、肾上腺素等撒布患处止血,或用 5% 安络血注射液 20 mL,肌肉注射止血。为减轻疼痛,防止休克,可用 0.25%~0.5% 普鲁卡因溶液创口喷洒,也可使用安痛定、846 合剂等止痛剂。对于不同的创伤,可采取相应的治疗措施。

1. 新鲜创的治疗

清洁创围,用灭菌纱布盖住创口,剪除周围被毛,用 0.1% 新洁尔灭溶液或生理盐水洗净创围,然后用 5% 碘酊和酒精棉依次消毒。清理创腔,用 0.1% 高锰酸钾溶液、0.1% 雷佛奴尔

溶液、0.1%新洁尔灭溶液等反复冲洗伤口,除去创内异物,同时修整创缘,扩大创口,消灭创囊,清除挫灭、坏死组织。新鲜创是否进行缝合,应视创伤的具体情况而定。若创面比较整齐,外科处理又比较彻底,可行创口的密闭缝合。若有感染危险时,可行部分缝合,并于创口下方留出排液口。对污染严重而又不能缝合的创伤,可用青霉素粉、1:9碘仿磺胺粉撒布创内后进行包扎。

2. 化脓创的治疗

对创围进行清洗与消毒,用3%过氧化氢溶液或0.1%新洁尔灭溶液清洗创腔,清除脓汁,切除坏死组织,除去异物,消除创囊,创口小时可扩创,然后用0.1%高锰酸钾溶液、0.1%雷佛奴尔溶液等冲洗创内。创口内填塞用10%～25%硫酸镁溶液浸湿的纱布条引流,待创内有肉芽组织生成时,改用魏氏流膏引流。

3. 肉芽创的治疗

创围清洗消毒后,用生理盐水或低浓度防腐液轻轻冲洗创面上的脓汁,然后在创面上涂布磺胺软膏或青霉素软膏、氧化锌水杨酸钠软膏等。若肉芽组织过度生长而超出创面时,可撒布枯矾粉后包扎。

此外,若动物精神沉郁,体温升高,食欲减退或废绝时,要进行全身治疗。取10%葡萄糖溶液、5%氯化钙溶液、5%碳酸氢钠溶液、复方氯化钠溶液、40%乌洛托品溶液、10%安钠加溶液等,静脉注射。

【相关知识】创伤是指各种机械性外力作用于机体所引起的皮肤、黏膜及其深部软组织发生的开放性损伤。临床上以出血、创口哆开、疼痛及机能障碍为特征。

1. 发病原因

引起创伤的病因较多,其中由针、钉子、铁丝等较小的尖锐物刺入组织而引起的刺伤称为刺创;由刀、锋利铁片、玻璃片等切割引起的切伤称为切创;由打击、冲撞、车压等钝性外力的作用或因跌倒在硬地上所致的组织损伤称为挫创;由钩、钉等钝性牵引作用使组织发生机械性牵张而断裂的损伤称为撕裂创;由柴刀、马刀等砍伤组织引起的损伤称为砍创;由机体的某部位受压力打击后造成软组织挫碎、骨折或内脏破裂与脱出者称为压创;被毒蛇、毒蜂刺螫等所致的组织创伤称为毒创;由枪弹或弹片所致的组织损伤称为火器创等。

2. 主要症状

创伤按伤后经过的时间可分为新鲜创和陈旧创,按有无感染可分为无菌创、污染创和感染创。

(1)新鲜创 创口裂开,出血,疼痛,机能障碍。如创口不大,能迅速自行凝固而止血。较重的创伤,裂口大,组织损伤重,出血多,疼痛剧烈,常表现不同程度的全身症状,甚至引起休克。

(2)化脓创 组织器官损伤严重,创内挫灭组织和血凝块较多,创缘、创面肿胀、疼痛,创围皮肤增温、肿胀。创内流出脓性分泌物,脓汁的颜色和气味因感染细菌种类不同而不同。如葡萄球菌感染所致的脓汁,多为黏稠、黄白色或微黄色,且无不良气味;以链球菌感染所致的脓汁,呈淡红色液状;以绿脓杆菌所致的脓汁,呈浓稠的黄绿色或灰绿色,且有生姜气味;以大肠杆菌所致的脓汁,呈淡褐色黏稠样,且有粪臭味。

(3)肉芽创 创内出现红色、平整颗粒状的新生肉芽组织,较坚实,肉芽组织表面附有少量黏稠的灰白色脓性分泌物。创缘周围生长有灰白色的新生上皮。若肉芽组织不被上皮组织覆盖则老化,形成疤痕。当机械、物理、化学因素经常刺激或创伤发生于四肢的下部背面、关节部背面时,易形成赘生肉芽组织,高出于周围皮肤表面,易出血,久治不愈。

3. 诊断方法

做好创伤检查,了解创伤性质,对采取正确的治疗措施和判断愈后有着非常重要的意义。创伤检查主要有一般检查、创伤局部检查和辅助检查三个方面的内容。

(1)一般检查 通过问诊及全身检查,主要了解创伤发生的原因和时间,致伤物的性状,动物当时的表现和创伤的部位等。然后测定体温、脉搏及呼吸数,观察可视黏膜的颜色和整体状态,检查创伤部位及四肢有无机能障碍等。

(2)创伤局部检查 要注意检查伤口的大小、形状、方向,创口裂开的程度,创缘、创壁、创底的情况,创内有无异物,创伤组织挫灭及出血和污染的程度等。检查创底时,应注意深部组织受伤状态,可借助消毒的探针或硬质胶管等。若创内有创液或脓汁流出时,要注意检查其性状和排出情况等。创内已有肉芽组织时,要注意其数量、颜色、生长发育的情况等。

(3)辅助检查 包括血常规、创伤脓汁、创伤细胞压片检查等。严重创伤时,可借助于 X 射线及其他特殊的检查方法,以探明创伤部有无内脏器官或骨的损伤。

【技能 2】 如何治疗挫伤?

(1)收敛止血,消炎止痛 病初 24 h 内可用冰块在患部冷敷,或用冷水浇淋,或用白陶土 800 g、醋酸铅 100 g、明矾 50 g、樟脑 20 g、薄荷脑 10 g,研成细末,用食醋调敷患处,以减少出血,减轻疼痛与肿胀。发病 2～3 d 后,为促进吸收可改用温热疗法,局部涂擦樟脑酒精、5％鱼石脂软膏等刺激性药物。

(2)防止感染,镇痛消炎 可注射抗生素、磺胺类药物、安乃近、安痛定等,对皮肤擦伤处涂碘酊消毒。

【相关知识】

挫伤是指由钝性外力直接作用于体表而引起软组织的非开放性损伤。临床上以局部溢血、肿胀、疼痛、机能障碍及体温升高等为特征。

1. 发病原因

多见于棍棒打击,相互角斗时抵伤、蹄伤,滑倒或摔倒在硬地面上等造成的损伤。

2. 主要症状

挫伤的症状因发生部位不同而存在差异,常见的有溢血、肿胀、疼痛和机能障碍。在缺乏色素的皮肤上可见到明显的溢血斑,用手指压迫溢血斑不会消退,溢血斑的颜色随着红细胞的崩解及血红蛋白的变化,可由紫红色变为绿色或褐色。触诊肿胀部疼痛,有热感。疼痛的程度与损伤部位和损伤程度有关,如肌肉、关节损伤时,疼痛剧烈,皮肤或皮下组织损伤时,则疼痛较轻。不同部位挫伤所呈现的机能障碍不同,如四肢肌肉、关节和骨挫伤后,表现跛行,腹部及内脏发生挫伤后,常表现消化紊乱。轻微的挫伤对全身影响较小,严重的挫伤可伴有体温升高、休克、贫血等全身症状。

3. 诊断方法

本病根据发生原因和临床表现,容易做出正确诊断。

【技能 3】 如何治疗血肿?

治疗原则为制止溢血、防止感染和排出积血。先对肿胀部位剪毛清洁,涂抹碘酊消毒,装压迫绷带进行止血,并注射止血敏、安络血等止血药。经4～5 d后可穿刺或切开血肿,排除积血、血凝块及破碎组织。如继续出血,可结扎止血,清理创腔后再行缝合。已发生感染的血肿应迅速切开,并施行开放疗法。

【相关知识】

血肿是由于外力作用引起局部血管破裂,溢出的血液分离周围组织,形成充满血液的腔洞。血肿可发生于皮下、筋膜下、肌间、骨膜下及浆膜下。

1. 发病原因

血肿常见于软组织非开放性损伤,但是骨折、刺创、火器创也可形成血肿。根据损伤的血管不同,血肿分为动脉性血肿,静脉性血肿和混合性血肿3种。

血肿形成的速度、大小决定于受伤血管的种类、粗细和周围组织性状。一般呈局限性肿胀、且能自然止血。较大的动脉断裂时,血液沿筋膜下或肌间浸润,形成弥漫性血肿。较小的血肿,由于血液凝固而缩小,其血清部分被组织吸收,凝血块在蛋白分解酶的作用下软化、溶解和被组织逐渐吸收。较大的血肿周围,可形成较厚的结缔组织囊壁,其中央仍储存有未凝的血液,时间较久则变为褐色。

2. 主要症状

局部受伤后肿胀迅速增大,有波动感或富有弹性。4～5 d后肿胀周围坚实,且有捻发音,中央有波动,局部或周围温度升高。穿刺时,可排出血液。有时会出现邻近部位淋巴结肿大和体温升高等全身症状。如继发感染,则血肿转变成脓肿,穿刺常流出伴有血液的脓汁。

3. 诊断方法

根据病史和症状可做出诊断。

◆◆◆ 任务2　外科感染 ◆◆◆

问题一:下列疾病过程中,红、肿、热、痛、功能障碍表现比较明显的是(　　　)

A. 疖、痈　　　　　　B. 慢性皮炎　　　　　C. 急性胃炎　　　　　D. 慢性肠炎

E. 皮肤结核

问题二:化脓菌入血、生长繁殖、产生毒素、形成多发性脓肿,最合适的病名是(　　　)

A. 脓血症　　　　　　B. 毒血症　　　　　　C. 败血症　　　　　　D. 菌血症

E. 以上都是

问题三:下列哪一项不是细菌性肝脓肿的临床特征?(　　　)

A. 全身性中毒症状明显　　　　　　　　　B. 常继发于胆管感染

C. 超声波检查发现肝肿大,内有3个液性暗区　　D. 穿刺脓汁为咖啡色

E. 血液细菌培养有时为阳性

问题四:明确脓肿诊断并确定其致病菌的可靠方法是(　　　)

A. 抗生素治疗观察　　　　　　　　　　　B. 血液细菌培养

C. 穿刺细菌培养　　　　　　　　　　　　D. 气味

E. 颜色

问题五:下面关于蜂窝织炎的描述哪项是正确的?(　　　)

A. 发展迅速,触诊局部大面积肿胀,皮肤紧张,温度升高,疼痛剧烈

B. 局部肿胀发展缓慢,与周围组织界限不清,触诊无热痛感,有指压痕

C. 局部肿胀迅速增大,有波动感或富有弹性,穿刺时,可排出血液

D. 局部肿胀发展缓慢,与周围组织界限不清,触诊肿胀部柔软有明显的波动感,无热痛,穿刺液为橙黄色稍透明的液体,不易凝固

E. 在组织或器官内形成外有脓肿膜包裹,内有脓汁潴留的局限性脓腔

【技能 4】 如何治疗淋巴外渗?

治疗以制止渗出、防止继发感染为原则。尽量使动物安静,有利于淋巴管断端的闭塞。禁用冷敷、温热和按摩等方法治疗,反之会破坏已形成的淋巴栓塞,促进淋巴液流出。常用穿刺法和切开法治疗。

1. 穿刺法

适用于较小的淋巴外渗或不适于作切开治疗的部位。患部剪毛、消毒,用灭菌后的针头刺入波动最明显部位,用注射器尽量吸出外渗的淋巴液,然后注入 95% 酒精或酒精福尔马林溶液(95% 酒精 100 mL,福尔马林 1 mL,5% 碘酊 8 滴)100～500 mL,30 min 后吸除注入的药液,装上压迫绷带。若效果不显著,3～5 d 后可行第二次穿刺排液处理。

2. 切开法

适用于范围较大或用穿刺法治疗无效的淋巴外渗。术部剪毛、消毒,切开,排出淋巴液及纤维素,用酒精福尔马林溶液冲洗,并用浸有该药液的纱布块填塞于腔内作临时缝合。经 2～5 d 取出填塞物后按创伤处理。

【相关知识】淋巴外渗是由挫伤引起淋巴管破裂、淋巴液积聚在周围组织内所形成的一种非开放性损伤。临床上以肿胀形成缓慢、无热无痛、柔软波动、穿刺排出橙色透明的液体等为特征。

1. 发病原因

主要由于受到钝性外力的打击,或因挤压、碰撞、跌倒、角撞,或发情、配种时因爬跨等造成挫伤,致使皮下或肌间淋巴管断裂,淋巴液大量流出并积聚在疏松结缔组织内,引起局部肿胀。猪常发于肩前和颈部,实践中常见猪舍圈门金属栏杆之间空隙大小不合适,猪在饥饿时将头和颈部伸出,而身体卡在栏杆空隙之间,因长时间挤压而发生本病。

2. 主要症状

本病发展缓慢,一般于伤后 3～6 d 逐渐出现肿胀。开始时肿胀不明显,但触诊有波动感,肿胀部位界限清楚,无热痛反应。随淋巴液不断渗出,逐渐形成囊状隆起,皮肤不紧张,用手加压触诊可听到拍水音。穿刺液呈橙色,透明,不易凝固。由于淋巴液中含纤维蛋白原极少,流出的淋巴液不易凝固,难以使淋巴管形成栓塞,故淋巴液可长期流出,穿刺排液后经一段时间,又可见到局部呈囊状隆起。

3. 诊断方法

根据病因分析和临床表现可做出诊断。但注意与血肿和脓肿相区别。血肿和脓肿肿胀迅速,触诊有热痛反应。肿胀部位穿刺液检查可确诊。

【技能5】 如何治疗牛脓肿？

本病的治疗原则是初期消炎止痛、促进吸收，后期促进脓肿成熟、排出脓汁。若出现全身症状时，及时采用抗菌消炎、强心补液等对症疗法。

1. 消炎止痛、促进吸收

用1%普鲁卡因青霉素溶液分点注射于脓肿周围，或采用复方醋酸铅散于患部冷敷，以促进炎症的消退和局限化。

2. 促进脓肿成熟

若已出现脓肿，则用10%～30%鱼石脂软膏涂敷，促进脓肿成熟。

3. 手术排脓

对于有完整脓肿膜的小脓肿，可用注射器抽净脓汁，用3%过氧化氢溶液或0.1%高锰酸钾溶液反复冲洗脓腔后注入抗生素，或直接进行脓肿摘除。但对较大的且已有波动的脓肿，可行脓肿切开术，以排除脓汁、减轻压力，防止毒素扩散吸收。术部剪毛、消毒，切口选择在波动最明显、位置最低处，必要时可做反对口。为防止脓汁向外喷射，可用针头先行穿刺，排出部分脓汁后再行切开。脓肿腔用3%过氧化氢溶液或0.1%高锰酸钾溶液充分冲洗后，于腔内撒布磺胺粉，用10%～25%硫酸镁溶液浸灭菌纱布条引流，1～2 d更换1次引流条，并对脓腔进行冲洗和消毒，待炎症净化后，创内有肉芽组织生长时，换用魏氏流膏引流条，再待肉芽组织基本填满创腔时，去除引流条，用氧化锌软膏涂于肉芽表面。

4. 中药治疗

脓肿初期，用大黄、黄柏、姜黄、白芷、天花粉各30 g，天南星、陈皮、苍术、厚朴各25 g，甘草15 g。共为细末，醋调，涂于患部；脓肿破溃后，用2%～4%黄柏溶液洗涤创口，然后用炉甘石1.5 g，滑石30 g，龙骨15 g，朱砂3 g，冰片1 g。研极细末，撒于创口。

【相关知识】脓肿是指在任何组织或器官内形成外有脓肿膜包裹，内有脓汁潴留的局限性脓腔。如果在解剖腔内（胸膜腔、喉囊、关节腔、鼻窦、子宫）有脓汁潴留时则称为蓄脓。

1. 发病原因

本病的主要致病菌是金黄色葡萄球菌，其次是化脓性链球菌、大肠杆菌、绿脓杆菌和化脓棒状杆菌，有时可见结核杆菌、放线菌等。刺激性强的化学药品，如氯化钙、高渗盐水、水合氯醛等被误注或注射时漏入皮下、肌肉也能发生脓肿；注射时不遵守无菌操作规程可于注射部位发生脓肿；由原发病的细菌经血液或淋巴循环转移至新的组织或器官内则形成转移性脓肿。

2. 主要症状

按脓肿发生的部位，将其分为浅在性脓肿和深在性脓肿。

（1）浅在脓肿 多发于皮下、筋膜下、肌腱间或表层肌肉组织中。浅在急性脓肿初期，肿胀无明显界限，以后逐渐局限化，触之局部坚实，热、痛明显。脓肿成熟后，中心逐渐软化并出现波动，皮肤变薄，被毛脱落，自溃排脓；浅在慢性脓肿，一般发生缓慢，有明显的肿胀和波动感，但热、痛反应轻微。

（2）深在脓肿 发生于深层肌肉、肌间、骨膜下及内脏器官。深在急性脓肿，因其部位深，局部肿胀症状不明显，但常可以见到局部皮肤及皮下组织的炎性水肿，触诊疼痛，常留有指压痕，但波动不明显，全身症状明显；深在慢性脓肿，缺乏急性症状，脓肿腔内已有新生肉芽组织形成，但腔内积有脓汁，有时可形成瘘管。

3. 诊断方法

浅在性脓肿一般容易诊断,对深在性脓肿,可进行穿刺诊断。临床上应与血肿、淋巴外渗、疝及某些挫伤等相鉴别。

4. 预防措施

注射给药时应执行严格无菌操作规程。经静脉注射刺激性药物时,应避免将其漏出静脉。发生外伤时,应及时处理,防止感染。

【技能6】 如何治疗牛蜂窝织炎?

本病的治疗原则是减少炎性渗出,抑制感染蔓延,减轻组织内压,改善全身状况,增加机体抵抗力,局部和全身治疗并重。

1. 抑制炎症蔓延,促进肿胀消退

患部剪毛、消毒,用 0.5% 盐酸普鲁卡因青霉素溶液于病灶周围做封闭注射。病初用醋调制的复方醋酸铅散冷敷,后期改为热敷或涂布樟脑酒精等刺激剂。

2. 手术切开

蜂窝织炎一旦形成化脓性坏死,应进行手术切开。切口部位应选择在波动明显处,常规消毒,局麻或全麻后,切开皮肤或深层筋膜,切开的深度要贯透整个病损组织,必要时可多做几个切口,使炎性产物充分排出,然后用 3% 过氧化氢溶液或 0.1% 高锰酸钾溶液彻底冲洗,创口内填塞用 10%~25% 硫酸镁溶液浸湿的纱布条引流,待创内有肉芽组织生成时,改用魏氏流膏引流条。

3. 全身疗法

青霉素 160 万 U,链霉素 1 g,注射用水 10 mL,溶解后前丹田穴注射,每天 1 次,连用 3~5 d。10% 葡萄糖溶液 500~1 000 mL,5% 氯化钙溶液 250 mL,5% 碳酸氢钠溶液 500~1 000 mL,10% 氯化钠溶液 400 mL,40% 乌洛托品溶液 50 mL,一次静脉注射,每天 1 次,连用 3~5 d。

4. 中药治疗

黄药子、白药子、连翘、栀子、天花粉各 30 g,当归、黄芩、知母、金银花、郁金、甘草各 20 g。水煎取汁,候温,一次灌服,每天 1 剂,连用 3 剂。

【相关知识】蜂窝织炎是在疏松结缔组织(皮下、筋膜下和肌间等)内发生的一种急性弥漫性化脓性炎症。临床上以形成浆液性、化脓性和腐败性渗出液并伴有明显的全身症状为特征。

1. 发病原因

本病主要由溶血性链球菌、葡萄球菌,亦可见于大肠杆菌和腐败菌等,经皮肤、黏膜的伤口侵入而感染,或继发于邻近组织或器官的化脓性炎症。注射时消毒不严,或局部误注、漏注硫喷妥钠、氯化钙、高渗盐水、松节油等刺激性药物和变质疫苗等,也可引起蜂窝织炎。

2. 主要症状

本病病程发展迅速,局部症状主要表现为大面积肿胀,局部增温,疼痛剧烈,皮肤紧张和机能障碍。全身症状主要表现为精神沉郁,体温升高,食欲减退,以及各系统的机能紊乱。由于发病的部位不同,临床表现亦有差异。

(1)皮下蜂窝织炎 常发于四肢部。病初局部出现弥漫性渐进性肿胀,触诊局部热痛明显,初期呈捏粉状有指压痕,后期变坚实。局部皮肤紧张,无移动性。随着局部坏死组织的化脓性溶解,体温显著升高,肿胀更加明显,触诊柔软而具波动感。经过良好者,化脓过程局限化,形成蜂窝织炎性脓肿,脓汁排出后局部和全身症状减轻。严重者,化脓灶可向周围蔓延而使病情加剧,甚至转变为全身性化脓性炎症,而危及生命。

(2)筋膜下蜂窝织炎 常发于前臂部、鬐甲部和小腿部的筋膜下。患部热痛反应剧烈,患部组织呈坚实性炎性浸润,机能障碍显著。随炎症向周围蔓延,全身症状迅速恶化。若由误注或漏注刺激性强的药物于颈部皮下,可在注射后1～2 d局部出现明显的渐进性肿胀,有热痛反应,但全身症状不明显,如并发化脓性或腐败性感染时,则经3～4 d后,局部出现化脓性浸润,出现化脓灶。切开或自行破溃流出微黄白色较稀薄的脓汁。有时可继发引起化脓性血栓性静脉炎。

(3)肌间蜂窝织炎 患部肌肉肿大、肥厚、坚实,皮肤紧张,界限不清,机能障碍明显,触诊疼痛剧烈。全身症状明显,体温升高,精神沉郁,食欲不振。局部形成脓肿时,切开后可排出灰色带血的脓汁。常继发引起关节周围炎、血栓性血管炎和神经炎。

3.诊断方法

根据发病部位和临床症状可做出明确的诊断。

4.预防措施

注意圈舍的清洁卫生,皮肤、黏膜发生创伤或炎症时应及时处理,防止细菌感染。药物注射时要严格消毒,防止将刺激性强的药物误注或漏注于皮下。

◆◆◆ 任务3 骨、关节、肌肉疾病 ◆◆◆

问题一:悬跛时表现( )

A. 前方短步   B. 后方短步

C. 前半步和后半步相等   D. 敢踏不敢抬

E. A+D

问题二:易造成骨折不愈合的因素是( )

A. 老龄   B. 糖尿病

C. 骨折部位血肿   D. 骨折间有软组织嵌入

E. 畸形位置固定

问题三:骨折急救的主要方法是( )

A. 骨折固定   B. 骨折复位   C. 恢复功能   D. 解除疼痛

E. 消除肿胀

问题四:开放性骨折防止感染的首要措施是( )

A. 注射大量抗生素   B. 及时彻底清创

C. 迅速复位和内固定   D. 彻底清除碎骨片和异物

E. 手法复位和外固定

问题五:一耕牛发生右后肢提举困难,运步强拘,明显悬跛,跛行程度随运动而减轻,且随天气变化时轻时重,倒地后起立困难。该病最可能是( )

A. 蹄叶炎　　　　　B. 腐蹄病　　　　　C. 坐骨神经炎　　　　　D. 风湿病

E. 膝关节炎

问题六：一水牛突然发生头颈伸直，低头采食，饮水困难症状。颈部触诊发现肌肉间僵硬、疼痛。该病最可能是(　　)

A. 颈椎病　　　　　B. 颈风湿病　　　　　C. 破伤风　　　　　D. 狂犬病

E. 颈部挫伤

【技能7】 如何治疗牛风湿病？

本病以消除病因，祛风除湿、消除炎症、解热镇痛为治疗原则。

【处方1】解热镇痛，抗风湿

10％水杨酸钠溶液 100～300 mL，10％葡萄糖酸钙注射液 200～300 mL，分别静脉注射，每天 1 次，连用 5～7 d。或 10％水杨酸钠溶液 100～120 mL，40％乌洛托品溶液 50 mL，10％安钠咖注射液 30 mL，10％葡萄糖溶液 500 mL，一次静脉注射，每天 1 次，连用 5～7 d。

【处方2】肾上腺皮质激素疗法

醋酸泼尼松片 100～300 mg，口服，每天 2～3 次，1 周后给予每天 20～30 mg 的维持量。或用氢化可的松、地塞米松等，这类药物可明显改善风湿性关节炎的症状，但易复发。

【处方3】控制链球菌感染

风湿病急性发作期，用青霉素 300 万～400 万 U，溶于 10～20 mL 注射用水中，肌肉注射，每天 2～3 次，连用 10～14 d。

【处方4】应用碳酸氢钠、水杨酸钠和自家血疗法

每天静脉内注射 5％碳酸氢钠溶液 200 mL，10％水杨酸钠溶液 200 mL。自家血液的注射量为第一天 80 mL，第三天 100 mL，第五天 120 mL，第七天 140 mL。每 7 d 为一个疗程，7 d 后进行第 2 个疗程，共进行两个疗程。

【处方5】中药治疗

独活 30 g，桑寄生 45 g，秦艽、熟地、防风、白芍、当归、茯苓、川芎、党参各 15 g，杜仲、牛膝、桂心各 20 g，细辛 5 g，甘草 10 g。共为末，开水冲调，候温，加白酒 150 mL 为引，一次灌服，每天 1 剂，连用 3～5 剂。

【处方6】针灸治疗

对腰背部风湿病可采用醋酒灸、醋麸灸和艾灸法，四肢关节风湿可用软烧法。也可局部涂擦红花油、樟脑酒精等刺激剂后，行按摩疗法。急性期，可采用血针和白针疗法，慢性期可用电针、火针、水针疗法，若肌肉已经发生萎缩，可采用气针疗法。

【相关知识】风湿病是一种反复发作的急性或慢性非化脓性炎症。临床上以反复突然发作，肌肉或关节游走性疼痛、肢体运动障碍等为特征。

1. 发病原因

本病的病因，目前尚不完全清楚。一般认为风湿病是一种变态反应性疾病，并与溶血性链球菌感染有关。现代研究证明，除了溶血性链球菌外，其他抗原如细菌蛋白质、异种血清、经肠道吸收的蛋白质及某些半抗原物质也能引起风湿病。

此外，风寒、潮湿、过劳等因素在本病发生上起重要作用。如大汗后受冷雨浇淋、洗澡后受冷风侵袭等易发生风湿病。

2. 主要症状

突然发生,有游走性,常从一个肌群(或关节)游走至其他肌群(或关节);有对称性和复发性,随运动量的增加症状有所减轻。根据发病的组织器官不同,可分为肌肉风湿病、关节风湿病和心脏风湿病。

(1)肌肉风湿病 又称为风湿性肌炎,多见于颈部、背部及腰部肌肉群。因患病肌肉疼痛而表现运动不协调,步态强拘。常发生1肢或2肢的跛行,随运动量的增加和时间的延长,跛行有减轻或消失的趋势。肌肉风湿常具有游走性,时而一个肌群好转而另一个肌群又发病。触诊患病肌群时发生痉挛性收缩,肌肉凹凸不平,并有硬感、肿胀。急性经过,疼痛明显。多数肌群发生急性肌肉风湿时,可出现精神沉郁、体温升高、食欲减退等全身症状,重者可出现心内膜炎症状,能听到心内性杂音。急性肌肉风湿病一般病程较短,经数日或1~2周即好转或痊愈,但易复发。当转为慢性时,病牛全身症状不明显,但肌肉和肌腱的弹性降低,重者肌肉萎缩,易疲劳,运动强拘。

(2)关节风湿病 又称为风湿性关节炎,常发生于活动性较大的关节,如肩关节、肘关节、髋关节和膝关节等。急性病例关节囊及周围组织水肿,患病关节外形粗大,触诊温热,疼痛,肿胀。病牛精神沉郁、食欲减退、体温升高。关节活动范围变小,运动时患肢强拘,出现程度不同的跛行,跛行可随运动量增加而减轻或消失。慢性病例关节滑膜及周围组织增生、肥厚,关节肿大,轮廓不清,活动范围变小,运动时关节强拘。他动运动时可听到"哗卟"音。

(3)心脏风湿病 又称为风湿性心肌炎,主要表现为心内膜炎症状。听诊时第一心音和第二心音增强,有时出现期外收缩性杂音。

3. 诊断方法

本病目前尚缺乏特异性诊断方法,主要根据病史和临床症状加以诊断。必要时可进行水杨酸皮内反应试验加以辅助诊断。用新配制的0.1%水杨酸钠溶液10 mL,分数点注入颈部皮内。注射后30 min和60 min分别检查白细胞总数,其中有一次比注射前的白细胞总数减少1/5时,即可判定为风湿病阳性反应。临床上注意与骨软症、肌炎、多发性关节炎、神经炎、颈和腰部损伤以及锥虫病等相鉴别。

4. 预防措施

在风湿病多发的冬春季节,应加强饲养管理和环境卫生,保持圈舍干燥,注意防寒保暖,避免受寒、受潮湿。在牛运动出汗时不要拴系于房檐下或有过堂风处。对溶血性链球菌引起的上呼吸道疾病,如急性咽炎、喉炎等应予以及时治疗。

【技能8】 如何诊断跛行?

1. 问诊

问诊时应注意询问下列内容:

(1)患畜的平时饲养管理情况。同群或同舍动物是否患有同样的疾病?

(2)何时开始跛行?是突然发病?还是慢慢发病?有没有受过伤?有没有什么地方肿过?有没有滑倒、跌倒?

(3)发现跛行后动物的表现如何?什么时候跛行最严重?是在运动开始还是运动过程中、休息以后?发病到现在病情是增重了还是减轻了?

(4)患畜以前得过此病没有?两次相比较症状是否一致?

(5)患病是否经过治疗？用的什么药和方法？效果怎么样？

2. 视诊

视诊时应注意动物的生理状态、体格、营养、年龄、肢势、蹄形等,视诊方法分驻立视诊和运步视诊。

(1)驻立视诊　驻立视诊时,应距患畜 1 m 以外,围绕患畜走一圈,仔细发现各部位的异常情况。观察应从蹄到肢的上部,或由肢的上部到蹄,反复仔细地观察比较两前肢或两后肢同一部位有无异常。驻立视诊时应该注意以下几个问题。

①肢的驻立和负重　观察肢是否平均负重。有无减负体重或免负体重,或频频交互负重。如发现一肢不支持或不完全支持体重时,确定其有无伸长、短缩、内收、外展、前踏或后踏。

患畜一前肢有局部病变时,肢可能出现前踏、后踏、内收或外展肢势;也可能腕关节屈曲,以蹄尖负重,并立于健蹄的稍前方或后方;或虽以全蹄负缘负重,但负重不确实。

患畜一后肢得病时,肢呈前踏、后踏或外展肢势;但多半呈各关节屈曲,以蹄尖负重,疼痛剧烈或某些慢性关节疾患,肢常提举不负重。

两前肢同时得病时,患畜两后肢伸到腹下,头高抬,弓腰卷腹,使体重心转移到后肢,减轻前肢的负重。

两后肢同时得病时,为了减轻患肢的负重,使体重心转移到前肢上,患畜常常两前肢稍后伸,颈部伸直头向下低。但在两后肢蹄叶炎时,患畜常两后肢前伸,以蹄踵负重。

一侧的前肢和后肢同时得病时,动物的头颈、躯干都偏向健侧,患肢交替负重。

一前肢和对侧的后肢同时得病时,患畜的两健肢伸到腹下支持体重,而病肢交替提起,或向前或向外伸出。

②被毛和皮肤　注意被毛有无逆立,肢及邻接部位的皮肤有无脱毛、外伤,或存在瘢痕等。

③肿胀和肌肉萎缩　比较两侧肢同一部位的状态,其轮廓、粗细、大小是否一致,有无肿胀。注意肢上部肌肉有否萎缩,患肢如有疼痛性疾患,或跛行时间较久后,肢上部肌肉即看到萎缩。

④蹄　注意两侧肢的指(趾)轴和蹄形是否一致,蹄的大小和角度如何? 蹄角质有无变化?

⑤骨及关节　注意两侧肢同一骨的长度、方向、外形是否一致? 关节的大小和轮廓、关节的角度有无改变?

(2)运步视诊　运步视诊应选择宽敞平坦、光线充足的场地,有软地(粗砂铺垫,深度在 35 cm 以上)、硬地(水泥地面)、不平的石子地、上坡及下坡(50°)等。

运步视诊时,让畜主牵导患畜沿直线运步,缰绳不能过长或过短,1 m 左右比较合适。如过长患畜可自由低头,寻觅食物,影响运步;过短亦可影响头部自然摆动和运步。先使患畜沿直线走常步,然后再改为快步。

①确定患肢　如一肢有疾患时,可从蹄音、头部运动和尻部运动找出患肢。健蹄的蹄音比病蹄着地时要强,声音高朗,如发现某个肢的蹄音低,即可能为患肢;头部运动是病畜在健前肢负重时,头低下,患前肢着地时,头高举,以减轻患肢的负担,在点头的同时,有时可见头的摆动,特别在前肢上部肌肉有疼痛性疾患,当健前肢负重时,颈部就摆向健侧。由头部运动可找出前肢的患肢;尻部运动是在一后肢有疾患时,为了把体重转向对侧的健肢,因而健肢着地时,尻部低下,而患肢着地的瞬间尻部相当高举。从尻部运动可找出后肢的患肢。

两前肢同时得病时,肢的自然步样消失,病肢驻立的时期短缩,前肢运步时肢提举不高,蹄接地面而行,但运步较快。肩强拘、头高扬、腰部弓起、后肢前踏、后肢提举较平常为高。在高度跛行时,快速运动比较困难,甚至不能快速运动。

两后肢同时得病时,运步时步幅短缩,肢迈出很快,运步笨拙,举肢比平时运步较高,后退困难。头颈常低下,前肢后踏。

同侧的前后肢同时发病时,头部及腰部呈摇摆状态,患前肢着地时,头部高举,并偏向健侧,健肢着地时,尻部低下。反之,健前肢着地时,头部低下,患后肢着地时,尻部举扬。

一前肢和对侧后肢同时发病时,患肢着地时,体躯举扬,健肢着地时,头部及腰部均低下。

根据上述方法尚不能确定患肢时,可使患畜做回转运动、圆周运动、硬地及不平石子地运动、软地运动和上下坡运动等,确定患部和跛行的种类。

回转运动 使患畜快步直线运动,趁其不备的时候,使之突然回转,患畜在向后转的瞬时,可看出患肢的运动障碍。回转运动需连续进行几次,向左向右都要回转,以便比较。

圆周运动 支持器官有疾患时,圆周运动病肢在内侧可显出跛行。主动运动器官有疾患时,外侧的肢可出现跛行。

硬地、不平石子地运动 蹄底和腱韧带器官疾患在不平石子上运步时,加重局部的负担,使疼痛更为明显。

软地运动 在软地、沙地运步时,主动运动器官有疾患时,可表现出机能障碍,因为这时主动运动器官比在普通路面上要付出更大力量。

上坡和下坡运动 前肢的悬跛和后肢的悬跛上坡时,跛行都加重,后肢的支跛在上坡时,跛行也增重;前肢的支持器官有疾患时,下坡时跛行明显。

②确定跛行的种类 用健肢蹄印衡量患肢所走的一步,观察是前方短步,还是后方短步,或前后方短步不明显。确定短步后,就注意是悬垂阶段有障碍,还是负重阶段有障碍,同时要观察患肢有无内收、外展、前踏、后踏情况。注意系关节是否敢下沉,如不敢下沉,说明负重有障碍。蹄音如何?如蹄音低说明支持器官有障碍。两侧腕关节和跗关节提举时能否达到同一水平,如不能达到同一水平时,说明患肢提举有困难。

③初步发现可疑患部 在运步时,因患部感到疼痛或机械障碍,临床上出现特有表现,如关节伸展不便,呈现内收或外展;肌肉收缩不力,呈现颤抖;蹄的某部分避免负重等。结合进一步观察,初步发现可疑患部。

3.四肢各部的系统检查

系统检查时应与对侧同一部位反复对比。前肢从蹄(指)、系部、系关节、掌部、腕关节、前臂部、臂部及肘关节、肩胛部;后肢从蹄(趾)、系部、系关节、跖部、跗关节、胫部、膝关节、股部、髋部、腰荐尾部,进行细致的系统检查,通过触摸、压迫、滑擦、他动运动等手法找出异常的部位或痛点。

4.X射线诊断

在四肢的骨和关节疾患,如骨折、骨膜炎、骨炎、骨髓炎、骨质疏松、骨坏死、骨疡、骨化性关节炎、关节愈着、关节周围炎、脱位等,可以广泛的应用X射线检查。

5.直肠检查

髋骨骨折、腰椎骨折、髂荐联合脱位,直肠检查不但可确诊,而且还可了解其后遗症和并发症,如血肿、骨痂等。

【相关知识】跛行不是一种疾病的病名,而是四肢机能障碍的综合症状。除四肢病和蹄病等外科病常引起跛行外,有些传染病、寄生虫病、产科病和内科病都可引起跛行。

1. 发病原因

(1)不合理的饲养管理和使役,如饲料中矿物质不足或比例失调、维生素缺乏等,常可影响骨、关节代谢紊乱,是引起跛行的全身性因素。

(2)各种蹄部疼痛,如蹄叶炎,削蹄、装蹄不当(如削蹄太过,或钉掌时,蹄钉应钉在角质层),可直接引起跛行。

(3)四肢外周神经损伤,引起所支配的肌肉弛缓,肌肉活动机能和拮抗机能消失,导致跛行。

(4)继发于其他疾病,如布氏杆菌引起的睾丸炎,因睾丸肿大、疼痛,动物站立时四肢叉开,行走时僵直。

2. 跛行的种类

四肢在运动的时候,蹄从离开地面,到重新到达地面,为该肢所走的一步,这一步被对侧肢的蹄印分为前后两半,即前半步,后半步。动物健康时,前后半步相等。而运动障碍时,某一半步出现延长或缩短。四肢的运动机能障碍,在空间悬垂阶段表现明显,叫做悬跛;如在支柱阶段表现机能障碍,叫做支跛;而在悬垂阶段和支柱阶段都表现有程度不同的机能障碍,称为混合跛行。

(1)悬跛　悬跛的特征是"抬不高"和"迈不远"。患肢前进运动时,在步伐的速度上和健肢比较通常较缓慢。患肢抬不高,肢常拖拉前进。因为患肢"抬不高"和"迈不远",所以以健蹄蹄印量患肢的一步时,出现前方短步(图2-1)。

(2)支跛　支跛的特征是负重时间短缩和避免负重。因为患肢落地负重时感到疼痛,所以驻立时呈现减负体重或免负体重,或两肢频频交替。在运步时,患肢接触地面为了避免负重,所以对侧的健肢

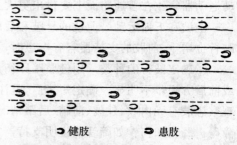

⊃ 健肢　　　⊃ 患肢

图 2-1　健康马和跛行马所走的蹄印

就比正常运步时伸出得快,即提前落地,以健蹄蹄印量患肢所走的一步时,呈现后一半短缩,临床上称为后方短步。在运步时也可看到患肢系部直立,听到蹄音低(图2-1)。

(3)混合跛行　混合跛行兼有支跛和悬跛的某些症状。多发生在肢上有引起支跛和悬跛的两个患部,或在某发病部位负重时有疼痛,运步时也有疼痛,所以呈现混合跛行。四肢上部的关节疾患、上部的骨体骨折、某些骨膜炎、黏液囊炎等都可表现为混合跛行。

【技能9】　犬骨折诊断与治疗

1. 诊断

依据病史和临床症状一般容易做出诊断,但若确定骨折的类型及程度,需进行 X 射线检查。

2. 治疗

依据骨折损伤程度及动物的价值,决定是否治疗。治疗原则为正确复位,合理固定,功能锻炼,加强饲养管理,促进康复。

(1)急救　骨折发生后,首先要采取急救措施,限制活动,维持呼吸畅通(必要时做气管插

管)和血液循环容量。如开放性骨折大血管损伤,应在骨折部上端用止血带,或用纱布填塞创口,控制出血,防止休克。肌肉注射安乃近、安痛定等止痛。

(2)骨裂的治疗 采用外固定法进行包扎固定。患部剪毛、消毒,先用灭菌纱布包扎,外面垫上透气的棉花或纱布,然后上夹板。夹板外用卷轴绷带包扎,夹板的长度以能固定与患部相邻的上下两个关节为度。绷带包扎的松紧以既不能造成局部血液循环障碍,又不能轻易滑脱为度。

(3)全骨折的治疗 闭合性骨折,首先进行整复。使患肢保持伸直状态,对骨折部进行托压、挤按,使断端对齐、对正,在相同的肢势下,按解剖部位与对侧健肢对比,比较长短,如一样长,说明已复位。然后使用夹板、石膏绷带等外固定材料进行固定。也可利用手术方法,全身麻醉后,在患部外侧切开皮肤、肌肉、骨膜,然后用髓内针或接骨板对两骨折断端进行内固定。

开放性骨折,动物全身麻醉,彻底清除创内凝血块、碎骨片、异物,使骨断端正确复位,用髓内针、接骨板等进行内固定。撒上广谱抗生素,缝合皮肤。配合外固定,保留创口开放,便于术后换药处理。

(4)加强护理,恢复机能 全身应用抗生素2周以上,以控制感染,适当应用消炎止痛药。加强营养,饮食中补充维生素A、维生素D及钙剂等。外固定治疗时,术后及时观察固定远端,如有肿胀、变凉,应解除绷带,重新包扎固定。骨折后1~2周内,可在绷带下方进行按摩,对肢体关节做轻度的伸屈活动。1~2周后,开始逐步做牵行运动,每次10~15 min,每天2~3次,10~15 d后,逐渐延长到1~1.5 h,以促进功能恢复正常。

(5)中药治疗 取血竭、土虫各6 g,川续断、川牛膝、乳香、没药、煅自然铜各5 g,天南星、当归、红花各2 g。共为末,开水冲调,候温,加黄酒15 mL为引,一次灌服,每天1剂,连用5剂。

【相关知识】骨折是指骨或软骨的连续性发生完全或部分中断。临床上以机能障碍、变形、出血、肿胀、疼痛为特征。

1. 发病原因

外伤性骨折见于直接暴力和间接暴力。直接暴力,常见于车祸、重物轧压、打击、蹴踢、角牴等,常发生开放性骨折和粉碎性骨折。间接暴力是在奔跑、跳跃、急停、急转、失足踏空等时,暴力通过骨骼或肌肉传导到远处发生骨折。如四肢长骨、髋骨或腰椎的骨折等;病理性骨折见于骨骼疾病,如骨髓炎、骨软症、佝偻病、骨肿瘤,以及妊娠后期等,此时的骨疏松脆弱,有时虽遭受的外力不大,但也能引起骨折。

骨折类型 根据骨折处皮肤、黏膜是否完整,分为开放性骨折和闭合性骨折;根据骨折的严重程度,分为全骨折和不全骨折。前者指骨全断裂,一般伴有明显的骨错位。骨折断离有多个骨片,称粉碎性骨折;后者指骨部分断裂;根据骨折线的方向,分为横骨折、纵骨折、斜骨折、螺旋骨折、嵌入性骨折等;根据骨折部位,分为骨干骨折、骨骺骨折、干骺骨折、髁骨折等;根据骨折病因,分为外伤性骨折和病理性骨折等。

2. 主要症状

骨折的症状有特有症状、其他症状和全身症状。

(1)特有症状 主要有变形、异常活动和出现骨摩擦音。

变形 全骨折时,因骨折断端移位,使骨折部外形或解剖位置发生改变。患肢出现弯曲、旋转、缩短、延长等异常姿势。

骨摩擦音　全骨折时两断端互相摩擦或移动远端骨折部位可听到骨摩擦音。但不全骨折、骨折部肌肉丰满、局部肿胀严重或断端间嵌入软组织时,通常听不到骨摩擦音。

异常活动　正常情况下肢体完整而不活动的部位,在骨折发生后负重或做被动运动时,出现屈曲、旋转等异常活动。

（2）其他症状　主要有出血与肿胀、疼痛和机能障碍。

出血与肿胀　骨折时,骨膜、骨髓及周围软组织的血管破裂出血,血液经创口流出,或在骨折部发生血肿,再加上软组织的水肿,造成局部显著肿胀。

疼痛　骨折后,因骨膜上神经受损,动物马上感到剧痛。表现不安,回避退让,肘后出汗,全身发抖。触碰或骨断端移动时疼痛加剧。骨裂时,用手指压迫骨折部呈现线状压痛。

功能障碍　如四肢骨折出现重度跛行,胸骨骨折出现呼吸困难,脊椎骨骨折出现后躯瘫痪,颅骨骨折可引起意识障碍,颌骨骨折引起咀嚼障碍等。

（3）全身症状　骨折如伴有内出血或内脏损伤,可发生失血性休克。闭合性骨折一般在 2～3 d 后因组织破坏后分解产物和血肿的吸收,可引起体温轻度升高。如开放性骨折继发感染,则局部疼痛加剧,体温升高,食欲减退。

3.预防措施

加强饲养管理,给予营养全价饲料。避免发生跌倒、打斗、车祸等,特别是佝偻病和骨软病,更要加以特别护理。

◆◆◆ 任务 4　疝 ◆◆◆

问题一:下列哪种疝只能通过手术才能治疗痊愈?（　　）

A. 脐疝　　　　　B. 阴囊疝　　　　　C. 腹壁疝　　　　　D. 膈疝

E. 腹股沟疝

问题二:以下关于发生不可复性疝的原因,描述不正确的是（　　）

A. 疝孔狭窄或疝道长而狭　　　　　B. 疝内容物与疝囊发生粘连

C. 肠管之间互相粘连　　　　　D. 肠管内充满过多的粪块或气体

E. 以上都不对

问题三:可复性疝与不可复性疝的判断依据是（　　）

A. 疝内容物的活动性　　　　　B. 疝孔的大小

C. 疝囊的大小　　　　　D. 疝内容物的大小

E. 机体抵抗力的强弱

【技能 10】　脐疝的治疗方法

本病可根据具体情况采用保守疗法和手术疗法。

1.保守疗法

适用于疝轮较小的动物。取 95％酒精或 10％～15％氯化钠溶液在疝轮周围分点注射,每点 3～5 mL。

2. 手术疗法

适用于较大的脐疝或疝内容物与疝孔缘发生粘连的动物。术前禁食,仰卧或横卧保定,术部剪毛、消毒,局部浸润麻醉,做纺锤形切口,打开疝囊,暴露疝内容物。疝内容物如无粘连、未嵌闭,将其直接还纳回腹腔。若已经发生粘连,需仔细剥离,若为网膜,也可将其切除。肠管发生嵌闭时,若嵌闭肠管已坏死,则需切除坏死肠管做断端吻合术。最后对脐孔进行修整,采用水平褥式或重叠褥式缝合法缝合脐孔,皮肤做结节缝合,术部包扎纱布绷带。术后精心护理,不宜喂的过饱,限制剧烈活动,若有体温升高,可用抗生素治疗 5～7 d。

【相关知识】脐疝是指腹腔内脏从扩大了的脐孔进入皮下而引起的疾病。临床上以脐部出现局限性球形肿胀为特征。

1. 发病原因

脐疝多发生于幼龄动物,可见于初生时,或出生后数天或数周。主要由于先天性脐部发育缺陷,动物出生后脐孔闭合不全;母畜分娩期间强力撕咬脐带,造成断脐过短;分娩后过度舔幼龄动物脐部,导致脐孔不能正常闭合而发病。亦见于动物出生后脐带化脓感染,从而影响脐孔正常闭合而发生本病。

2. 主要症状

脐部出现局限性球形隆起,触摸柔软,无痛,多易整复。疝内容物由拳头大小可发展至小儿头大甚至更大。病初多数能在改变体位时疝内容物还纳回腹腔,并可摸到疝轮,听诊可听到肠蠕动音。随结缔组织增生,脐疝因内容物与疝囊或疝孔缘发生粘连或嵌闭,则不能还纳入腹腔,触诊囊壁紧张且富有弹性,并不易触及脐孔。动物表现不安,食欲废绝。如继发腹膜炎,则体温升高,脉搏增数,严重时可发生休克。

3. 诊断方法

根据临床症状可做出诊断。应注意与脐部脓肿和肿瘤等鉴别,必要时可通过穿刺检查确诊。

【技能 11】 外伤性腹壁疝的诊断与治疗

1. 诊断

根据病史,触诊能摸到疝孔,听诊能听到肠蠕动音等症状时可确诊。注意与腹壁脓肿、血肿或淋巴外渗等进行鉴别。

2. 治疗

采用手术疗法,手术宜早不宜迟,最好在发病后立即手术。

站立或侧卧保定,做局部浸润或腰旁神经干传导麻醉,同时配合静松灵进行全身浅麻醉。病初尚未粘连时,可在疝轮附近作切口,如已粘连,可在疝囊皮肤上做梭形切口,钝性分离皮下组织,还纳疝内容物。疝孔闭合一般需采用水平褥式或垂直褥式缝合。陈旧性疝孔大多瘢痕化,应切削成新鲜创面再行缝合。最后对疝囊皮肤做适当修整,采用减张缝合法闭合皮肤切口,装结系绷带。术后适当控制饮食,减少活动量,防止摔跌。

【相关知识】

外伤性腹壁疝是由腹肌和腹膜受到破坏,腹腔内脏通过破裂孔进入皮下而引起的疾病。临床上以外伤部位出现局限性肿胀为特征。

1. 发病原因

本病多由强大的钝性暴力所致。如踢蹴、冲撞、抵撞、外力打击或倒于地面突出的物体上等,造成腹肌和腹膜破裂,但由于皮肤的韧性和弹性大,仍保持其完整性,使腹腔内脏器脱至腹壁皮下而形成。此外,腹腔手术中,由于缝线过细或打结不牢,也发生本病。

2. 主要症状

腹壁受伤后多在局部突然形成一个局限性柔软的扁平或半球形隆起,1～2 d后周围出现浮肿。初期与血肿不易鉴别,肿胀部触之温热疼痛,用力压迫突起部,疝内容物可还纳入腹腔,同时可摸到疝轮。随着炎性肿胀消退和病程延长,触诊肿胀部无热无痛,疝囊柔软有弹性。通常情况下,全身症状不明显,但若为小肠大量脱出至皮下,引起嵌闭性疝时,可发生腹痛,甚至肠坏死而致死。

【技能 12】 腹股沟疝和腹股沟阴囊疝的治疗方法

可复性腹股沟阴囊疝,多数为先天所致,随着年龄的增长,大部分可自愈。若疝孔过大或嵌闭性疝,宜尽早手术治疗。术后限制活动直至拆线。限制饮食。抗生素治疗5～7 d。

1. 腹股沟疝

局部麻醉,仰卧保定,患侧腹股沟周围常规消毒。在肿胀中间切开皮肤,与腹皱褶平行。钝性分离,暴露疝囊,向腹腔挤压疝内容物,或抓起疝囊扭转迫使内容物通过腹股沟管整复到腹腔。如不易整复,可切开疝囊,扩大腹股沟管(在腹股沟前内侧切开直至腹壁)。若疝内物坏死可先切除,做断端吻合。在疝囊基部用剪刀剪除疝囊或先结扎疝囊颈,再切除疝囊。结节缝合切开的腹股沟外环和腹壁。最后闭合皮下组织和皮肤。

2. 腹股沟阴囊疝

局部麻醉,仰卧保定。阴囊周围广泛剪毛、消毒。在腹股沟环平行与腹皱褶处切口,分离皮下组织,暴露总鞘膜。纵形切开总鞘膜,取出疝内容物,如坏死,则切除,断端吻合后将其还纳腹腔。如欲作去势,则贯穿结扎精索,切除睾丸。腹股沟内环水平处结扎疝囊。然后闭合腹股沟外环和腹壁。最后常规缝合皮下组织和皮肤。

【相关知识】因腹股沟缺陷而导致腹腔内容物经此脱出称为腹股沟疝,母畜常发生,疝内容物多为大网膜、子宫、肠管等;若公畜腹腔内容物经腹股沟进入阴囊,称为腹股沟阴囊疝,疝内容物多半是前列腺脂肪、大网膜和肠管。

1. 发病原因

常见于先天性腹股沟环闭合不全,有一定的遗传性。后天性因素主要由于腹内压升高引起。

2. 主要症状

(1)腹股沟疝 疝内容物由单侧或双侧腹股沟裂口直接脱至腹股沟外侧的皮下,位于耻骨前缘腹白线的两侧。局部膨隆突起,质地柔软呈面团状,无热、无痛,病初可还纳入腹腔。若发生嵌闭,触诊热痛,疝囊紧张,病猪腹痛不安,腹胀,全身症状明显。

(2)腹股沟阴囊疝 大多是一侧性,也有双侧性。阴囊增大,皮肤皱褶展平,紧张发亮,触之柔软有弹性,多数无热、无痛,有的发硬、紧张、敏感,听诊时可听到肠蠕动音。提起动物后肢,可使疝内容物还纳到腹腔而使阴囊缩小,但放下后或腹压增大后阴囊又增大。如发生嵌闭性阴囊疝,阴囊皮肤紧张、浮肿,阴囊皮肤发凉。病畜不愿运动,行走时两后肢开张,步态紧张。

严重者体温升高,剧烈腹痛,呕吐,呼吸、心跳加快,多继发败血症死亡。

3. 诊断方法

根据临床症状可做出诊断。

◆◆◆ 任务5 眼部疾病 ◆◆◆

问题一:以下关于结膜炎的描述,哪项是错误的?(　　)

A. 结膜炎多由结膜外伤或由异物落入结膜囊内引起,和动物体营养状态无关

B. 结膜炎的主要表现是羞明、流泪、结膜充血、结膜浮肿、眼睑痉挛和渗出物等

C. 治疗时,除去病因是关键,必要时将患畜置于暗厩内或装眼病带

D. 首先用3%硼酸溶液洗眼,清除结膜囊内的异物

E. 若为症候性结膜炎,则以治疗原发病为主

问题二:溃疡性角膜炎慎用的药物是(　　)

A.3%硼酸溶液　　　　　　　　　　　B.利福平眼药水

C.金霉素眼药膏　　　　　　　　　　　D.地塞米松

E.贝复舒眼药水(含促生长因子)

问题三:检查发现"犬角膜正中表面缺损,损伤部细胞浸润,角膜混浊,且有新血管生成",则该病最可能是(　　)

A.浅表性角膜炎　　　　　　　　　　　B.间质性角膜炎

C.慢性浅表性角膜炎　　　　　　　　　D.角膜溃疡

E.角膜穿孔

【技能13】 结膜炎的诊断与治疗

1. 诊断

根据病史和临床症状可做出诊断。

2. 治疗

本病以除去病因、消除炎症和对症治疗为原则。除去病因,若为症候性结膜炎,应以治疗原发病为主。若为环境因素引起,则要设法改善环境条件等。

(1)急性结膜炎症 病初用2%～3%硼酸溶液、2%明矾溶液或生理盐水清洗患眼。充血、肿胀明显时,可用冷敷疗法,分泌物多时改用热敷。消炎止痛可用0.25%氯霉素眼药水点眼,或用0.5%金霉素眼膏、0.5%土霉素眼膏眼内涂敷。配合醋酸氢化可的松眼药水点眼,每天3～4次,连用7～10 d。疼痛剧烈时,可用1%～2%盐酸丁卡因滴眼。严重病例,取青霉素5万U,溶于0.5%盐酸普鲁卡因溶液2 mL中,再加氢化可的松溶液2 mL,于球结膜内注射,每天或隔天注射1次。

(2)慢性结膜炎症 以刺激和热敷为主。用3%～5%硫酸锌溶液或硝酸银溶液点眼,或用硫酸铜棒轻擦上下眼睑,擦后立即用硼酸水冲洗,然后再进行温敷。顽固性化脓性结膜炎,可用1%碘仿软膏涂抹,同时用普鲁卡因青霉素眼底封闭。

【相关知识】结膜炎是指眼睑结膜和球结膜的炎症。临床上以畏光、流泪、结膜潮红、肿胀、疼痛和眼分泌物增多为特征。

1. 发病原因

主要由于体内外各种因素对结膜的刺激所致。如结膜外伤,异物落入结膜囊内或粘在结膜面上,氨气等有害气体刺激,使用被毛清洁剂或驱虫剂时误入眼内。此外,本病还可见于邻近组织器官炎症蔓延、维生素 A 缺乏或继发于传染病的过程中。

2. 主要症状

共同症状为羞明,流泪,结膜充血、浮肿,眼睑痉挛,有分泌物产生。临床常见卡他性和化脓性两种病理过程。

(1)卡他性结膜炎 急性型表现结膜轻度潮红,稍肿胀,分泌物稀薄或呈浆液性。严重时,眼睑肿胀明显,有热痛,羞明,结膜充血,甚至可见出血斑。分泌物量多,渐次变为黏液脓性,积存在结膜囊内或附于内眼角。结膜下组织受侵害时,疼痛和肿胀剧烈,结膜呈肉块样、外翻,甚至遮住整个眼球。慢性型结膜炎常由急性型转变而来,结膜轻度充血,呈暗红色、黄红色或黄色,疼痛常不明显,有少量分泌物,经久者结膜增厚呈丝绒状。由于结膜外翻,长时间暴露和受外界刺激,致结膜干燥,患眼发痒,常在桩柱或物体上摩擦,结膜上有紫红色的溃烂斑块。重者角膜常发生炎症,动物视力下降。

(2)化脓性结膜炎 结膜显著充血,肿胀外翻,疼痛剧烈,眼内流出多量脓性分泌物,上、下眼睑常粘在一起。常并发角膜混浊、溃疡。

【技能 14】 角膜炎的诊断与治疗

1. 诊断

根据病史和临床症状可做出诊断。

2. 治疗

本病的治疗原则为消除炎症,促进混浊的吸收和消散,对症治疗。急性期的冲洗和用药同结膜炎治疗。

(1)促进混浊的吸收和消散 可将甘汞与乳糖等量混合吹入眼内,或向眼内涂以 1%～2%黄降汞软膏,每天 2 次,连用 7～8 d。

(2)对症治疗 疼痛剧烈时,可用 10%颠茄软膏涂于患眼内。若继发虹膜炎时可用 0.5%～1%硫酸阿托品注射液点眼。若角膜化脓时,用 1%过氧化氢溶液洗净脓汁,再用 0.1%～0.2%硝酸银溶液冲洗眼部,最后涂以抗生素眼膏。急性角膜炎可用普鲁卡因青霉素注射液和氢化可的松注射液球结膜内注射。浅在性角膜炎如视力发生障碍,可采用浅表角膜切除术,将沉着的色素切除。若角膜穿孔或严重化脓,严重影响视力时,应进行眼球摘除。

(3)中药治疗 在牛,取石决明 30 g,草决明、栀子、白药子、龙胆草、大黄、蝉蜕、黄芩、白菊花各 20 g。共为细末,开水冲调,一次灌服,每天 1 剂,连用 3～5 剂。

【相关知识】角膜炎是指角膜组织发生的炎症。临床上以畏光、流泪、结膜充血、角膜混浊或形成不透明瘢痕(角膜翳)等为特征。

1. 发病原因

多由于受到外伤(如尖锐物体刺激)和/或碎玻璃、碎铁片等异物进入眼内引起。化学因素刺激、某些邻近器官发生炎症、维生素 A 缺乏及某些传染病(如牛恶性卡他热、牛肺疫等)等也常继发或并发本病。

2. 主要症状

共同症状为羞明、流泪、眼睑闭合、角膜混浊、角膜缺损和角膜溃疡等。轻度的角膜炎常不易直接发现,只有在斜光照射下可见到角膜表面粗糙不平。

外伤性角膜炎,在角膜表面可见外伤痕迹,透明的表面变为淡蓝色或蓝褐色。损伤部粗糙不平,角膜周围血管充血,若继发感染可致角膜溃疡。表现羞明流泪,视物模糊,眼睑痉挛,角膜呈乳白色或橙黄色混浊。随病程延长,角膜面上形成不透明的白色瘢痕——角膜翳。角膜周围及边缘血管充血,血管增生,表层性角膜炎增生的血管呈树枝状分布在角膜面上,深层性角膜炎增生的血管呈刷状,从角膜缘伸入角膜内。角膜全层穿透时,房水急剧涌出,虹膜可被冲至伤口处,引起虹膜脱出,日久虹膜与角膜粘连,瞳孔缩小。

由化学因素引起的角膜炎,轻者仅见角膜上皮形成银灰色混浊,深层受伤时出现溃疡。若发生坏疽时,则呈明显的银白色。

◆◆◆　任务6　直肠疾病　◆◆◆

问题一:直肠脱整复后,肛门固定的方法是(　　　)

A. 结节缝合　　　B. 袋口缝合　　　C. 锁扣缝合　　　D. 钮孔状缝合

E. 螺旋缝合

问题二:一老年母猪,腹泻数天后肛门外形成一圆柱状红色半圆球形的突出物,后发展为一圆柱状突出物,其表面粘有泥土和草屑等,病猪不安,频频努责,做排粪姿势。该猪最可能患的疾病是(　　　)

A. 直肠脱　　　　B. 脱肛　　　　　C. 直肠肿瘤　　　　D. 肛门肿瘤

E. 肛周炎

【技能15】　直肠脱

1. 诊断

根据临床症状容易做出诊断。但要注意区别是直肠脱还是肠套叠性脱出。直肠脱时,其黏膜后移盖在肌层之上,在肛门处形成环状突出物,即脱出物与括约肌之间无间隙;肠套叠性脱出,柱状突出物与肛门括约肌之间有使探针或手指通过的距离,触诊腹部能摸到香肠状肠管。

2. 治疗

以整复固定为治疗原则。同时,积极治疗便秘、腹泻等疾病,消除引起努责的原因。

(1)整复、固定　脱肛初期,在水肿轻微、黏膜没有坏死时,用2%明矾溶液或0.1%高锰酸钾溶液、0.1%新洁尔灭溶液清洗脱出的黏膜,除去污物或坏死黏膜,针刺水肿部位,待水肿黏膜皱缩后,提起动物的两后肢,慢慢还纳,直至完全送回为止,肛门做荷包缝合(留一小拇指大小的孔),或肛门周围深部肌肉注射60%酒精,每点3 mL,以防止再脱出。

(2)直肠切除术　如直肠黏膜严重水肿、坏死或浆膜穿孔时,可实行直肠切除术。动物横卧保定,温肥皂水清洗脱出的直肠、周围皮肤及尾根、腿部,再用 0.1% 高锰酸钾溶液消毒。取 1% 普鲁卡因溶液 40～60 mL、0.1% 肾上腺素注射液 1 mL,混合,后海穴注射 20～30 mL,术部注射 20～30 mL。用 2 根直径 2 mm,长 20 cm 的不锈钢针,于脱出的直肠基部行十字交叉穿透固定,然后距插钢针处 1～1.5 cm 处用刀切除脱出的全部直肠,充分止血后,先以 3 mm 间隔结节缝合浆膜,然后再结节缝合黏膜,将浆膜层包埋。最后拔出钢针,肠管自动回缩到肛门内。

在整复后 1 周内,给予易消化的饲料,以流质食物为主,防止出现便秘。同时配合应用抗生素消除炎症。

(3)针灸治疗   直肠复位后,电针百会、后海、肛脱等穴。

【相关知识】直肠脱出是指后段直肠黏膜层脱出肛门(脱肛)或全部翻转脱出肛门(直肠脱)的疾病。

1. 发病原因

主要原因是直肠韧带松弛,直肠黏膜下层组织和肛门括约肌松弛和功能不全。长时间泻痢、慢性便秘、病后虚弱、病理性分娩或用刺激性药物灌肠后引起强烈努责,以及维生素缺乏、突然改变饲料、天气寒冷、厩舍潮湿等因素都可诱发直肠脱。

2. 主要症状

脱肛型,病畜卧地后或排便时直肠黏膜脱出,站立或排粪后可缓慢回复。直肠脱型,肛门突出物呈长圆筒状,直肠黏膜红肿发亮,时间稍长,由于脱出部位血液循环障碍,致使黏膜淤血、水肿,呈暗红色或黑色,被粪便、泥土污染,严重时黏膜出血、糜烂和坏死。动物体温升高,精神沉郁,食欲减退,频频努责,做排粪姿势。如不及时处理,可造成直肠破裂或败血症死亡。

任务7   蹄部疾病

问题一:一奶牛精神沉郁,食欲下降,不愿站立和走动,反刍停止,泌乳下降,两前肢向前伸出,两后肢伸入腹下。该牛发病部位是(   )

A. 两前肢   B. 两后肢   C. 左侧前后肢   D. 右侧前后肢
E. 无法判定

问题二:上述病牛,若强行驱赶行走,则步样紧张,肌肉震颤。触诊蹄温升高,敲打蹄壁敏感。该病最可能是(   )

A. 白线裂   B. 蹄叶炎   C. 蹄裂   D. 蹄钉伤
E. 蹄叉腐烂

【技能 16】   牛蹄叶炎的防治方法

1. 治疗

本病的治疗原则为去除病因,缓解疼痛,促进血液循环,防止蹄骨转位,促进角质新生。去除病因,如减少精料的饲喂量,增加干草。若由子宫炎等疾病引起,则要治疗原发病。减少渗出,缓解疼痛,急性病例可行蹄部冷浴,以制止渗出。对慢性病例,应加强营养,供给易消化饲料,并辅以对症治疗。保护蹄角质,合理修蹄,维持正常蹄形和促进蹄机能的恢复。

【处方1】减少渗出,缓解疼痛

1%普鲁卡因注射液20～30 mL进行指(趾)神经封闭注射。

【处方2】促进血液循环

成年牛颈静脉放血1 000～2 000 mL,然后用5%碳酸氢钠注射液500～1 000 mL、5%～10%葡萄糖注射液500～1 000 mL,静脉注射。也可用10%水杨酸钠注射液100 mL、20%葡萄糖酸钙注射液500 mL,分别静脉注射。

2. 预防

加强饲养管理,按母牛营养需要,严格控制精料喂量,保证充足的优质干草饲喂量。分娩前后应避免饲料的急剧变化,产后应逐渐增加精料的饲喂量。让牛自由舔舐人工盐,以增加唾液分泌。定期修蹄,减少和缓解蹄变形,使蹄合理负重。积极治疗原发病,以防止和减少本病发生。

【相关知识】蹄叶炎是指蹄真皮与角小叶的弥漫性、非化脓性的渗出性炎症。临床上以蹄角质软弱、疼痛和有程度不同的跛行等为特征。

1. 发病原因

日粮不平衡,精料添加过多,牛过度肥胖,影响瘤胃的正常消化功能。或由于饲料突然改变,采食大量碳水化合物饲料,瘤胃内产生大量乳酸,致使瘤胃消化机能紊乱,胃肠异常分解产物的吸收对机体产生不良作用而引发本病;分娩时,母牛后肢水肿,使蹄真皮抵抗力降低,或长途运输、四肢强力负重,致使蹄的局部发生充血或发生炎症。

此外,甲状腺机能减退、应激反应、胎衣不下、乳房炎、子宫炎、妊娠毒血症及酮病等均可继发本病。

2. 主要症状

根据病程可分为急性型和慢性型。

(1)急性型　体温升高达40～41℃,呼吸、脉搏增数,食欲减退,出汗,肌肉震颤,蹄冠部肿胀,蹄壁叩诊疼痛,蹄冠皮肤发红,触诊蹄部有热感。两前蹄发病时,两前肢交叉负重。两后蹄发病时,头低下,两前肢后踏,两后肢稍向前伸,不愿走动。运步时步态强拘,腹壁紧缩。若四蹄发病,则四肢频频交替负重,为避免疼痛经常改变姿势,弓背站立。在硬地或不平地面运步时,常小心翼翼。喜卧地,卧地后四肢伸直成侧卧姿势。吃食时,常用腕关节跪着采食。

(2)慢性型　全身症状轻微,患蹄变形,蹄尖变长向前缘弯曲,上翘,蹄壁伸长,蹄轮清楚,系部和球节下沉。全身僵直,拱背,步态强拘,消瘦。由于蹄骨下沉,蹄底角质变薄,甚至出现蹄底穿孔。

3. 诊断方法

根据临床表现结合病因分析可做出诊断,但应与蹄骨骨折、多发性关节炎、腐蹄病、骨软症、维生素A缺乏症、破伤风、乳热、镁缺乏症、创伤性网胃炎的继发症等相区别。

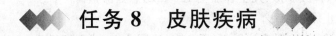

任务8　皮肤疾病

问题一:以下关于湿疹的描述哪项是错误的?(　　　)

A. 湿疹是由致敏物质作用于动物的表皮细胞引起的一种炎症反应

B. 湿疹以皮肤红斑、血疹、水疱、糜烂及鳞屑等为特征

C. 湿疹多因皮肤卫生差、生活环境潮湿、过强阳光照射、昆虫叮咬以及变态反应因素引起

D. 湿疹以消除病因、制止渗出、减轻瘙痒和脱敏消炎为治疗原则

E. 以上都不对

问题二:慢性湿疹描述不正确的是(　　　)

A. 皮肤肥厚呈苔藓样变　　　　　　　B. 可急性发作

C. 常有瘢痕形成　　　　　　　　　　D. 伴有色素减退

E. 病程迁延

【技能 17】　湿疹的诊断与治疗

1. 诊断

根据病史和症状可以初步诊断,皮肤刮片和实验室检查,有助于确诊病因。临床上注意与寄生虫和真菌引起的皮炎相鉴别。

(1)湿疹　瘙痒,糜烂,丘疹,痂皮,皮肤增厚。

(2)疥螨病　瘙痒,脱毛,皮肤刮物镜检可发现虫体。

(3)虱病　瘙痒,脱毛,有擦伤,兴奋,被毛检到体虱可确诊。

(4)类圆线虫病　湿疹样皮炎,瘙痒,咳嗽,腹泻,贫血,粪便镜检可见虫卵和幼虫。

(5)维生素 A 缺乏症　发育迟缓,角膜干燥,皮肤角化亢进,皮炎,神经症状,用维生素 A 治疗有效可确诊。

(6)皮肤霉菌病　脱毛,落屑,丘疹、炎性渗出、结痂、瘙痒,镜检可见菌丝和分生孢子。

2. 治疗

以消除病因、制止渗出、减轻瘙痒、脱敏消炎为治疗原则。消除病因,加强运动,保持厩舍清洁、通风、干燥,减少刺激,饲喂易消化的、营养丰富的食物,消除致敏因子。

猪湿疹处方

【处方 1】局部治疗

患部剪毛后,用1%～2%鞣酸溶液或0.1%高锰酸钾溶液擦洗。根据湿疹病期选用适宜剂型的药物。

①红疹期,用保护性粉剂(氧化锌 2 份、滑石粉 4 份、淀粉 4 份混合)涂擦。

②水疱、脓疱或糜烂期,渗出液明显时,用收敛剂、糊剂,以促进炎症消散,如2%明矾溶液或醋酸铅溶液(醋酸铅 5 份、明矾 10 份、水 85 份)擦洗。

渗出液减少或无渗出液的结痂和脱屑期,可用防腐性药物,如白色洗剂(硫酸锌 24 份、醋酸铅 30 份、加水至 500 mL),反复擦洗。

③皮肤增厚、角化过度和苔藓样变期,适用软膏和乳剂,使药物渗透到病损深部,如碘仿鞣酸软膏(碘仿 10 份、鞣酸 5 份、凡士林加至 100 mL)患处涂敷。

【处方 2】脱敏止痒

苯海拉明 40～80 mg,肌肉注射,每天 2 次,连用 7 d。或息斯敏 2～4 片,一次喂服。

【处方 3】中药治疗

(1)双花 10 g、地丁草 10 g、一枝黄花 15 g、野菊花 15 g、黄芩 15 g、黄柏 15 g、玄参 30 g、茯苓 30 g、陈皮 12 g、甘草 12 g,以上为 10 头仔猪一次用量。水煎取汁,分早晚 2 次灌服,每天 1

剂,连用 3 d。

(2)荆芥、防风、鸦胆子、蛇床子、花椒、忍冬藤、地肤子、白芷、豨莶草、百部、雄黄、明矾各 20～30 g,前 10 味水煎取汁,化入雄黄、明矾,涂擦患部,每天 1～2 次,连用 3～5 d。

犬湿疹处方

【处方 1】局部治疗

同猪湿疹处方 1。

【处方 2】脱敏止痒

苯海拉明 40～80 mg,或扑尔敏 4～8 g,肌肉注射,每天 2 次,7 d 为 1 个疗程。对急性湿疹可静脉注射葡萄糖酸钙 0.5～2 g;顽固性湿疹者,用 0.5%氢化可的松注射液 5～20 mL,肌肉注射。湿疹范围较大时,可采用封闭疗法。

【处方 3】中药治疗

甘草 20 g、黄芩 15 g、党参 30 g、干姜 15 g、黄连 10 g、大枣 10 枚、半夏 12 g、苍术 20 g、茵陈 20 g,水煎取汁,分早晚 2 次灌服;另取甘草 12 g、苦参 12 g,水煎取汁洗浴患部,每天 2 次。洗浴前,先用温水将患部洗净,除去痂皮,为防止犬在投药后发生呕吐,可在投药前 15 min 肌肉注射爱茂尔 4～10 mL。

【相关知识】湿疹是由致敏物质作用于动物的表皮细胞引起的一种炎症反应。临床上以皮肤红斑、血疹、水疱、糜烂及鳞屑等为特征。

1. 发病原因

湿疹的病因包括外因和内因两类。

(1)外因 主要见于皮肤卫生差、生活环境潮湿、过强阳光照射、外界物质的刺激,以及昆虫叮咬等因素。

(2)内因 包括各种因素引起的变态反应、营养失调、某些疾病等使动物机体的免疫能力和机体抵抗力下降等。

2. 主要症状

根据病程可分急性和慢性两种。

(1)急性湿疹 皮肤上出现红疹或丘疹,病变部位始于面部、背部和腹部,尤其是鼻梁、眼部和面颊部,而且易向周围扩散,形成小水疱。水疱破溃后,局部糜烂。由于瘙痒和病部湿润,动物不安,舔咬患部,造成皮肤丘疹症状加重。

(2)慢性湿疹 常由急性湿疹转变而来。由于病程长,皮肤增厚、苔藓化、有皮屑。皮肤形成明显的皱襞,伴有血色素沉着和脱屑。患部界限明显,瘙痒加重。

项目3

动物产科疾病

◆◆◆ 任务1 怀孕期疾病 ◆◆◆

问题一:关于先兆流产,错误的是(　　　)

A. 首先保胎治疗

B. 保胎期间应尽量保持安静

C. 黄体功能不全者给予黄体酮肌肉注射

D. 流产常因胚胎发育异常,一旦确诊应尽早清宫

E. 如保胎治疗症状不见改善,可考虑终止妊娠

问题二:关于胎盘的功能,不正确的是(　　　)

A. 气体交换功能,可代替胎儿呼吸系统的功能

B. 供给营养,具有合成、分解和贮存物质的功能

C. 排泄功能,胎儿代谢物经胎盘排出,可代替泌尿系统的功能

D. 防御功能,能防止各种细菌、病毒感染胎儿

E. 内分泌功能,能合成多种激素和酶

问题三:安胎可肌肉注射的药物是(　　　)

A. 麦角新碱　　　　　　　　　　　　B. 黄体酮

C. 前列腺素　　　　　　　　　　　　D. 丙酮

E. 垂体后叶素

问题四:一奶牛妊娠270 d,卧下时发现前庭及阴道下壁形成一皮球大、粉红色并有光泽的瘤状物在阴门内,站立时肿胀回缩。该病最可能是(　　　)

A. 阴道肿瘤　　　　　　　　　　　　B. 阴道脱出

C. 阴道血肿　　　　　　　　　　　　D. 阴道脓肿

E. 子宫外翻

【技能1】 流产的类型及防治措施

1. 流产的类型

流产大致可分为传染性流产和非传染性流产两大类。每类流产又可分为自发性流产和症状性流产。其中,自发性流产是胎儿及胎盘发生反常或直接受影响而发生的流产,症状性流产是孕牛某些疾病的一种症状,或者是由于饲养管理不当而导致的流产。

(1)传染性流产 是由传染病和寄生虫病所引起的流产。

①自发性流产 是由于微生物和寄生虫直接侵害胎膜、胎儿及母畜生殖器官所致。如布鲁氏菌、胎儿弯曲杆菌、钩端螺旋体、胎儿毛滴虫、锥虫等引起的流产。

②症状性流产 如结核杆菌病、李氏杆菌病、传染性鼻气管炎、环形泰勒焦虫病、霉形体和衣原体感染、病毒性腹泻、流行热、住肉孢子虫病等引起的流产。

(2)非传染性流产

①自发性流产 胎衣及胎盘异常。如胎膜无绒毛或绒毛发育不全,致使胎儿和母体之间的物质交换受到限制,胎儿不能继续发育而流产;胚胎发育停滞。多因卵子或精子有缺陷,或由于配种过迟、卵子衰老而产生的异倍体,或因近亲繁殖,受精卵活性低微等,囊胚不能附植或附植后不久死亡。

②症状性流产 由生殖器官疾病引起。如患有局限性子宫内膜炎时,即使受孕,但在妊娠期间炎症发展,也会造成胎儿死亡;阴道脱出及阴道炎,炎症侵入子宫引起胎膜炎时,危害胎儿,可引起流产。子宫粘连、先天性子宫发育不全等也可引起流产;由饲养不当引起。如草料严重不足,饲料营养价值不全,特别是维生素 A 缺乏,或饲喂霉败有毒饲料、冰冻饲料等,使母畜抵抗力降低,同时胎儿得不到所需营养而致流产;由损伤和管理不当引起。如滑倒、冲撞、挤压、蹴踢、鞭打、惊吓等,使子宫和胎儿受到直接或间接的冲击振动而引起流产;由医疗错误引起。如大量放血和采血,使用全身麻醉药,服用过量的泻剂、驱虫剂、利尿剂,以及注射氨甲酰胆碱、毛果芸香碱等引起子宫收缩的药物等,均可引起流产。

2. 治疗

由于引起流产的原因多种多样,应针对不同情况采取相应的治疗措施。

(1)先兆流产 孕畜出现腹痛,起卧不安,呼吸、脉搏加快等流产征兆,如果子宫颈口紧闭,子宫颈塞尚未流出,直肠检查胎儿仍活着时,此时应以保胎为原则。将孕畜单独置于安静环境中,减少外界不良刺激。孕酮,牛 50～100 mg,猪、羊 10～30 mg,肌肉注射,每日或隔日一次,连用数天。为制止腹痛,用 10%安溴注射液配合 10%葡萄糖注射液静脉注射。对有流产病史的母畜,为防止形成习惯性流产,可根据上次流产的孕期提前 15～30 d,用孕酮肌肉注射,隔天再注射 1 次,连续 3～4 次。也可皮下注射 1%硫酸阿托品 1～3 mL (牛)。

对先兆流产,经上述处理后,病情仍未稳定下来,阴道排出物继续增多,起卧不安加剧,阴道检查子宫颈口已经开放,胎囊已经进入阴道或已经破水,此时应尽快用助产的方法取出胎儿。如胎儿已经死亡,取出胎儿后,须在子宫内放入抗生素。

(2)对胎儿干尸化和胎儿浸溶的处理 因此时子宫颈口开放不够大,可肌肉注射苯甲酸雌二醇,牛 20 mg,猪、羊 5～10 mg,或氯前列烯醇 0.1～1 mg,以溶解黄体并促进子宫颈口开张。

同时,在子宫和产道内灌入润滑剂,以利于死胎排出体外。若干尸化胎儿胎位不正,可先截胎后拉出。

若胎儿腐败,呈气肿状态,可将其腹部抠破,缩小体积,然后取出。若软组织已基本液化,须尽早将胎骨逐块取净,必要时将胎骨破坏后再取出。

取出干尸化及浸溶胎儿后,因子宫内留有胎儿的分解组织,可用 0.1% 雷佛奴尔溶液、0.05% 高锰酸钾溶液等消毒液或 5%~10% 盐水反复冲洗子宫,排尽子宫内容物后,子宫内投抗生素,注射缩宫素。应用抗生素全身治疗,以控制继发感染。

3. 预防措施

加强对怀孕母畜的饲养管理,饲喂营养丰富容易消化的饲料,严禁饲喂冰冻、霉变及有毒饲料,防止饥饿、过食,防止发生挤压、碰撞和惊吓等损伤性刺激,做好冬季防寒保暖和夏季防暑降温工作。定期进行预防接种、驱虫,定期检疫和消毒,防止引起流产的传染病和寄生虫病发生。治疗疾病时应谨慎用药,以防流产。

【相关知识】流产是由于胎儿或母体的生理功能发生紊乱而引起的妊娠中断。临床上以排出死胎、胎儿被吸收或胎儿腐败分解后从阴道排出腐败液体和分解产物为特征。

1. 主要症状

由于流产的原因、时间及母畜机体反应能力不同,流产所表现的症状也有所差别。

(1)隐性流产 妊娠初期,胎儿的大部分或全部被母体吸收,一般无临床症状。由于妊娠黄体消失,常在妊娠 40~60 d 后,性周期又重新恢复而发情。

(2)产出不足月的胎儿 排出未经变化的死胎,称为小产。由于此时胎儿及胎膜很小,多数在无分娩征兆下排出;排出不足月的活胎,称为早产。表现与正常分娩相似,常在排出胎儿前 2~3 d 乳腺及阴唇稍肿胀。早产胎儿如果具有吮乳能力,应加强护理,注意保温,用母乳或其他母畜的新鲜乳汁进行人工喂养,有的可能存活。

(3)胎儿干尸化 胎儿死在子宫内,由于黄体存在,子宫颈闭锁,没有腐败菌侵入,胎儿及胎膜的水分被子宫吸收,体积变小变硬,犹如干尸。母畜表现发情停止,但随着时间的延长,腹部并不继续增大,直肠检查子宫内无胎水而有硬固物。

(4)胎儿腐败和浸溶 胎儿死在子宫内,如果黄体萎缩,子宫颈口开放,腐败菌侵入,使胎儿和胎膜软组织腐败分解,产生硫化氢、氨气等气体,积于胎儿软组织、胸腹腔内,病畜腹围增大,2 d 后软组织开始分解液化而排出。病畜精神沉郁,体温升高,食欲减退,随努责而从阴门流出红褐色或棕黄色腐败黏液及脓汁,有时带有小短骨片。直肠检查,可摸到子宫内残留的胎儿骨片。

2. 诊断方法

根据发病原因和临床症状,一般可做出诊断,必要时,可进行直肠检查和阴道检查。

【技能 2】 阴道脱出的治疗

对阴道脱出,以及时整复和固定为原则。

(1)阴道部分脱出 站立后可自行回缩的阴道脱出,如临近分娩,可将其饲养在前低后高的地面上,同时适当增加运动时间,避免卧地过久,给予易消化饲料,一般在分娩后可自行恢复。

(2)阴道完全脱出　对站立后不能自行回缩或脱出严重、阴道损伤者,均需进行整复和固定。采取前低后高的站立姿势。用 0.1%高锰酸钾溶液或 0.1%新洁尔灭溶液冲洗脱出部,除去异物和坏死组织,再用 0.5%明矾溶液冲洗以缩小脱出部体积,在黏膜损伤部涂以碘甘油或抗生素软膏。用消毒纱布托起脱出部分,趁母畜不努责时用拳头将脱出部分向阴道内推进,直至阴道复位。若直肠和阴道同时脱出,应先整复直肠,后整复阴道。最后,用 12~14 号丝线距阴门 3~4 cm 处行纽扣状缝合,阴门裂的下 1/3 处不缝,以利于排尿。出现分娩征兆时,拆除缝线。

(3)中药治疗

【牛阴道脱出处方】黄芪、白术、党参、柴胡各 30 g,甘草、陈皮、升麻、生姜各 15 g,当归 20 g,熟地 10 g,大枣 10 个。水煎取汁,候温,灌服,每天 1 剂,连用 2~3 剂。

【猪阴道脱出处方】取党参 30 g、黄芪 30 g、白术 30 g、柴胡 20 g、升麻 30 g、当归 20 g、陈皮 20 g、甘草 15 g,水煎取汁,候温,整复、固定后,灌服,每天 1 剂,连用 2~3 剂。

【相关知识】阴道脱出是指阴道壁部分或全部脱出于阴门外。多见于妊娠中后期,老弱母畜发病率高。

1. 发病原因

主要由于固定阴道的组织松弛,腹内压升高及强烈努责引起。如妊娠母畜年老经产、衰弱、营养不良、钙磷缺乏及运动不足,而导致全身组织紧张性降低,骨盆韧带松弛;妊娠末期,胎盘分泌的雌激素较多,可使骨盆内固定阴道的组织、阴道和外阴松弛。在此基础上,如伴有瘤胃臌气、瘤胃积食、便秘、腹泻、产前瘫痪、卧地不起,或长期饲喂于前高后低的厩床,以及产后努责过强等,均可导致腹内压升高而发生本病。

2. 主要症状

阴道部分脱出多发生在产前。病畜卧地时可见拳头大小的粉红色瘤样物夹在两侧阴唇之间或突出于阴门之外,站立时多可复原。若脱出时间过久,脱出部分增大,病畜站立时需经较长时间才能回缩,有的则不能自行回缩,黏膜红肿干燥。若脱出部分接触异物而被刺伤,可引起黏膜出血或糜烂。

阴道完全脱出多由部分脱出发展而来。可见阴门中突出一排球大的粉红色囊状物(牛),表面光滑,站立时不能自行还纳。在脱出的外端可见子宫颈管外口和怀孕的黏液塞,下壁前端有尿道口,排尿不顺利。若脱出时间较长,则黏膜发紫、水肿,表面干裂且有渗出液流出,表面粘附有多量污物,严重时出现坏死及糜烂。病畜常表现不安,拱背,努责,时作排尿姿势。随病程延长,努责加剧,可继发直肠脱出、全身感染,甚至死亡。

犬阴道全部脱出时,子宫颈外翻,呈"轮胎"状。外翻时间较长时,阴道黏膜发绀、水肿、表面干裂且有渗出液流出。

3. 诊断方法

根据临床症状很容易做出诊断,但注意与阴道平滑肌瘤相鉴别。阴道平滑肌瘤可附着在阴道任何部位,触诊坚实,一旦突出于阴门之外则不能复位。

4. 预防措施

对怀孕母畜要加强饲养管理,给予全价日粮,适当增加运动,少喂容积过大的粗饲料,给予易消化的饲料,及时治疗胃肠臌气、便秘、腹泻等原发病。

任务 2   分娩期疾病

问题一：下列哪种药物不能用于动物的催产或引产？（   ）

A. 垂体后叶素　　　　B. 缩宫素　　　　　　C. 麦角新碱　　　　D. 催产素

E. PGF$_{2\alpha}$

问题二：正常胎位是（   ）

A. 上位　　　　　　　B. 下位　　　　　　　C. 侧位　　　　　　D. 背耻位

E. 背荐位

问题三：正常的胎向是（   ）

A. 横向　　　　　　　B. 竖向　　　　　　　C. 纵向　　　　　　D. 背向

E. 腹向

问题四：对活胎进行助产时，以下叙述错误的是（   ）

A. 母畜前低后高保定

B. 剖腹取出胎儿

C. 在子宫内矫正胎儿胎位、胎向和胎势

D. 将胎儿的某些部位截断分别取出

E. 当胎儿嘴巴露出阴门外时，可撕破胎膜，擦干胎儿鼻孔中的黏液

问题五：造成子宫收缩无力的原因是（   ）

A. 多胎动物怀1个或2个胎儿时，对母体的分娩刺激不够

B. 怀多胎或胎水过多，导致子宫过度扩张

C. 子宫壁肌肉对参与分娩过程中的主要激素敏感性失调

D. 母畜营养不良、运动不足、年龄过大或过度肥胖

E. 以上都是

问题六：牵引术的适应症包括（   ）

A. 骨盆绝对狭小　　　　　　　　　　B. 子宫颈三度开张不全

C. 胎儿早产　　　　　　　　　　　　D. 子宫弛缓

E. 胎儿畸形

问题七：矫正术实施的部位应在（   ）

A. 腹腔　　　　　　　B. 盆腔　　　　　　　C. 子宫颈处　　　　D. 阴道内

E. 前庭处

问题八：截除胎儿后肢必须使用的器械是（   ）

A. 绳导　　　　　　　B. 胎儿绞断器　　　　C. 线锯　　　　　　D. 指刀

E. 推拉梃

问题九：胎儿在子宫内急性缺氧初期表现为胎动（   ）

A. 减弱　　　　　　　B. 增强　　　　　　　C. 次数减少　　　　D. 频繁

E. 次数稍增多

问题十：催产和引产可选用（　　　）

A. 缩宫素　　　　　　　B. 麦角新碱　　　　　　C. 糖皮质激素　　　　　D. 维生素 K

E. 麦角胺

【技能 3】　牵引术

【适应症】主要用于拉出过大胎儿，在母畜阵缩和努责微弱、产道轻度狭窄以及胎儿位置和姿势轻度异常时也可应用。

【操作方法】

1. 正生

在两前腿球节之上拴绳，由助手拉腿。术者拇指伸入口腔，握住下颌，用力拉头。胎儿的前置部分越过耻骨前缘时，向上向后拉。如前腿尚未完全进入骨盆腔，蹄尖或唇部常抵于阴门的上壁，此时，向下压胎儿的蹄部或头部，以免损伤母体子宫。胎儿通过盆腔时，水平向后拉。

胎头通过骨盆出口时，在马、羊要继续水平向后拉，在牛则向上向后拉。拉腿的方法是先拉一条腿，再拉另一条腿，交替进行；或将两腿拉成斜位之后，再同时拉，以缩小胎儿肩宽，使其容易通过盆腔。胎头通过阴门时，可由一人用双手保护好母畜阴唇，以免抻裂。术者用手将阴唇从胎头前面向后推，以帮助通过。待臀部露出后，马上停住，让后腿自然滑出，以免因猛烈外拉而造成子宫脱出。

若胎儿已经死亡，除用上述方法拉头外，还可采用产科钩钩住下颌骨体、眼眶或将钩子伸入胎儿口内，将钩尖向上转，钩住鼻孔或硬腭。胎儿胸部露出阴门之后，使胎儿躯干纵轴成为向下弯的弧形拉出。

2. 倒生

可在两后肢球节之上套绳，轮流先拉一条腿，再拉另一条腿，以使两髋结节稍斜地通过骨盆。如果胎儿臀部通过母体骨盆入口受到侧壁的阻碍，可扭转胎儿的后腿，使其臀部成为侧位，便于通过。

【技能 4】　矫正术

【适应症】胎儿姿势、位置及方向异常。

【操作】

1. 矫正姿势

采用推和拉两个方向相反的动作，或者同时推拉，或者先推后拉，将头颈、四肢异常的屈曲姿势恢复为正常的直伸姿势。矫正术必须在子宫内进行。除用手以外，还常用产科绳、产科钩，有时还可用推拉梃。

2. 矫正位置

马、牛、羊胎儿的正常位置是上位，伏卧在子宫内，头、胸及臀部横切面的形状符合骨盆腔横切面的形状，能顺利通过。

胎位反常包括侧位及下位。侧位是胎儿侧卧在子宫内，头及胸部的高度比母畜盆腔的横径大，不易通过。下位是胎儿背部向下，仰卧在子宫内，以致两横切面的形状正好相反，更不易通过。矫正时使母畜站立，前低后高。将侧位或下位的胎儿向上翻转或扭转，使其成为上位。翻转必须在胎水尚未流失、子宫没有紧裹住胎儿以前进行。

3. 矫正方向

方向异常有横向和竖向两种。

(1)横向 一般都是胎儿的一端距骨盆入口近些,另一端距入口远些。矫正时向前推远端,向后(入口)拉近端,即将胎儿绕其身体横轴旋转约 90°。但如胎体的两端与骨盆入口的距离大致相等,则应尽量向前推前躯,向入口拉后躯,使矫正和拉出比较容易。

(2)竖向 头、前腿及后腿朝前的腹部前置竖向,矫正时应尽可能把后蹄推进子宫或者在胎儿不过大时把后腿拉直,便于拉出;臀部靠近骨盆入口的背部前置竖向,则应围绕胎体作横轴转动,将其臀部拉向骨盆入口,变为坐生,然后再矫正后腿拉出胎儿。

【技能 5】 截胎术

【适应症】主要用于马、牛,有时也用于羊。死亡胎儿如无法矫正拉出,又不能或不宜施行剖腹产时,可将其某些部分截断再分别取出,或者把胎儿的体积缩小后拉出。

【操作】截胎术分皮下法及开放法两种。皮下法是在截除某一部分以前,先把皮肤剥开,截除后皮肤留在躯体上,盖住断端,避免损伤母体,便于拉出胎儿;开放法则直接把某一部分截掉,不留下皮肤。

1. 头颈部手术

(1)头部缩小术 适用于脑腔积水、头部过大、双头及头部侧位,不能通过骨盆入口,而且无法矫正。主要有以下 3 种方法。

①破坏头盖骨 胎儿脑腔积水时,可用刀在头顶中线上做一纵切口,排出积水,使头盖塌陷。必要时也可通过这一切口,剥开皮肤,然后用产科凿破坏头盖骨基部,使之塌陷,拉出胎儿。

②头骨截除术 胎头过大且唇部伸入盆腔,先在耳后皮肤上做一横而长的切口,深达骨质部分,把线锯条套在切口内,然后将锯管前端伸入胎儿口中,将胎头锯为上下两半。先将头骨取出,再保护好断面把胎儿拉出。

③下颌骨截断术 多用于牛的正生侧位,无法将头扭正时,先用钩子将下颌骨体拧紧固定,把产科凿深入上下臼齿之间,把下颌骨支的垂直部凿断,再将凿放在两中央门齿之间,把下颌骨体凿断。然后沿上臼齿咀嚼面将皮肤、嚼肌及颊肌由后向前切断,从两侧压迫下颌骨支,使之叠在一起而使头部变细。

(2)头部截除术 胎儿前腿向后伸于自身之旁之下,但胎头已伸至阴门之外,头部阻碍向前推动胎儿,而妨碍矫正前腿。可直接在下颌骨支之后,经枕寰关节把头切掉。推回矫正后,用复钩或锐钩钩住颈部断端,拉出胎儿。

(3)颈部截断术 适用于头部姿势异常(头颈侧弯)或头向下弯。用钢绞绳或线锯条套住颈部,管的前端抵在颈的基部,将颈部绞断或锯断。然后前推胎头,拉出胎体,最后再把胎头拉出。

2. 前腿手术

适用于头颈姿势不正、前腿姿势不正以及胎儿过大等。在无法向前推动胎儿并拉直前腿时,可沿肩胛骨的背缘做一深而长的切口,切透皮肤和肌肉或软骨,将锯条套及锯管前端(锯管位于前腿内侧)从蹄子套到前腿基部,将锯条套放入切口中开锯。也可用钢绞绳按同一方法进行绞断,使产道腾出空间,然后截除前置的前腿。

3. 后腿手术

倒生时,先用绳导使钢绞绳或锯条绕过后腿与躯干之间,使锯管前端抵于尾根和对侧坐骨结节之间,上部钢绞绳或锯条也必须绕在尾根对侧,截除坐骨前置的后腿,然后用产科钩分别将胎儿本身和截下的后腿拉出来。

【技能6】 剖腹产

【适应症】

(1)骨盆发育不全(交配过早)或骨盆变形(骨软症、骨折)而盆腔过小。

(2)猪、羊体格过小,手不能伸入产道。

(3)阴道极度肿胀狭窄,手不易伸入;或子宫颈狭窄或畸形,且胎囊已经破裂,子宫颈不能继续扩张;子宫捻转,矫正无效。

(4)胎儿过大或水肿,或胎儿畸形,或胎儿的方向、位置、姿势严重异常,无法矫正。

(5)怀孕期满,因母畜生命垂危,需剖腹抢救仔畜。

【操作】牛、羊、马的手术方法基本相同,猪的则略有不同。下面主要介绍牛和猪的手术操作过程。

1. 牛的剖腹产手术

牛的剖腹产有腹下切开法和腹侧切开法两种。

(1)腹下切开法

①术部准备及消毒 母畜的尾根、外阴部、会阴以及从产道露出的胎肢,必须先用温肥皂水清洗,然后用消毒液洗涤,并将尾根系于身体一侧。切口周围铺上消毒巾,腹下地面上铺以消毒过的塑料布。

②麻醉 硬膜外腔麻醉,配合切口局部浸润麻醉。也可采用电针麻醉。

③切开腹腔 在中线和右乳静脉之间,从乳房基部前缘起,向前做一纵向切口,长 25～30 cm,切透皮肤和各肌层;用镊子把腹横肌腱膜和腹膜同时提起,切一小口,然后在食指、中指引导下将切口扩大。注意用大块纱布防止肠道及大网膜因腹压而脱出。如果乳房很大,为避免切口过于靠前而不利于暴露子宫,应切开腹膜后再根据情况向前或向后延长。如切口已够大,即可将手术切口的边缘用连续缝合法缝在切口两边的皮下组织上。

④托出子宫 切开腹膜后,双手伸入切口,紧贴下腹壁向下滑,绕过小肠及大网膜,隔着子宫壁握住胎儿的某些部分,把子宫角大弯的一部分托出于切口之外。再在子宫和切口之间塞上大块纱布,以免肠道脱出及切开子宫后液体流入腹腔。如果是子宫捻转,应先把子宫矫正;如果胎儿为下位,应尽可能先把胎儿转为上位。

⑤切开子宫 沿子宫角大弯,避开子叶,做一与腹壁切口等长的切口。胎儿活着或子宫捻转时,切口出血很多,必须边切边用止血钳止血,不要一刀把长度切够。

⑥拉出胎儿 将子宫切口附近的胎膜剥离一部分,拉出切口外再切开,以防止胎水流入腹腔。活胎儿拉出速度不宜过慢,以免因吸入胎水而窒息。拉出的胎儿首先要清除口鼻内的黏液。如果发生窒息,先不要断脐,一方面用手捋脐带,使胎盘中的血液流入胎儿体内,同时按压胎儿胸部,待呼吸出现后再断脐。如果胎儿已死亡,拉出有困难,可先行部分截除。

⑦处理胎衣 胎儿活着时,胎儿胎盘和母体胎盘粘连紧密,勉强剥离会引起出血。此时可在子宫腔内注入 10%氯化钠溶液,停留 1～2 min,以利于胎衣的剥离。如果剥离困难,可以不

剥离,术后注射子宫收缩药,让其自行排出。

⑧清理、缝合子宫　将子宫内液体充分蘸干,均匀撒布抗生素或磺胺药,更换填塞纱布。先用连续缝合法缝合子宫黏膜,再连续缝合子宫浆膜和肌肉层,最后用内翻缝合法缝第二道(针不可穿透黏膜),使子宫切口翻向内。用温 0.1%新洁尔灭溶液冲洗暴露的子宫表面,蘸干并充分涂以抗生素软膏后,送回腹腔。

⑨闭合腹腔　结节缝合法缝合腹黄膜和腹斜肌腱膜、腹直肌、腹横肌腱膜及腹膜,缝完之前,用注射器向腹腔内注入抗生素。结节缝合皮肤切口,并涂以消炎防腐软膏。

⑩术后护理及治疗　术后用抗生素全身治疗 3～5 d,给予易消化、高营养的食物。如创口愈合好,8～10 d 可拆线。

(2)腹侧切开法　子宫发生破裂时,破口多靠近子宫角基部,宜行腹侧切开法,以便于缝合。对大的干尸化胎儿,因子宫壁紧缩,不易从腹下切口取出,亦宜采用此法。切口部位可选用左或右腹侧,每侧的切口又有高低不同。切口选择在容易摸到胎儿的一侧,两侧都摸不到时,可在左侧做切口。下面以左腹侧切口为例,介绍它和腹下切口法不同之处。

①保定　需站立保定,使一部分子宫壁能拉到腹壁切口之外。如果无法使牛站立,可以使其伏卧于较高的地方,把左后肢拉向后下方使子宫壁靠近腹壁切口。

②麻醉　可行腰旁神经干传导麻醉或肌肉注射盐酸二甲苯胺噻唑配合局部浸润麻醉。

③切开腹壁　切口位于髋关节与脐部之间的连线上或稍前方,切口长度约 35 cm。整个切口宜稍低一些,以便暴露子宫壁,但切口下端与乳静脉间应留有一定的距离。切开皮肤、皮肌与腹外斜肌,按肌纤维方向一次切开腹内斜肌、腹横肌腱膜和腹膜,以便缝合及愈合。

④暴露子宫　如瘤胃妨碍操作,助手可用大块纱布将瘤胃向前推,术者隔着子宫壁握住胎儿的某一部分向切口拉,将子宫大弯暴露出来。

⑤缝合腹壁　连续缝合腹横肌腱膜和腹膜上的切口,助手将切口的两边向一起压迫,术者用褥缝合法把腹外、腹内斜肌上的切口同时缝起来。皮肤切口结节缝合。

2. 猪的剖腹产

猪的剖腹产腹侧切开法,左右侧均可。现将猪和牛不同之处介绍如下。

①保定　侧卧。

②消毒　侧腹壁大面积剪毛,洗净,涂碘酊,并铺上在消毒剂中泡过的大块塑料布,以便在术中置放子宫角用。

③麻醉　可应用戊巴比妥钠、乙酰普马嗪、氯丙嗪等进行基础麻醉,并配合切口局部浸润麻醉。

④切开腹腔　从髋结节之下约 10 cm 处,并在膝皮皱襞之前,向下向前做一与腹外斜肌纤维方向一致的切口,长约 15 cm。切开皮肤、皮下脂肪及皮肌、腹外斜肌腱膜、腹内斜肌及其腱膜。按纤维方向切开腹横肌,分开腹膜外脂肪,最后切开腹膜,排出腹水。

⑤托出子宫　术者把手伸向盆腔,隔着子宫壁把最靠近产道的胎儿向后捏挤,助手则试将手伸入阴道取胎。如果难产是由此胎儿引起的,且能从阴道中取出,则不必再切开子宫。腹壁切口如已够大,这时可将塑料布上开口的两个边缘用连续缝合法缝在切口两边的皮下组织上。隔着子宫壁握住最先触到的胎儿,拉出于腹壁切口外,并顺次检查两子宫角及子宫体内共有几个胎儿,分布在何处,以便确定切口部位。有时膀胱很大,不要误认为是子宫,且要防止弄破。胀大的膀胱为纵椭圆形,表面血管分支很明显,内含液体,弹性很强。子宫角表面则无明显血

管,内含硬的胎儿,两胎儿之间的部分细软。

⑥切开子宫,处理胎衣 如两侧子宫角中都有胎儿,且能暴露子宫角基部,即可确定在此做一切口,便于取出两侧的胎儿,并先将一侧子宫角或一部分拉出来,盖上生理盐水浸湿的纱布。紧靠子宫体,并在大弯上做一长约 15 cm 的切口,把每个胎儿及其胎衣取出来。掏深部胎儿时,助手必须将深部子宫角从腹部切口中暴露出来,术者用小号产钳夹住胎儿拉出来。操作需迅速,否则掏空的部位复旧缩小,妨碍手术进行。子宫角中如留有胎衣,隔着子宫壁摸起来是一条或一堆能够滑动的软组织。

如果胎儿还活着,取出胎儿时仅撕破胎膜,不要剥离尿膜绒毛膜,以免子宫黏膜出血。待全部胎儿取出后,尿膜绒毛膜即很容易从子宫黏膜上剥下,也可不剥,以后注射子宫收缩药,让其自行排出。一侧子宫角中的胎儿全部取完后,可看到同侧卵巢,证明此角已达尖端。如胎儿已经腐败,术后母猪常因子宫内膜炎而不能受孕,不宜再作繁殖之用,可同时摘除卵巢。然后将此角冲洗干净,涂以软膏,送回腹腔,但让切口留在外面,并用同法处理另侧子宫。

如果估计从子宫角基部做一切口不易取出两个角的胎儿,例如一侧或两侧基部无胎儿并已复旧缩小,则先将一侧子宫角拉出,在距各胎儿适中的大弯上做一切口,取出胎儿及胎衣,缝合、洗净后送回,摘除卵巢,然后再处理另一侧。如仅有一个胎儿,则在靠近其头或尾的子宫角大弯上切一小口,将其掏出即可。其余处理同上。

⑦子宫用药、切口的缝合及处理方法与牛相同 连续缝合法分别缝合腹横肌与腹膜(缝完以前在腹腔内注射大剂量抗生素)、腹斜肌腱膜、皮肌,最后用结节缝合法缝合皮肤。皮肤切口上涂油膏保护。

【相关知识】

1. 难产的原因

难产的原因可概括为产力性难产、产道性难产和胎儿性难产三大类。

(1)产力性难产 主要由于饲养管理不当,饲料单一或品质不良,使母畜过肥或过瘦,或因运动不足、年龄过大、子宫内膜炎引起子宫肌纤维变性等因素,导致子宫收缩无力。

(2)产道性难产 常由于骨盆腔狭窄所致。如骨盆畸形、骨盆骨折,或因配种过早,骨盆发育不完善,从而影响胎儿娩出。

(3)胎儿性难产 多因胎儿过大、畸形或胎位不正而无法通过产道,导致难产。

2. 难产助产的准备

(1)术前检查

①询问病史 查清妊娠的时间及胎次,分娩开始前及分娩时产畜的表现,胎膜是否破裂,羊水是否排出,作何种处理,处理后的效果如何等。在猪、犬等尚须注意娩出胎儿的数目和两胎儿娩出的间隔时间。

②临床检查 产畜全身状况的检查,尤应注意体温、脉搏、呼吸、精神状况、眼结合膜、努责程度及能否站立等。

外阴部检查 应检查阴门、尾根两旁及荐坐韧带后缘是否松弛,能否从乳头中挤出初乳等,以推断妊娠是否足月,骨盆及阴门是否扩张。

产道及胎儿检查 先以消毒手臂伸入产道,检查阴道黏膜的松软滑润程度,子宫颈是否开张,骨盆腔是否狭窄,有无骨折、肿瘤,胎儿是否进入盆腔口,胎儿是否过大,以及胎位、胎向、胎姿是否正常等。

胎儿生死的判定 正生时，手指伸入胎儿口内或压迫眼球和牵拉前肢，以感知其有无活动，也可触诊胸壁以感觉有无心跳；倒生时，手指伸入胎儿肛门以感知有无收缩，或手触脐动脉以感其是否搏动。但要注意，虚弱胎儿反应微弱，应耐心细致地从多方面进行检查。

胎位、胎向及胎势的判定 胎向是指胎儿体纵轴和母体纵轴以及胎儿部分和骨盆腔的关系，有纵向、横向和竖向，其中纵向是正常的胎向，即胎儿的纵轴与母体的纵轴互相平行；胎位指胎儿背部和母体背部或腹部的关系，分为上胎位、下胎位、侧胎位和斜胎位，其中上位是正常的胎位，即伏卧在子宫内；胎势是指胎儿的头和四肢的姿势。胎势有正生时的头颈侧弯、头颈下弯、腕关节屈曲及肩关节屈曲，倒生时的髋关节屈曲和跗关节屈曲等。

（2）术前准备

①场地的选择和消毒 助产最好在宽敞而平坦、明亮和温暖的室内进行，亦可在避风、清洁的室外进行，场地用消毒液喷洒消毒。为避免术者手臂与地面接触，应在产畜后躯下面铺垫清洁的褥草，并在褥草上加盖宽大的消毒布单（或油布、塑料布）。

②产畜的保定 采取前低后高的站立姿势。当产畜不能站立时，可取前低后高的侧卧姿势（牛左侧卧、马右侧卧），并予以适当保定。若产畜努责剧烈而不利于助产时，可行硬膜外腔麻醉。

③术部及术者手臂的消毒 将产畜尾巴以绷带缠结并拉向一侧后，用肥皂水或消毒液清洗外阴部及后躯，再以酒精棉球擦拭阴唇。术者手臂按常规消毒后，涂布消毒过的凡士林或石蜡油。

3. 难产助产的原则

难产助产的目的是保全母畜和胎儿生命，避免产畜生殖器官与胎儿的损伤和感染。当有困难时，要根据情况保全二者之一（多保全母畜）。难产助产应遵守以下原则。

（1）难产助产要严格遵守操作规程。矫正胎儿的异常部分，应尽可能把胎儿推回子宫内进行；拉出胎儿时，为使胎儿易于通过母体骨盆，应沿着骨盆轴的方向外拉，使胎儿肩部（正生）成斜位或臀部（倒生）成侧位，随产畜努责徐徐持续地进行，不可盲目硬拉胎儿。

（2）助产手术一般先用手进行，必要时配合产科器械。使用产科器械时，要注意保护锐部以防损伤产道。

（3）术者手臂、产畜的外阴部以及所用器械，均须严格消毒。产道干燥时，用灭菌石蜡油或植物油灌注于产道内。术后在子宫内放入抗菌药物。

（4）助产时间越早越好，否则，胎儿楔入盆腔，子宫壁紧裹着胎儿，胎水完全流出，则妨碍矫正及拉出胎儿，若拖延过久，胎儿死亡发生腐败，母畜生命受到危害，即使得以存活，也常因生殖道炎症而影响以后受孕。

4. 难产的预防

难产不仅易于引起仔畜死亡，且常因手术助产不当而使母畜子宫和产道受到损伤及感染，轻则影响母畜的生产性能，甚或造成母畜不孕，严重时尚可危及母畜生命。因此，对难产采取积极的预防措施，有着重大意义。

（1）怀孕期饲喂适口性好的全价饲料，保证母畜营养和胎儿正常发育的需要，减少分娩发生困难的可能性。但到怀孕末期，应适当减少蛋白质饲料，以免胎儿过大。

（2）防止母畜配种过早，以免母畜发育尚未成熟，容易发生骨盆狭窄，造成难产；正确选配，防止因公畜体格过大而引起的胎儿性难产。

（3）适当运动可以提高母畜对营养物质的利用，使胎儿活力旺盛，同时也可使全身及子宫的紧张性提高,从而降低难产、胎衣不下及子宫复旧不全的发生率。

(4)及时治疗母畜疾病,尤应注意对阴道和子宫疾病的治疗,以防引起产道狭窄。

(5)在产畜开始努责到胎囊露出或排出胎水这一期间,适时进行临产检查,如有异常,及时采取矫正,以防止难产的发生。

【技能7】　阵缩及努责微弱引起难产的治疗方法

1. 药物催产

常用催产素和钙制剂。在胎儿进入盆腔,子宫颈口开张而力达不到分娩时可使用催产素。如果子宫颈口尚未开张就用催产素,可造成子宫破裂。而钙离子是子宫平滑肌收缩所必需的物质,有时单独使用催产素不能引起子宫肌收缩,因此在治疗时,先用10%葡萄糖酸钙缓慢静脉注射,10 min后立即使用催产素,猪10~20 U,羊5~10 U,犬1.5~10 U,肌肉注射。如果催产素使用30 min后无反应,可再次应用催产素。

但要注意,阵缩休止期多次使用催产素,易使子宫麻痹,成为被动依赖状态或异常收缩状态,结果导致不能正常分娩和胎儿死亡,所以在第2次用药后30 min若仍无反应,应人工助产。

2. 牵引术

在大家畜,如果分娩时间已经超过了正常产出期时间,子宫颈也已开大且松软,特别是胎水已经排出和胎儿已经死亡时,应立即施行牵引术,拉出胎儿。

在猪,可用手或产科套、产科钩钳助产。拉出几个胎儿,当手和器械达不到后部的胎儿时,宜等待20 min左右,待胎儿移动到子宫角基部时再拉。有时只要将前面的胎儿拉出,后面的胎儿较易排出。

3. 剖腹产

猪因助产过迟,子宫不再收缩,子宫颈已经缩小,且用药物催产无效时,须早行剖腹产。

【相关知识】分娩时子宫、腹壁收缩无力、时间短、次数少,以致不能将胎儿排出,称为阵缩及努责微弱。

1. 发病原因

(1)主要见于仅怀1个或2个胎儿时,对母体的分娩刺激不够,或由于多胎、胎水过多和胎儿总体积过大,导致子宫过度扩张所致。

(2)内分泌失调,妊娠后期尤其是分娩前的雌激素、前列腺素或催产素的分泌失调,以及孕酮过多、子宫肌对上述激素的反应减弱。

(3)遗传因素、营养不良、过度肥胖、运动不足、年龄过大、配种过早、子宫内膜炎引起子宫肌纤维变性等因素也可导致子宫收缩无力。

2. 主要症状

表现为子宫收缩力较弱,次数少,胎儿产出过程延长,或在产出几个胎儿后,收缩力减弱。产道检查,在牛发现子宫颈松软开放,但开张不全,胎儿及胎膜尚未楔入子宫颈及骨盆腔;在猪中可摸到子宫角深处有胎儿。

【技能8】　子宫颈狭窄引起难产的治疗

轻度的子宫扩张不全,可通过缓慢地牵拉胎儿机械地扩张子宫颈,然后拉出胎儿。硬产道狭窄及子宫颈有瘢痕时,一般不能从产道分娩。只能及早实施剖腹产手术取出胎儿。

【相关知识】主要发生于牛和羊,分为子宫颈扩张不全和扩张不能两种。

1. 发病原因

(1)扩张不全　常见于阵缩提早而产出提前,雌激素及松弛素分泌不足,子宫颈未充分软化,达不到扩张的程度;阵缩微弱、子宫捻转、子宫及产道因难产时间过久而复旧。

(2)扩张不能　常见于子宫颈发生过慢性感染,形成了瘢痕、愈着或结缔组织增生等,子宫颈失去弹性,不能扩大。

2. 主要症状

母畜阵缩及努责正常,但长时间不见胎膜及胎儿的排出。产道检查可发现阴道壁柔软而有弹性,但子宫颈与阴道壁之间有明显界限。若子宫颈由于瘢痕等变硬,无弹性,有时可因剧烈努责引起阴道脱出。分娩时间长且努责剧烈,也会导致胎儿死亡。

【技能 9】　阴道及阴门狭窄引起难产的治疗

轻度狭窄,阴门和阴道还能扩张,在阴道内和胎儿头上充分涂以润滑剂,缓慢牵拉胎儿。胎头通过阴门时,助手用手将阴唇上部向胎头耳后推,有利于胎儿通过,并且有效避免阴唇撕裂。

如拉出胎儿十分困难,而且阴唇破裂不可避免,可行阴门切开术。在阴门上角之旁做一向上向外的切口,如扩张仍然不够,可在另一侧再做一相同的切口。术部用 0.5%～1%普鲁卡因注射液或 0.5%利多卡因注射液浸润麻醉。手术之前,先将肛门做袋状缝合,以防止手术过程中排便污染切口。切开皮肤、皮下组织及前庭黏膜,拉出胎儿后,先用可吸收缝合线连续缝合前庭黏膜及皮下组织,皮肤用单股丝线作间断缝合。术后,术部要保持清洁,并全身应用抗生素。

如果不可能通过产道拉出胎儿,或者对母畜有生命危险,应及时进行剖腹产。

【相关知识】本病主要发生于牛、羊、猪,而且常见于头胎。

1. 发病原因

(1)配种过早,分娩时软产道发育不充分,常发生阴门狭窄。

(2)胎膜囊破裂过早,胎水对软产道的压迫作用中断,反射性影响阴门及阴道的扩大。

(3)分娩过程延滞。母畜久卧,助产时在阴道中操作时间过长,使阴道发生水肿而狭窄。

(4)阴门和阴道曾经发生过损伤及感染,形成瘢痕和纤维增生者,也可引起狭窄。

2. 主要症状

阵缩正常但胎儿长久不能排出。阴门和阴道检查,在狭窄处之前可以摸到胎儿的前置部分。在阴门狭窄,阵缩时胎儿的前置部分或者一部分胎膜出现在阴门处。如果努责剧烈,可引起会阴破裂。

【技能 10】　胎儿过大引起难产的治疗

实施牵引术进行人工助产。强行拉出时必须注意,尽可能等到子宫颈完全开张后进行;必须配合母体努责,用力要缓和,通过边拉边扩张产道,边拉边上下左右摆动或略为旋转胎儿。在助手配合下交替牵拉前肢,使胎儿肩部、骨盆部,倾斜着通过骨盆腔狭窄处。人工牵引无效时,应及时实施剖腹产手术。

【相关知识】胎儿过大是指母畜的骨盆及软产道正常,胎位、胎向及胎势也正常,由于胎儿发育相对过大,不能顺利通过产道。

胎儿体积过大见于初产小母猪所怀胎儿过少时。小型母畜用大型公畜交配易产生体积大或头部特别大的胎儿;胎儿死亡时间长、发生气胀时,体积增大等。或由于母体的内分泌机能紊乱,怀孕期过长,使胎儿发育过大。

【技能 11】 头颈侧弯引起难产的治疗

若弯曲程度不大,可用手握住唇部,扳正头颈。对活胎儿,用拇中二指掐住眼眶,胎儿因反抗而使头颈自动转正。若弯曲严重,助产时,先在胎儿的前肢系上绳子,一手搂拉胎儿眼眶或下颌,再用手或用产科梃顶住胎儿胸部,在回推胎儿的同时,牵拉胎头,即可得以矫正。无效时,行截胎术或剖腹产术。

【相关知识】胎儿两前肢一长一短地伸出产道,而头弯于躯干一侧,因此不能产出。难产初期,仅头部偏于骨盆入口一侧,没有伸入产道,在阴门口处可看到蹄子。随着子宫的收缩,胎儿肢体继续前进,头颈侧弯越来越重。两前腿腕部以下伸出阴门之外,但不见唇部。产道检查。顺前腿向前触诊,在牛能摸到头部弯于自身胸部侧面。

◆◆◆ 任务 3 产后期疾病 ◆◆◆

问题一:以下关于子宫脱出的描述哪项是错误的?(　　　)

A. 多发于衰老经产母畜

B. 单胎动物怀双胎,或多胎动物胎儿过多、过大

C. 难产助产时强力拉出胎儿

D. 饲料单一,钙盐缺乏

E. 多发于分娩之后数小时内,有时也发生在产前

问题二:胎儿娩出后首先应(　　　)

A. 断脐　　　　　　　　　　　　　　　B. 擦洗头面部

C. 清理呼吸道　　　　　　　　　　　　D. 倒提新生仔并轻压胸部

E. 抓紧娩出胎衣

问题三:一奶牛难产娩出胎儿后,后肢不能站立,体温、脉搏、呼吸及食欲、反刍均正常。该病最可能是(　　　)

A. 脊髓损伤　　　B. 脊柱骨折　　　C. 产后截瘫　　　D. 生产瘫痪

E. 风湿病

问题四:产后子宫复原可选用(　　　)

A. 缩宫素　　　B. 麦角新碱　　　C. 前列腺素　　　D. 维生素 K

E. 阿托品

问题五:产后出血最常见的原因是(　　　)

A. 子宫收缩乏力　　　B. 胎盘滞留　　　C. 产道裂伤　　　D. 凝血功能障碍

E. 产后子宫内膜炎

问题六：一奶牛从阴道中流出灰黄色黏稠脓性分泌物，阴道检查见阴道壁充血、肿胀，局部有溃疡，底部有分泌物沉淀。该病最可能是（　　　）

A. 子宫积液　　　　B. 子宫积脓　　　　C. 慢性子宫内膜炎　　　　D. 子宫颈炎

E. 阴道炎

问题七：在产后感染处理中错误的是（　　　）

A. 选用有效的抗生素　　　　　　　　　B. 补液强心，纠正酸中毒

C. 保持环境清洁　　　　　　　　　　　D. 禁用肾上腺皮质激素，避免感染扩散

E. 排出胎衣

问题八：奶牛，3岁，产后已经18 h，仍表现弓背努责，时有污红色带异味液体从阴门流出，治疗原则为（　　　）

A. 增加营养和运动量　　　　　　　　　B. 剥离胎衣，增加营养

C. 抗菌消炎和增加运动量　　　　　　　D. 促进子宫收缩和抗菌消炎

E. 促进子宫收缩和增加运动量

【技能 12】　牛产道与子宫损伤的诊断与治疗

1. 诊断

根据临床症状、病史分析及阴道检查，可做出诊断。

2. 治疗

(1)阴门及阴道损伤的治疗　阴门损伤，对新鲜撕裂创口进行缝合。阴道黏膜肿胀及有伤口时，取青霉素用注射用水稀释后，注于阴门两旁，每天1次，连用2~3 d。阴门生蛆时，先滴入2%敌百虫溶液将虫体杀死后取出，再按外科处理。形成脓肿时，应切开脓肿并做引流。

对阴道壁发生透创的病例，应迅速将突入阴道内的肠管、网膜用消毒溶液冲洗净，涂以抗菌药液，推回原位。膀胱脱出时，应将膀胱表面洗净，用皮下注射针头穿刺膀胱，排出尿液，撒上抗生素粉后，轻推复位。将脱出器官及组织复位后，立即缝合创口。缝合时，左手在阴道内固定创口，并尽量向外拉，右手持长柄持针器将穿有长线的缝针带入阴道内，小心将缝针穿过创口两侧，抽出缝针后，在阴门外打结，同时左手再伸入阴道，将缝线抽紧，使创口边缘贴紧。缝合后，用消毒药液冲洗阴道，连续肌肉注射抗生素4~5 d，以防腹膜炎发生。

(2)子宫颈损伤的治疗　用双爪钳将子宫颈向后拉并靠近阴门，然后进行缝合。如操作有困难，且伤口出血不止，可将浸有防腐消毒液或涂有乳剂消炎药的大块纱布塞在子宫颈管内，压迫止血。纱布块必须预先用细绳拴好，并将绳的一端拴在尾根上，便于以后取出，或者在其松脱排出时易于发现。同时用20%止血敏注射液10~25 mL，或催产素50~100 U，肌肉注射。止血后创面涂2%龙胆紫溶液、碘甘油或抗生素软膏。

(3)子宫破裂的治疗　子宫破裂如发生在分娩期中，应先取出胎衣和胎儿。若子宫不全破裂，取出胎儿后不需冲洗子宫，向子宫内投放土霉素5~10 g，每日或隔日一次，连用3~5次，同时用催产素50~100 U，肌肉注射。

若子宫完全破裂，如裂口不大，取出胎儿后可将穿有长线的缝针由阴道带入子宫内，进行缝合。如破口很大，应施行剖腹产术，从破裂位置切开子宫壁，取出胎儿和胎衣，再缝合破裂口。缝合子宫后，用灭菌生理盐水反复冲洗，并用消毒纱布将存留的冲洗液吸干，腹腔内注入

青霉素 200 万～300 万 U,最后缝合腹壁。肌肉注射或腹腔内注射抗生素,连用 3～5 d,以防止发生腹膜炎及全身感染。如失血过多,应补液或输血,并注射止血剂。产道与子宫损伤是由于分娩时胎儿过大或由于助产不当等原因使软产道剧烈扩张或受到压迫、摩擦而引起的产后期疾病。常见的损伤有阴门及阴道损伤、子宫颈损伤、子宫破裂及穿孔等。

【相关知识】

1. 发病原因

(1)阴门及阴道损伤 初产母畜分娩时,由于阴门不够大而发生裂伤;胎儿过大且产道干燥时,未经很好整复及灌入润滑剂即强行拉出胎儿;胎儿的蹄及鼻端姿势异常,抵于阴道上壁,努责强烈或强行拉出胎儿时可能穿破阴道;助产时使用产科器械不慎,或截胎之后未将胎儿骨骼断端保护好,伤及阴道壁。

(2)子宫颈损伤 多由于子宫颈开张不全时强行拉出胎儿,或胎儿过大、胎位及胎势不正且未经充分矫正即拉出胎儿,或强烈努责使胎儿排出。截胎时胎儿骨骼断端未经充分保护,人工输精及冲洗子宫时操作粗暴等,也可造成子宫颈损伤。

(3)子宫破裂 常见于难产助产时动作粗鲁、操作不当,与助手配合不协调,推拉产科器械时滑脱、截胎器械触及子宫、截胎后胎儿骨骼断端未保护好,使子宫受到损伤;子宫捻转严重时,捻转处有时会破裂;子宫捻转、子宫颈未开张及胎儿异常未解除,即使用子宫收缩药,可造成子宫破裂。此外,子宫冲洗时,使用导管不当或插入过深,剥离胎衣时技术错误等,也可引发本病。

2. 主要症状

损伤部位不同,症状亦有差异。

(1)阴门及阴道损伤 病畜表现极度疼痛,尾根高举,骚动不安,拱背并频频努责。阴门损伤常为撕裂伤,撕裂口边缘不整齐,创口出血,创口周围组织肿胀。手术助产所造成的刺激严重时,可见阴道及阴门发生剧烈肿胀,阴门黏膜外翻,阴道腔变狭小,阴门内黏膜呈紫红色并有血肿。

阴道损伤时,从阴道内流出血水及血凝块,阴道检查可见阴道黏膜充血、肿胀,创伤部位有新鲜创口。时间稍长,可见阴道黏膜上有溃疡,溃疡面上常附有污黄色坏死组织及脓性分泌物。阴道壁发生穿透创时,其症状随穿透创的位置不同而异。透创发生在阴道后部时,阴道壁周围的脂肪组织或膀胱可能经创口突入阴道腔内或阴门外。透创发生在阴道前端时,患牛很快出现腹膜炎症状,全身症状剧烈。如果创口发生在阴道前端下壁上,肠管及网膜还可能突入阴道腔内,甚至脱出于阴门之外。

(2)子宫颈损伤 产后有少量鲜血从阴道内流出,如撕裂不深,可能不见血液流出,仅在阴道检查时才能发现阴道内有少量鲜血。如子宫颈肌层发生严重撕裂创时,可引起大出血,甚至危及生命。阴道检查时可发现裂伤的部位、大小及出血情况。子宫颈环状肌发生严重撕裂时,会使子宫颈管闭锁不全,并可能影响下一次分娩。

(3)子宫破裂 子宫不完全破裂时,可见产后有少量血水从阴门流出,并继发子宫炎症,仔细进行子宫内触诊,有时可能触摸到破裂口。

子宫完全破裂,若发生在胎儿排出前,则努责及阵缩突然停止,母畜变为安静,有时阴道内流出血液。若破口很大,胎儿可能坠入腹腔,也可能出现母畜的小肠进入子宫,甚至从阴门脱出。子宫破裂后引起大出血时,迅速出现急性贫血及休克症状,全身情况恶化。病畜精神极度沉郁,全身震颤出汗,可视黏膜苍白,心音快而弱,呼吸浅表。因受子宫内容物污染,很快继发弥散性脓性腹膜炎,若不及时治疗,多于 2~3 d 内死亡。

若因产后冲洗子宫引起的子宫穿孔,注入子宫内的冲洗液不回流,全身症状迅速恶化,病牛呼吸急促,出现腹痛及腹膜炎症状。

3.预防措施

难产助产时,若遇胎儿过大,胎位、胎势不正,且产道干燥时,要先进行矫正,再灌入润滑剂后方可将胎儿拉出,避免动作太粗暴。截胎术时,应对胎儿骨骼断端加以保护后,再取出。人工授精及冲洗子宫时,要按规程操作。应用子宫收缩药时应慎重,应在无胎儿及产道异常时方可使用。

【技能 13】 胎衣不下的治疗

分为药物疗法和手术疗法。药物疗法主要是促进子宫收缩、促进胎盘分离和预防胎衣腐败及子宫感染。

牛胎衣不下处方

【处方 1】促进子宫收缩

用垂体后叶素,牛 50~80 U,肌肉注射,2 h 后再重复注射 1 次。或灌服羊水(在分娩时收集健康羊水,贮于阴凉处,备用)3 000 mL(牛),2~6 h 后可排出胎衣,若不排出,6 h 后再灌服 1 次。

【处方 2】促进胎盘分离

在子宫内灌入 5%~10%氯化钠溶液 2 000~3 000 mL,促使胎儿胎盘缩小,从母体胎盘上脱落。

【处方 3】预防胎衣腐败及子宫感染

待胎衣自行排出后,可在子宫黏膜和胎衣之间放入金霉素 1~2 g,用胶囊装上或用塑料纸包上撒入二个子宫角内,隔日 1 次,连用 3~5 d。若子宫颈口已缩小,可先用己烯雌酚 10~30 mg,肌肉注射,每日或隔日注射 1 次,连用 2~3 次,使子宫颈口开放,排出腐败物,然后再放入抗感染的药物。

对药物治疗无效的牛,可行徒手剥离胎衣。在产后 48~72 h,子宫颈口尚未缩小到手不能伸入以前,对没有继发急性子宫内膜炎和体温升高的病牛可试行胎衣剥离。母牛外阴部常规消毒,术者手臂皮肤消毒后,先擦 0.1%碘化酒精加以鞣化,使保护层不易脱落,然后涂液状石蜡。为防止胎衣粘在手上,妨碍操作,可在子宫内灌入 10%氯化钠注射液 500~1 000 mL。操作时,左手扯住胎衣,右手顺着胎衣伸入子宫,找到胎盘。剥离要有顺序,由近及远、螺旋前进,逐个逐圈进行,由一个子宫角到另一个子宫角。手触及母子胎盘后,用拇指及食指捏住胎儿胎盘的边缘,轻轻将其自母体胎盘上撕开一点,或者用食指尖把它抠开一点,再将食指或拇指伸入胎儿胎盘与母体胎盘之间,逐步将其分开。剥离的越完整,效果越好。剥离过程中,左手要把胎衣扯紧,以便顺着它去找尚未剥离的胎盘。剥过的胎盘表面粗糙,不和胎衣相连。未剥过的胎盘表面光滑,和胎衣相连。为防止由于剥出的部分太重把胎衣扯断,可将一部分剪掉。当剥离到子宫角尖端时,可轻拉胎衣,使子宫角尖端内翻,便于剥离。

胎衣剥离完后,用 0.1%高锰酸钾溶液或 0.1%新洁尔灭溶液、0.05%呋喃西林溶液等反复冲洗子宫,直至流出的液体与注入的液体颜色一致为止。再向子宫内投放土霉素 5~10 g,

每天或隔天投放一次,连用 3～5 次,以防子宫感染。

猪胎衣不下处方

【处方 1】促进子宫收缩

用垂体后叶素,猪 20～40 U,肌肉注射,2 h 后再重复注射 1 次。

【处方 2】预防胎衣腐败及子宫感染 同牛处方。

对体型较大的母猪,可试用胎衣剥离手术。术者剪平指甲,消毒,顺阴道伸入子宫,轻轻剥离胎衣,然后用 0.1％高锰酸钾水溶液冲洗子宫,导出洗涤液后,投入适量抗生素(1 g 土霉素加 100 mL 蒸馏水溶解,注入子宫)。

【相关知识】胎衣不下又称为胎衣滞留,是指母畜分娩后胎衣在一定时间内未排出的现象。一般,猪在分娩后 3 h、羊 4 h、牛 12 h 内排出胎衣,若超过上述时间未排出,则为胎衣不下。

1. 发病原因

(1)产后子宫收缩无力 如怀孕母畜营养不良,饲料中缺乏钙盐及其他矿物质和维生素,慢性消耗性疾病,或过于肥胖、运动不足、年龄过大、双胎、胎水过多及子宫发育不全等,均可导致子宫弛缓或子宫阵缩微弱而发生本病。

(2)胎盘发生炎症 怀孕期间子宫受到感染,如李氏杆菌、沙门氏菌、支原体、霉菌、弓形虫等,引起子宫内膜炎及胎盘炎症,使胎盘结缔组织化,胎儿胎盘与母体胎盘粘连。维生素 A 缺乏,也可使胎盘上皮的抵抗力下降,容易受到感染,从而引起胎衣不下。

2. 主要症状

胎衣不下分为部分不下及全部不下两种。

胎衣全部不下,即整个胎衣未排出,胎儿胎盘的大部分仍与子宫黏膜连接,仅见一部分胎膜悬吊于阴门之外。脱出的部分常为尿膜绒毛膜,呈土黄色,表面有许多大小不等的子叶。胎衣部分不下,即胎衣的大部分已排出,仅有一部分或个别胎儿胎盘残留在子宫内。

滞留的胎衣经过 2～3 d,炎热夏季经 1～2 d,发生腐败分解,从阴道排出污红色恶臭液体,内含胎衣碎片。病程延长,常继发子宫内膜炎。腐败分解产物被吸收后,则引起全身症状,病畜体温升高,食欲减退,脉搏和呼吸增数,不安,频繁努责,泌乳减少。在牛,引起瘤胃弛缓、积食或臌气,有时腹泻。多数病例经 1 个月左右,自行排尽腐败分解产物,但由于继发子宫内膜炎和子宫蓄脓,影响以后怀孕。

3. 诊断方法

本病根据在阴门外悬吊有胎衣而易于确诊。对胎衣未悬吊于阴门外者,需进行阴道检查。

4. 预防措施

怀孕母畜要饲喂含矿物质和维生素丰富的饲料,有一定的运动时间,产前一周要减少精料,搞好产房卫生。

【技能 14】 子宫内翻和脱出的治疗

1. 子宫内翻的治疗

术者手指和手臂洗净和消毒,涂上润滑剂后伸入阴道,找到内翻套叠的子宫角,轻轻向前推送,尽量使其展平,感到子宫壁收缩变厚、腔体变小时,表明已经复位。随即向子宫内投入土霉素 5～10 g,并肌肉注射缩宫素,牛 100 U,猪 20～40 U。

2. 子宫脱出的治疗

必须尽早实施手术整复。病畜采取后躯抬高侧卧或前低后高站立保定,掏出直肠积粪,用0.1%高锰酸钾溶液清洗尾根、阴门及其周围,将尾巴用纱布缠绕并拴向病牛自身颈部一侧。用0.1%高锰酸钾溶液清洗子宫,除去其上黏附的污物及坏死组织,若黏膜水肿严重,则用三棱针点刺,放出水肿液,然后用2%明矾溶液洗涤和浸泡,收敛子宫,便于整复。子宫黏膜上如有大的创口,要进行缝合。如为侧卧,洗净后先在地上铺一用消毒液浸泡过的塑料布,再在其上铺一同样处理过的大块布,检查子宫腔内有无肠管,并涂上碘甘油。对努责频繁的病牛用2%盐酸普鲁卡因溶液10~15 mL做荐尾间硬膜外麻醉或后海穴麻醉。

整复时,助手用消毒纱布将子宫托起(与阴门等高)、摆正,先从靠近阴门部开始,手指并拢,用手或拳头压迫靠近阴门的子宫壁。整复也可从下部开始,将拳头伸入子宫角的凹陷内,顶住子宫角尖端,推入阴门。推进一部分后,由助手在阴门外紧顶固定,术者将手抽出再以同样方法将剩余部分逐渐推送于阴道内,直至将全部脱出的子宫送于阴道内。上述两种方法,都是趁病畜不努责时进行,在努责时要将送回的部分压住,以免退回来。将脱出的部分完全推入阴门后,术者将手伸入阴道,继续将子宫角深深推入腹腔,恢复正常位置,以免发生套叠。然后放入土霉素粉5~10 g,每天或隔天投放一次,连用3~5次,以防子宫感染,并皮下或肌肉注射100 U缩宫素,2 h后重复注射1次。术后将病牛拴于前低后高的地面上,要有专人看护,若仍有努责,须检查是否发生子宫内翻,如有则及时加以整复,并灌入1 000~2 000 mL灭菌生理盐水,利用液体的重量,促进子宫复位。若有内出血,必须给予止血剂,并补液。

如子宫脱出时间已久,无法送回,或有严重损伤及坏死,或整复后有引起全身感染或死亡的危险时,可将脱出的子宫切除。牛站立保定,猪侧卧保定,局部浸润麻醉,在子宫角基部作一纵行切口,检查其中有无肠管和膀胱,有则将其推回。在两侧子宫阔韧带上的动脉基部结扎,然后在结扎之下横断子宫阔韧带,断端先做全层连续缝合,再做内翻缝合,最后将缝合好的断端送回阴道内。术后全身抗菌消炎、补液强心。努责强烈者,可行硬膜外麻醉。术后常有少量出血,断端及结扎线在8~14 d后可自行脱落。

【相关知识】子宫内翻是指子宫角前端翻入子宫腔或阴道内。若子宫全部翻出于阴门之外,称为子宫脱出。多在分娩之后和产后数小时内发生。

1. 发病原因

孕畜衰老经产,运动不足,营养不良,胎儿过大,胎水过多及双胎等因素,易使子宫过度扩张、弛缓,产后若强力努责,腹压升高,容易发生本病。难产或助产时,产道干涩,子宫紧裹住胎儿,若未注入润滑剂即强力牵拉或拉出胎儿过快,使子宫内压突然降低,而腹压相对增高,子宫常随之翻出于阴门之外。此外,分娩时产道损伤,疼痛使母牛频频努责,胎衣不下徒手剥离时用力不当,将子宫拉成内翻等,都能诱发本病。有时也可继发于生产瘫痪之后。

2. 主要症状

子宫内翻时,母畜表现不安,经常努责,尾根举起,食欲减少。产道检查可触之套入子宫腔或阴道内的子宫角尖端为柔软的圆形瘤状物。内翻的子宫角如不能自行恢复或未整复时,可能发生坏死或败血性子宫炎,从阴门流出污红色恶臭液体,并伴发全身症状。有时因剧烈努责,可引起子宫脱出。

牛,子宫脱出时,可见一个较大的囊状物从阴门内突出来,下端可垂至跗关节。脱出的子宫上有时附有尚未脱落的胎衣。若胎衣已经脱落,则可见子宫黏膜表面布满暗红色呈蘑菇状的母体胎盘(子叶),并极易出血。当母牛站立不安时,胎盘易受损而出血,甚至引起子宫壁损伤出血不止。脱出时间久者,子宫黏膜淤血、水肿,呈黑红色肉冻状,并发生干裂,有血水渗出。寒冷季节,常因冻伤而发生坏死。子宫脱出常继发腹膜炎、败血症等,患牛出现精神沉郁、食欲废绝、体温升高、反刍减少或停止等严重的全身症状。若肠管进入脱出的子宫腔内,则出现腹痛症状,若脱出时卵巢系膜或子宫阔韧带被扯破,则可引起内出血,病牛表现结膜苍白、战栗、脉搏快弱等急性贫血症状。

猪,子宫脱出时,脱出的子宫角很像两根肠管,但较粗,且黏膜呈绒状,表面具有横皱襞。子宫黏膜色泽初为粉红或红色,后因淤血变为暗红、紫红色。脱出时间稍长,子宫黏膜淤血、水肿、坏死,呈黑红色肉冻状,并发生干裂,有血水渗出。黏膜上被粪便、泥土等污染,极易发生感染。病猪卧地不起,体温升高,反应迟钝,虚脱、死亡。

3.诊断方法

子宫脱出者根据临床症状可做出诊断。但子宫内翻的外部症状不明显,凡在分娩后仍有明显努责者,应怀疑为本病,并进一步做产道检查和直肠检查确诊。

4.预防措施

对孕畜加强饲养管理,给予全价饲料,适当增加运动和光照。难产助产时拉出胎儿不能过猛过快,胎衣不下行手术剥离时,要用力适当,不能强力牵拉胎衣。

【技能15】 子宫内膜炎的诊断与治疗

1.诊断

根据观察阴道分泌物性质和阴道检查、直肠检查结果可做出诊断。

2.治疗

本病的治疗原则是清除子宫内渗出物,抗菌消炎,防止感染,促进子宫收缩。清除子宫内渗出物,采用子宫冲洗法。常用冲洗药液有1%~2%小苏打溶液、生理盐水、0.1%高锰酸钾溶液、0.1%雷佛奴尔溶液、0.02%呋喃西林溶液等,温度为35~45℃。有出血时,可用1%明矾溶液、1%~3%鞣酸冷溶液。如子宫颈口不开放,可先注射苯甲酸雌二醇等药物促使其开放。如子宫积脓,先将脓液排出后再冲洗。冲洗至排出液清亮为止。但要注意,如果全身症状严重的病畜,为避免引起感染扩散,应禁用冲洗法。

牛子宫内膜炎处方

【处方1】抗菌消炎,防止感染

(1)产后急性子宫内膜炎　土霉素5 g,雷佛奴尔0.5 g,加蒸馏水200~300 mL,注入子宫内,隔天1次,连用2~3次为1个疗程,根据需要可继续使用10%环丙沙星溶液50 mL,子宫内注入。

(2)急性、隐性、血脓性或抗生素久治不愈的子宫内膜炎　三维子宫净100~500 mg(10万~50万 U),无菌生理盐水200~250 mL,稀释后子宫内灌注,隔3~5 d再重复使用1次。

(3)慢性子宫内膜炎、子宫颈炎、阴道炎　4%露他净溶液100 mL,用消毒过的塑料管注入子宫,必要时可重复应用2~3次。

(4)化脓性子宫内膜炎　青霉素200万 U,甲基脲嘧啶3 g,鱼肝油5 g,5%胺苯磺胺鱼肝油100 g,混合,1次灌入子宫,每隔48 h灌注1次。

(5)隐性子宫内膜炎 复方碘甘油合剂(碘 1 g,碘化钾 2 g,先用 20 mL 蒸馏水溶解后,加蒸馏水至 500 mL,再加甘油 500 mL,充分振荡,混匀)150～200 mL,两侧子宫角内灌注。5％碳酸氢钠注射液 50 mL,配种前 8～12 h 注入子宫。

(6)急性和慢性子宫内膜炎 新型促孕灌注液 30～50 mL,子宫内灌注,隔天 1 次,连用 3 次为 1 个疗程。

(7)若重症子宫内膜炎有全身症状时,用盐酸四环素 400 万 U,1％地塞米松注射液 3 mL,5％氯化钙注射液 120 mL,5％葡萄糖生理盐水 2 000 mL,分别 1 次静脉注射。

【处方 2】促进子宫收缩,便于冲洗液和子宫内渗出物排出

催产素 200 U,或雌二醇 8～10 mg,或氯前列烯醇 500 μg,肌肉注射。

【处方 3】中药治疗

(1)慢性卡他性子宫内膜炎 当归 10 g,川芎 10 g,赤芍 5 g,加水 300 mL,煎汤取汁100～150 mL,四层纱布过滤后备用。先用预热 40℃的灭菌硼砂溶液反复冲洗子宫,至回流液清澈为止,然后注入上述中药煎剂,每天 1 次,连用 3 d。

(2)化脓性子宫内膜炎 益母草 200 g,炒枳实、艾叶各 50 g,生桃仁 40 g,当归、川芎、香附、栝楼、生地、赤芍、泽兰各 30 g,红花、生蒲黄、甘草各 25 g。共为细末,加黑豆面或黄豆面100 g,红糖 200 g 为引,开水冲调,候温,一次灌服,每天 1 剂,连用 2～3 剂。

(3)急性、慢性子宫内膜炎 当归 50 g,黄芪 60 g,益母草 90 g,川芎、赤芍各 40 g,桃仁30 g,香附 45 g,陈皮、蒲黄各 35 g,甘草 25 g。共为细末,开水冲调,候温,一次灌服。或水煎取汁灌服,每天 1 剂,连用 2～3 剂。

猪子宫内膜炎处方

【处方 1】抗菌消炎

(1)土霉素 1 g,或青霉素 40 万 U,蒸馏水 20～40 mL,子宫冲洗后注入子宫内,隔天 1 次,连用 2～3 次为 1 个疗程,根据需要可继续使用 10％环丙沙星溶液 20 mL,子宫内注入。

(2)青霉素 160 万 U、链霉素 200 万 U,肌肉注射,每天 2 次,连用 3 d。

【处方 2】促进子宫收缩,便于冲洗液和子宫内渗出物排出

催产素 20U,肌肉注射。

【处方 3】中药治疗

当归 15 g,黄芪 20 g,益母草 30 g,川芎、赤芍各 12 g,桃仁 6 g,香附 15 g,陈皮、蒲黄各 10 g,甘草 8 g。共为细末,开水冲调,候温,一次灌服。或水煎取汁灌服,每天 1 剂,连用 2～3 剂。

【处方 4】针灸治疗

青霉素 40 万 U～80 万 U,注射用水 3 mL,溶解后,百会穴注射,每天 1 次,连用 3 d。

【相关知识】子宫内膜炎是指子宫黏膜的急慢性炎症。临床上以从阴门流出浆液性、黏液性或脓性分泌物等为特征。

1. 发病原因

急性子宫内膜炎多发于产后,由于分娩和助产时消毒不严、产道受到损伤,或因胎衣不下、子宫脱出、流产(胎儿腐败分解)、子宫复旧不全,或因人工授精时器械消毒不严等,子宫受到感染而引起。慢性子宫内膜炎多由急性炎症转化而来。

引起子宫内膜炎的病原主要是在自然环境中存在的一些非特异性细菌,如大肠杆菌、链球菌、葡萄球菌、棒状杆菌、变形杆菌、嗜血杆菌等。此外,一些特异性的病原,如布鲁氏菌、结核

杆菌、沙门氏菌、牛胎儿弧菌、牛鼻气管炎病毒、牛腹泻病毒、猪瘟病毒、猪乙型脑炎病毒、猪繁殖与呼吸综合征病毒、钩端螺旋体等感染时也可发生相应的子宫内膜炎。

2. 主要症状

本病按病程可分为急性和慢性两种,有时尚可见到隐性子宫内膜炎。

(1)急性子宫内膜炎　体温升高,精神沉郁,食欲减退,呼吸、心跳加快,泌乳量下降。拱背、努责,从阴门排出黏液或脓性分泌物,病重者分泌物呈暗红色或棕色,恶臭,卧下时排出量增多。阴道检查,子宫颈口稍开张,有时可见分泌物从中排出。牛反刍减少或停止,瘤胃轻度臌气。直肠检查,子宫角比正常产后期的大,壁厚,子宫收缩反应减弱。

(2)慢性子宫内膜炎　按炎症性质可分为慢性卡他性、慢性卡他性脓性和慢性化脓性三种。

慢性卡他性子宫内膜炎　发情周期不正常,或虽正常但屡配不孕,或发生隐性流产。病畜卧下或发情时,阴门流出混浊絮状黏液,有时虽排出透明黏液,但含有小的絮状物。阴道检查,阴道及子宫颈口黏膜充血、肿胀,子宫颈口开张。直肠检查,子宫角稍变粗,子宫壁增厚,子宫收缩反应减弱。病畜多无全身症状,有时体温稍高,食欲和泌乳量减少。

慢性卡他性脓性子宫内膜炎　发情周期不正常,从阴门流出灰白色或黄褐色脓汁。阴道检查,阴道黏膜和子宫颈口黏膜充血,往往粘有脓性分泌物,子宫颈口开张。直肠检查,子宫角粗大,子宫壁变厚且厚薄不一,软硬度不一,收缩反应微弱,冲洗子宫的回流液似米汤,内混有小脓块或絮状物。卵巢上常有持久黄体。病畜精神不振,食欲减退,体温升高,瘤胃间歇性臌气。

慢性化脓性子宫内膜炎　病畜卧下时可见有较多的脓性分泌物从阴门流出,阴门周围和尾根处粘有脓性分泌物,干后形成脓痂。直肠检查,子宫壁变得厚而软,体积增大,触之有波动感。冲洗子宫回流液浑浊或像稀面糊,有的有黄色脓液。病畜全身症状明显,体温升高,呈稽留热型,精神高度沉郁,食欲废绝。重者继发脓毒败血症而引起死亡。

隐性子宫内膜炎　生殖器官无异常,发情周期正常,但屡配不孕,只有在发情时流出略带混浊的黏液。发情黏液中含有小气泡,有的发情后从阴门流出紫红色的血液。

3. 预防措施

加强饲养管理,搞好厩舍卫生,给予全价营养饲料,适当增加日照和运动,提高动物抵抗力。配种时对人工授精器械和生殖道要严格消毒,助产时术者手臂以及阴门周围、助产器械等也应严格消毒。及时治疗子宫复旧不全、胎衣不下等原发疾病。

【技能 16】　牛生产瘫痪的诊断与防治

1. 诊断

根据患牛为 3~6 胎的高产母牛,刚分娩不久,并出现瘫痪及低血钙,如果乳房送风疗法有良好效果,可做出诊断。血钙浓度降至 8 mg/100 mL 以下,重者降至 2~5 mg/100 mL(正常血钙浓度为 8.6~11.1 mg/100 mL)。非典型性的生产瘫痪需与酮血病相区别。后者瘫痪可发生在产后、泌乳期和妊娠末期,患牛乳汁、尿液及血液中的丙酮数量增多,呼出的气体有丙酮气味,且对乳房送风疗法无效。

2. 治疗

静脉注射钙剂和乳房送风是治疗生产瘫痪的常用疗法。乳房送风疗法为治疗牛生产瘫痪最有效和最简便的方法,特别适用于对钙制剂效果差的病例。向乳房内打入空气后,乳房内的压力随即升高,乳房的血管受到压迫,流向乳房的血液减少,停止泌乳,因此全身血压升高,血钙含量升高。同时向乳房内打入空气,可以刺激乳腺内神经末梢,提高大脑神经的兴奋性,从而消除抑制状态。患牛侧卧保定,挤净乳房中积奶,消毒乳头管,然后将消毒过、涂有润滑剂的乳房送风器的乳导管(没有乳房送风器时可用注射器或打气筒代替)插入乳头管中,注入10万U青霉素及2.5g链霉素(溶于20～40 mL生理盐水中)。然后从倒卧侧的后乳区开始逐个打入空气,以乳区皮肤紧张,乳腺基部的边缘清楚并且变厚、叩之呈鼓音为宜。打气之后,用宽纱布条将乳头轻轻扎住,防止空气逸出。待病牛站立后,经1 h将纱布条解除。多数病例经打气后30 min左右痊愈。

【处方1】静脉注射钙制剂

20％～25％硼葡萄糖酸钙溶液(按溶液数量的4％加入硼酸,以提高葡萄糖酸钙的溶解度和溶液的稳定性)500 mL,一次缓慢静脉注射,或分别皮下注射和静脉注射各半,同时肌肉注射5～10 mL维丁胶性钙注射液有助于钙的吸收。若注射6～12 h病牛无反应,可重复注射,但最多不超过3次。注射钙制剂时应密切注意病牛心脏情况,注射500 mL溶液所花时间应在10 min以上。若注射3次无反应,应在上方的基础上,同时加入40％葡萄糖溶液500 mL、15％磷酸钠溶液200 mL、15％硫酸镁溶液200 mL,静脉注射。

【处方2】激素疗法

适用于对钙剂治疗效果不佳的病例。取氢化可的松25 mg,加入2 000 mL葡萄糖生理盐水中,静脉注射,每天2次,连用1～2 d。或地塞米松磷酸钠注射液20 mg,肌肉注射,若配合钙剂治疗效果更好。

3. 预防

在干奶期中,最迟从产前2周开始,给母牛饲喂低钙高磷饲料,减少从日粮中摄取的钙量,将每头奶牛钙量限制在每天60 g以下,增加谷物精料,减少饲喂豆科干草及豆饼等,使钙、磷比控制在(1～1.5)∶1。在分娩后,立即将每头奶牛摄入的钙量增加到每天125 g以上,或在分娩后立即肌肉注射10 mg双氢速变固醇。或分娩前5 d,每天肌肉注射维生素D_2(骨化醇)1 000万IU及产前3～7 d每天肌肉注射1 000万～2 000万IU维生素D_3。此外,产后不立即挤奶及产后3 d内不将初乳挤净,对于预防生产瘫痪也有一定的积极作用。

【相关知识】生产瘫痪又称为乳热症,是母牛分娩前后突然发生的一种严重的代谢性疾病。临床上以低血钙、全身肌肉无力、知觉丧失及四肢瘫痪等为特征。

1. 发病原因

本病多发生在饲养良好的高产奶牛,以产奶量最高的3～6胎奶牛居多,初产奶牛几乎不发生。而且该病大多发生在顺产后的头3 d之内,特别是产后12～48 h之内,少数在分娩过程中或分娩前数小时发病,极少数在怀孕末期或分娩后数天、数周发生。发病的直接原因与分娩前后血钙浓度急剧降低有关,也有人认为与一时性脑贫血所致的脑组织缺氧、脑神经兴奋性降低有关。

(1)血钙降低　干奶期母牛甲状旁腺机能减退,分泌的甲状旁腺激素减少,动用骨钙的能力降低,妊娠末期饲喂高钙日粮的奶牛,血液中的钙浓度增高,刺激甲状腺分泌降钙素,也会使甲状腺的功能受到抑制。因此,当分娩前后大量血钙进入初乳时,引起血钙浓度急剧下降而致病。妊娠末期胎儿急速增大,占据腹腔大部分空间,挤压胃肠,影响母牛消化吸收,从肠道吸收的钙显著减少,再加上妊娠末期胎儿对钙的需求量增加,骨骼吸收钙量减少,影响钙的贮存,从而使能动用的钙量减少。

(2)大脑皮质缺氧 母牛妊娠后期腹压增大,分娩前乳房肿胀,静脉血液回流受阻。分娩后胎儿产出,腹压下降,腹腔器官被动充血,致使头部血液量减少,大脑出现一时性贫血、缺氧、兴奋性降低,功能障碍。同时也使大脑皮层发生抑制,影响对血钙的调节。

2. 主要症状

有典型症状和非典型症状(轻型)两种。

(1)典型症状 病情发展很快,从开始发病到出现典型症状,整个过程不超过 12 h。初期表现食欲减退或废绝,反刍、瘤胃蠕动、排粪及排尿停止,泌乳量降低,精神沉郁。鼻镜干燥,四肢末梢部位冰凉,皮温降低。呼吸变慢,体温正常或偏低,脉搏无明显变化。不愿走动,后期交替负重,后躯摇摆,站立不稳,四肢肌肉震颤。有些病例表现不安,出现惊恐、哞叫、凶暴、目光凝视等兴奋和过敏症状。1~2 h 后,患牛出现瘫痪症状,后肢不能站立。随后出现意识抑制和知觉丧失的特征症状。患牛昏睡,眼睑反射微弱或消失,瞳孔散大,对光反射消失,皮肤痛觉消失,肛门反射消失。心音减弱,心率加快,呼吸深慢。有时喉头和舌麻痹,出现唾液积聚,舌头外垂。体温降低,最低可降至 35~36℃。患牛卧下时呈现四肢屈于躯干之下、头向后弯至胸部一侧的特征性伏卧姿势,用手将头拉直后,手一松开,头又重新弯向胸部。病牛多在昏迷状态下死亡,个别患牛在死亡前出现痉挛性挣扎。

(2)非典型症状 患牛精神沉郁,食欲废绝,各种反射减弱。瘫痪,头颈姿势不自然,由头部至鬐甲呈一轻度的"S"状弯曲。有时勉强站立但站立不稳,且行动困难,步态摇摆,体温一般正常或不低于 37℃。

◆◆◆ 任务4 乳房疾病 ◆◆◆

问题一:乳房炎的病因为(   )

A. 病原微生物感染　B. 饲养管理不当　　C. 机械损伤　　　　D. 继发于某些传染病

E. 以上都是

问题二:一奶牛分娩后不久乳房肿大,坚实,触之硬、痛,随后患部皮肤逐渐变为紫色,皮下气肿,乳区感觉消失,皮肤湿冷,有红褐色油膏样恶臭分泌物排出。病牛全身症状明显,稽留热,食欲废绝。该病是(   )

A. 隐性乳房炎　　　B. 乳房蜂窝织炎　　C. 乳房脓肿　　　　D. 坏疽性乳房炎

E. 乳房浮肿

【技能17】 乳房炎的诊断与治疗

1. 诊断

临床型乳房炎根据临床症状容易做出诊断,但奶牛隐性乳房炎一般临床症状不明显,故应注重母牛群的整体监测。常用诊断方法有以下几种,临床上可根据具体情况选用。

(1)上海乳房炎检验法(SMT) 现场自各待检乳区取乳样 2 mL,置于乳房炎诊断板的平皿中,用定量加样器加入等量的 SMT 诊断液(十二烷基磺酸钠 20 g,麝香草酚蓝 20 mg,蒸馏水 1 000 mL,调整 pH 在 6.2~6.4),轻摇平皿 10 s,使检样与诊断液充分混合,根据凝集反应程度,按表 3-1 标准判断结果。

表 3-1　SMT 法检验判定标准

乳汁凝集反应	颜色	判定标准
无变化或有微量凝集	黄色	阴性(一)
有少量凝集,轻摇不消失	黄色或微绿色	可疑(±)
有明显凝集,呈黏稠状	黄色或微绿色	弱阳性(+)
大量凝集,黏稠呈半胶状	黄色、微绿色或绿色	阳性(++)
完全凝集,呈胶冻状,旋转向心向上凸起	黄色、微绿色或深绿色	强阳性(+++)

(2)乳汁 pH 测定　常用溴麝香草酚蓝试验,主要试剂为 47%酒精 500 mL,溴麝香草酚蓝 1.0 g,5%氢氧化钠溶液 1.3~1.5 mL,搅拌混匀,呈绿色,pH 为 7.0。取被检乳 5 mL,加试剂 1 mg,混合,观察颜色反应。若呈黄绿色(pH 6.5 以下)为正常乳,绿色(pH 6.6)为可疑,蓝色至青绿色(pH>6.6)为阳性。

(3)乳中体细胞检查　常用加州乳房炎试验(CMT)法,试剂为氢氧化钠 15 g、烷基硫酸钠(钾)30~50 g、溴甲酚紫 0.1 g、蒸馏水 1 000 mL,混合。取被检乳汁 2 mL,加入 2 mL 试剂摇匀,10 s 后观察,按表 3-2 标准判定结果。

表 3-2　CMT 法检验判定标准

乳汁凝集反应	体细胞总数(万/mL)	嗜中性白细胞(%)	判定标准
无变化,不出现凝块	0~2	0~25	阴性(一)
微量沉淀,摇动即消失	15~50	30~40	可疑(±)
有明显沉淀但无凝胶状	40~150	40~60	弱阳性(+)
全部呈凝胶状,回转摇动时凝块向中央集中,停止摇动时凝块呈凹凸状附于盘底	80~500	60~70	阳性(++)
全部呈凝胶状,回转摇动时凝块向中央集中,停止摇动时仍保持原状,并固着于盘底	500 以上	70~80	强阳性(+++)

另,用上法检验时,若乳汁变黄色,表示细菌增多,乳糖被分解,乳汁呈酸性(pH<5.2);若乳汁为深紫色,表明 pH>7.0,为接近干奶期,感染乳房炎,泌乳量降低的现象。

2. 治疗

牛乳房炎处方

(1)临床型乳房炎,主要以抗菌消炎为治则。首选抗生素,可采取局部乳房内给药和静脉注射等给药方式。同时,由下向上轻柔的按摩乳房,每天 2~3 次,每次 10~15 min,可促进血液循环,有利于炎症消散。但对出血性乳房炎及急性发作期应禁止按摩。乳房高度肿胀、热痛明显时,可用冷敷、冰敷和冷淋浴,以缓解局部症状。也可患部涂敷鱼石脂软膏、樟脑软膏等,减轻乳房肿痛。

【处方1】全身治疗

急性和最急性乳房炎,用红霉素400万~600万U,5%葡萄糖注射液1500 mL,静脉注射,每天1~2次。或注射用盐酸四环素400万U,10%葡萄糖酸钙注射液300~500 mL,5%葡萄糖生理盐水2000~3000 mL,0.25%普鲁卡因注射液300 mL,1次静脉注射,每天1次。或注射用青霉素钠480万U,注射用链霉素300万U,庆大霉素注射液20万U,安痛定或生理盐水50 mL,1次会阴静脉注射,每天2次。

【处方2】乳房灌注

挤净病乳区乳汁,若乳区中含絮状物、脓样物、血凝块等较多时,宜先用生理盐水或0.1%雷佛奴尔溶液冲洗,然后用青霉素钠160万U、链霉素100万U、生理盐水50 mL,一次乳区灌注。拔出乳导管后,轻轻捻搓乳头管片刻,然后用双手自乳头—乳池—乳腺组织顺序轻轻向上按摩,促使药物充分接触患区乳腺组织,每天2次,连用3~5 d。或用复方磺胺嘧啶注射液20~30 mL,或3%环丙沙星注射液30~50 mL,乳区灌注。也可用乳炎停8万~16万U,灭菌生理盐水20~50 mL,稀释后乳房灌注,每天2次,连用3~5 d。

【处方3】乳房基部封闭注射

急性和最急性乳房炎,用青霉素钠80万U,0.5%~1%普鲁卡因注射液30 mL,溶解后备用。若前乳区乳房炎症,从患侧前区,乳房基部与腹壁之间进针,向对侧膝关节方向刺入8~10 cm,边退针边注射药物;若后乳区发生炎症,在患侧乳房基部离左右乳房中线1~2 cm(如左乳区炎症,则为乳房中线偏左1~2 cm)处进针,向同侧腕关节方向刺入8~10 cm,边退针边注射药物,每天1次,连用2~3次。

(2)隐性乳房炎 应以预防为主,防治结合。

【处方1】乳头药浴

挤奶结束后,立即用0.3%~0.5%洗必泰溶液、0.1%新洁尔灭溶液等消毒药液浸泡乳头,可杀灭乳头末端及周围的病原。

【处方2】增强机体的抗病能力

内服左旋咪唑,按每千克体重7.5 mg拌料任牛自由采食,每天1次,连用2 d。

【处方3】补充维生素E和硒

每头每次用亚硒酸钠20 mg,维生素E 0.5 g,内服或拌料饲喂,能降低发病率。

【处方4】干奶期预防

在干奶期起始时,向每个乳头注射氨苄青霉素50万U,轻轻向上按摩乳头和乳房,使药液在乳房内均匀扩散,最后用红霉素眼药膏封闭乳头。

(3)中药治疗

【处方1】乳房炎初起,红肿热痛

蒲公英80 g,连翘60 g,金银花、丝瓜络各30 g,银花藤100 g,木芙蓉40 g。水煎取汁灌服,每天1剂,连用3~4剂。

【处方2】急性乳房炎

栝楼60 g,牛蒡子、天花粉、连翘、蒲公英各30 g,黄芩、陈皮、栀子、皂角刺、柴胡各25 g,甘草、陈皮各20 g。共研细末,开水冲调,候温灌服,每天1剂,连用3~4剂。

【处方3】化脓性乳房炎成脓期

黄芪60 g,炮甲珠、川芎、皂角刺各30 g,当归45 g。共研细末,开水冲调,候温,加白酒

100 mL,灌服,每天1剂,连用3～4剂。

【处方4】慢性乳房炎

柴胡、赤芍、青皮、莪术、漏芦、蒲公英、金银花、甘草各30～45 g。水煎取汁灌服,每天1剂,连用3～4剂。

【处方5】隐性乳房炎

金银花、玄参各30 g,当归、川芎、柴胡、栝楼、连翘各25 g,蒲公英50 g,甘草30 g。共研细末,开水冲调,候温灌服,每天1剂,连用3～4剂。

猪乳房炎处方

【处方1】全身治疗

急性乳房炎,用青霉素钠80万U、链霉素100万U,注射用水5～10 mL,分别一次肌肉注射,每天1～2次,连用3 d。

【处方2】乳房灌注

挤净病乳区乳汁,若乳区中含絮状物、脓样物、血凝块等较多时,宜先用生理盐水或0.1%雷佛奴尔溶液冲洗,然后用青霉素钠10万U、链霉素10万U、生理盐水20～50 mL,一次乳区灌注。拔出乳导管后,轻轻捻搓乳头管片刻,然后用双手自乳头—乳池—乳腺组织顺序轻轻向上按摩,促使药物充分接触患区乳腺组织,每天2次,连用3～5 d。

【处方3】乳房基部封闭注射

急性乳房炎,用青霉素钠40万～80万U,0.25%普鲁卡因注射液20～40 mL,在乳房基部与腹壁之间,用注射针头平行刺入,边退针边注射药物,每天1次,连用2～3次。

【处方4】中药治疗

蒲公英15 g、金银花12 g、连翘9 g、丝瓜络15 g、通草9 g、芙蓉花9 g,共为末,开水冲调,候温,一次灌服,每天1剂,连用3～5剂。

【处方5】针灸治疗

针刺乳基、阳明穴。或将青霉素钠80万U,注射用水2～5 mL,百会穴注射,每天1次,连用3 d。

【相关知识】乳房炎是由各种病因引起的乳腺组织炎症。临床上以乳房肿痛、按压有硬结、乳汁异常或混有脓血等为特征。本病多发于奶牛,猪也较常见。

1. 发病原因

主要由于受到不良饲养管理或产后抵抗力下降时,病原微生物通过乳汁、血液和淋巴液侵入乳腺组织而引起。奶牛挤奶技术不当,使乳头黏膜及上皮发生损伤;机器挤奶时,负压过高或抽动过速,损伤乳头皮肤和黏膜;挤乳前,手及乳房、乳头消毒不严,未挤尽乳汁而使其在乳房内蓄积,给细菌侵入乳房创造条件。

引起感染的病原主要是多种非特定的病原微生物,有细菌、真菌、霉形体和病毒等,其中主要是细菌。在细菌中,链球菌属中主要是无乳链球菌、停乳链球菌、乳房链球菌和化脓链球菌等,多引起隐性乳房炎;葡萄球菌属中主要是金黄色葡萄球菌,常引起慢性乳房炎,有时也见于急性炎症;棒状杆菌属中的化脓棒状杆菌多通过乳房外伤引起乳房炎;大肠杆菌属细菌多见于高产奶牛及产后泌乳高峰期,多引起急性乳房炎。

本病的发生与气候、饲养管理、泌乳量、泌乳阶段、乳头形态、不同乳区等因素有关。如在气温高、雨季、运动场积水、环境卫生差等情况下,发病率高。高产奶牛及产奶高峰期,乳头为皿形、口袋型和漏斗形发病率高,后乳区较前乳区高等。

猪则多是仔猪尖锐的牙齿在吃奶时咬伤乳头皮肤而侵入细菌感染。猪舍地面粗糙,母猪乳头经常与地面摩擦受到损伤,细菌由乳头管侵入感染。母猪乳腺泌乳过多,仔猪吃不完或断奶方法不当,也可引起乳房炎。

2. 主要症状

(1)牛　以乳汁和乳房有无临床可见变化分为临床型乳房炎和隐性乳房炎。

①临床型乳房炎　根据病程长短和病情严重程度不同,又分为最急性、急性、亚急性和慢性乳房炎。

最急性型　突然发病,食欲减退,体温升高达41.5～42℃,呈稽留热型,呼吸加快,精神沉郁,不愿走动。多发生在乳房的一个区,患区迅速肿大,皮肤发红或呈紫红色,触诊坚硬、疼痛并有热感。患病乳区仅能挤出少量黄水或淡的血水。如发生坏疽性乳房炎,整个患叶坏死、脱落,常因败血症而死亡。

急性型　患侧乳房上淋巴结肿胀,乳房发红,触诊质硬、发热、疼痛,乳房内可摸到硬块。乳汁稀薄如水,乳汁中含有絮状物、乳凝块。食欲减退,体温正常或稍高。

亚急性型　发病缓和,全身症状轻微或无变化。患区乳房红、肿、热痛不明显。乳汁稀薄,呈灰白色,含絮状物或乳凝块。

慢性型　通常由急性转变而来。一般无临床表现或临床表现不明显,但病情反复发生,病程长,产奶量下降,乳汁稀薄,乳汁中含凝块或絮状物。触诊患区弹性降低、僵硬,可发现大小不等的硬块。有的病牛乳头变瞎、萎缩。

②隐性乳房炎　病变轻微,乳房和乳汁均无肉眼可见变化,但产奶量减少,乳汁理化性质、组成成分、体细胞数和pH发生改变。

(2)猪　常是一个或几个奶包,有时甚至全部奶包感染发病。患区呈炎性反应,皮肤胀平发亮,有时乳房中有大小不等的脓肿。

3. 预防措施

加强饲养管理,搞好环境和畜体卫生,保持运动场平整和排水通畅,降低乳房炎的发病率。

注重挤乳卫生,保持乳房清洁干燥,严格执行挤奶操作规程。挤奶前用40～50℃热水或0.002 5%～0.005%碘液清洗乳房。人工挤奶采用拳握式,避免捋挤。挤乳杯及用具在使用前均应清洗并严格消毒。适时安摘挤奶杯,防止空吸。每次挤乳后,用3%～4%次氯酸钠溶液或0.05%新洁尔灭溶液浸泡乳头。

对乳房炎患牛,应放在最后用人工挤乳,不得将乳汁挤到地面上,以防病原扩散。病乳放在专用的容器内集中处理。若应用抗生素治疗,应在痊愈停药4 d后,才能恢复机器挤奶。

加强干乳期防治,定期监测乳房炎,根据结果采取相应的治疗措施。

任务5　新生仔畜疾病

问题一:抢救新生仔畜窒息的首要措施是(　　)

A. 清理呼吸道　　　　　　　　　　　B. 人工呼吸

C. 给予呼吸中枢兴奋剂　　　　　　　D. 输氧

E. 给予碳酸氢钠纠正酸中毒

问题二:新生仔畜溶血病治疗错误的是(　　　)

A. 立即停止哺喂母乳　　　　　　　　B. 换母畜哺乳

C. 人工哺乳　　　　　　　　　　　　D. 输母亲全血

E. 找其他动物代养

【技能 18】　新生仔猪溶血病的诊断与治疗

1. 诊断

根据症状、剖检变化和病史调查确诊。

2. 治疗

立即将该母猪所产的仔猪由其他母猪代养或进行人工哺乳,同时人工定时挤掉母猪奶汁,经过 3 d 后的母乳可喂仔猪。如果有产仔期相近的母猪,且两头母猪均很温顺,可将整窝仔猪调换哺乳。

本病目前尚无很好的治疗方法,发病仔猪每只肌肉注射维生素 C 及氢化可的松各 2 mL,每日 1 次,连用 2～3 次,具有一定的疗效。用 10% 葡萄糖注射液、低分子右旋糖酐、乌洛托品、维生素 K 以及强心利尿剂等,可维护心脏功能、补充营养和加速排除血中抗体。

【相关知识】新生仔猪溶血病又称仔猪溶血性黄疸,是由于血型不合而配种引起的一种免疫性疾病。临床上以新生仔猪吮吸初乳后迅速出现贫血、黄疸和血红蛋白尿为特征。

1. 发病原因

由于母猪和公猪的血型不同,胎儿具有某一特定血型的显性抗原,通过妊娠和分娩侵入机体,刺激母体产生抗体,当仔猪出生后,通过吸吮初乳获得移行抗体,而引起红细胞破坏。

2. 主要症状

新生仔猪出生后一切正常,吮吸初乳后数小时至十几小时,整窝仔猪发病,但由该母猪代为喂奶的其他窝仔猪则不发病,且发育良好。白色仔猪表现全身苍白,眼结膜黄染,不吃奶,畏寒,震颤,后躯摇晃,尿呈透明红色。最急性者在不表现黄疸和血红蛋白尿的情况下,生后 12 h 内陷入休克而死亡。

3. 剖检变化

全身黄染。肝呈不同程度的肿胀。脾褐色,稍肿大。肾肿大而充血。膀胱内积聚暗红色尿液。

【技能 19】　新生仔畜窒息的治疗

1. 治疗

立即将新生犊牛后躯抬高,或把仔猪倒提抖动,拍打仔猪背部。用纱布或柔软清洁的毛巾擦净口、鼻内的黏液和羊水,用橡皮管插入鼻腔和气管中,吸出其中的黏液和羊水,使呼吸通畅。用草秆刺激鼻腔黏膜,或用浸有氨水的棉花球置于鼻孔上,诱发呼吸反射。若仍无呼吸,可做人工呼吸,用手掌有节奏地轻压胸腹部,刺激心脏和呼吸反射。

新生犊牛处方

【处方1】刺激呼吸中枢药物

山梗菜碱5~10 mg,1次肌肉注射。或25%尼可刹米注射液1.5 mL,1次肌肉注射。

【处方2】窒息现象缓解后,纠正酸中毒

用5%碳酸氢钠注射液50~100 mL,静脉注射。为防止继发肺炎,可肌肉注射抗生素。

新生仔猪窒息处方

【处方1】兴奋呼吸

用25%尼可刹米注射液1~2 mL,1次肌肉注射。

【处方2】纠正酸中毒,同犊牛处方。

【相关知识】新生仔畜窒息又称为假死,主要特征是刚出生的仔畜发生呼吸障碍,或无呼吸而仅有心跳,如不及时抢救,常会引起死亡。

1. 发病原因

分娩时产道狭窄、胎儿过大或胎位异常,使产出期延长或胎儿排出受到阻碍,胎盘过早剥离,胎囊破裂过晚,倒生时,胎儿产出缓慢和脐带受到挤压,脐带前置受到压迫或脐带缠绕,及子宫痉挛性收缩等,均可因胎盘血液循环减弱或停止,胎儿得不到充足的氧气,体内二氧化碳浓度增高到一定程度,兴奋延脑呼吸中枢,引起胎儿过早呼吸,以致吸入羊水而窒息。

此外,母畜产前营养不良,饲料配给不足或缺乏,使其消瘦、贫血,或因患有心力衰竭、高热或全身性疾病引起自身缺氧,刺激胎儿过早呼吸,因吸入羊水而窒息。

2. 主要症状

轻度窒息时,仔畜全身软弱无力,黏膜发绀,舌脱出于口角外,口腔和鼻腔内充满黏液。呼吸不匀,有时张口喘气。听诊心跳快而弱,肺部有湿啰音,喉、气管部啰音最明显。将仔畜后肢提起倒立,鼻孔内有羊水流出。

严重窒息时,仔畜呈假死状态,全身松软,呼吸停止,口、鼻内发现有液体堵塞。可视黏膜苍白,反射消失,卧地不动,仅有微弱心跳。

3. 预防措施

密切监测分娩过程,以保证母畜分娩时能及时正确地进行接产和护理仔畜。接产时应特别注意对分娩过程延滞、倒生胎儿及胎囊破裂过晚等,及时进行助产,以减少本病发生。

【技能20】 脐炎的治疗

以局部处理、抗菌消炎为治疗原则。对感染脐部进行外科处理,已化脓或局部坏死严重者,先用3%双氧水冲洗,再用0.1%新洁尔灭溶液反复冲洗,最后涂以碘酊或抗生素;局部脓肿未成熟时,外敷鱼石脂软膏,成熟后切开排脓。

抗菌消炎。为防止炎症扩散或已有全身感染,应全身给予抗生素以及在脐孔周围用0.25%盐酸普鲁卡因青霉素溶液封闭治疗。

【相关知识】脐炎是新生仔畜脐血管及周围组织的炎症。本病见于各种仔畜,但以犊牛多发。

1. 发病原因

接产时断脐太短,使残端不能完全封闭而引起感染;接产时消毒不严,或脐带受到污染及尿液浸渍而感染;脐带闭合不全或有脐尿瘘时,被感染所致。

2. 主要症状

病初脐孔周围发热、充血、肿胀,有疼痛反应。仔畜由于疼痛而经常弓腰,不愿行走,有时脐部形成脓肿。发生脐坏疽时,脐带残段呈污红色,有恶臭味。严重者化脓菌及其毒素沿血管侵入肝脏引起败血症,出现体温升高,呼吸、心跳加快,脱水,代谢紊乱,衰竭而死亡。

3. 诊断方法

根据病史和临床症状可做出诊断。

4. 预防措施

接产时断脐不要太短,断脐后要用碘酊经常消毒,促进其迅速干燥脱落。保持圈舍干燥卫生,防止仔畜互舔脐带。

◆◆◆ 任务 6 不孕症 ◆◆◆

问题一:不孕症的诊断,错误的是( )

A. 检查母畜生殖器官发育情况

B. 检查宫颈黏液

C. 询问母畜年龄、食物种类、数量、质量及来源情况

D. 询问是否发生过流产、胎衣不下、子宫脱出、难产等情况

E. 公畜一般不做检查

问题二:一奶牛发情配种 4 个月后,直肠检查子宫未有妊娠变化,左侧卵巢有一充满液体、突出与卵巢表面的结构,母牛一直未有发情表现,但荐坐韧带松弛。该病是( )

A. 卵巢机能减退　　B. 排卵延迟　　　C. 卵巢囊肿　　　D. 不排卵

E. 卵泡交替发育

【技能 21】 不孕症的诊断与治疗

1. 诊断

通过询问病史和系统检查做出诊断。询问内容包括年龄、饲料种类、数量、质量及来源,胎次、怀孕过程,是否发生过流产、胎衣不下、子宫脱出、难产等情况。系统检查首先观察全身状况,其次是进行阴道检查和直肠触诊子宫等。

2. 治疗

因疾病引起的不孕症要及时治疗原发病。对因过肥而引起的不孕,应减少精料,增加青绿多汁饲料。因瘦弱而不孕,应适当增加精料,增喂蛋白质、矿物质和维生素丰富的饲料。按摩乳房,促进母畜乳腺和生殖器官的发育,并且促进发情和排卵。

牛不孕症处方

(1)因卵巢机能减退引起的不孕症,利用公牛催情,将没有种用价值的公牛做输精管结扎后,混放于母牛群中,通过视觉、听觉、嗅觉及触觉对母牛的影响,对与公牛不经常接触、分开饲养的母牛可获得良好的效果。

【处方 1】促卵泡激素(FSH)100~200 U,肌肉注射,每天或隔天 1 次,连用 2~3 次,至出

现发情为止。

【处方2】孕马血清促性腺激素(PMSG)1 000～2 000 U,肌肉注射,每天1次,连用2次,但要注意重复注射时少数病例可出现过敏反应。

【处方3】人绒毛膜促性腺激素(HCG)2 500～5 000 U,静脉注射,10 000～20 000 U,肌肉注射,必要时间隔1～2 d重复注射一次。本药重复注射时可引起过敏反应,要慎重。

【处方4】苯甲酸雌二醇5～10 mg,肌肉注射。但本药长期应用时,可引起卵巢囊肿或"慕雄狂",有时卵巢萎缩或发情周期停止,甚至使骨盆韧带和周围组织松弛而导致阴道及直肠脱出,使用时应注意。

【处方5】维生素A疗法:维生素A 100万IU,肌肉注射,10 d 1次,连用3次。适用于青绿饲料缺乏引起的卵巢机能减退。

【处方6】中药治疗:当归、大枣各30 g,川芎、莪术各20 g,桃仁、红花、玉片、枳实各15 g,三棱12 g。共为末,开水冲调,候温,黄酒120 mL、白糖120 g为引,灌服,每天1剂,连用3剂。适用于体质健壮,多年不孕,子宫正常而卵巢硬小,或有持久黄体,或每次发情时卵泡不能发育成熟而萎缩的病牛。

当归、淫羊藿、菟丝子、阳起石、黄芪各30 g,巴戟、续断、骨碎补各25 g,川芎、党参、白术、远志各15 g,石菖蒲5 g。共为末,开水冲调,候温,黄酒100 mL为引,灌服,每天1剂,连用3剂。适用于久病虚弱,肾虚不发情的母牛。

(2)由持久黄体引起的不孕症,治疗原则是消散黄体。

【处方1】0.5%前列腺素$F_{2\alpha}$注射液5 mL,一次肌肉注射。一般注射后3～5 d内发情,配种并能受孕。或氯前列烯醇0.5～1 mg,肌肉注射。

【处方2】促卵泡素(FSH)150 U,生理盐水10 mL,稀释后一次肌肉注射,每隔3 d 1次,连用3次。

【处方3】1%己烯雌酚注射液1.5～3 mL,一次肌肉注射,连用3 d。

【处方4】促孕灌注液20～40 mL,子宫内灌注,若一次无效,10 d后重复用药1次。

【处方5】中药治疗

淫羊藿、益母草、阳起石各90 g,当归、赤芍、菟丝子、补骨脂、枸杞子、熟地各75 g。水煎取汁,一次灌服,每天1剂,连用3剂。

(3)由卵巢囊肿引起的不孕症,治疗原则是消除囊肿。

【处方1】促黄体素(LH)100～200 U,一次肌肉注射,多在注射后3～6 d囊肿即形成黄体,症状消失,15～30 d恢复正常发情。若用药1周后外表症状未见好转,可加大剂量,重复注射1次。

【处方2】促黄体素释放激素(LRH)400～600 μg,一次肌肉注射,每天1次,连用3～4 d,总量不超过3 000 μg。一般在用药后15～30 d恢复正常发情。

【处方3】促排卵3号(LRH-A3)200～400 μg,肌肉注射。15 d后再用前列腺素$F_{2\alpha}$2～4 mg,肌肉注射,早晚各1次。

【处方4】孕酮50～100 mg,肌肉注射,每日或隔日1次,连用2～3次。多在注射后10～20 d恢复发情。

【处方5】中药治疗 三棱、莪术、香附、藿香各30 g,青皮、陈皮、桂枝、益智仁各25 g,肉桂15 g,甘草10 g。共为细末,开水冲调,候温灌服,每天1剂,连用3～5剂。

(4)由排卵延迟及不排卵引起的不孕症,治疗原则是促进排卵。

【处方1】促黄体素(LH)200~300 U,肌肉注射。

【处方2】对已确知由排卵延迟而屡配不孕的母牛,在发情早期用己烯雌酚 20~25 mg,肌肉注射,晚期肌肉注射孕酮,效果良好。

【处方3】中药治疗:黄芪 60 g,当归 45 g,陈皮 30 g,杜仲 25 g,白芍、川芎、白术、续断、砂仁各 20 g,茯苓、泽泻、阿胶、熟地各 15 g,甘草 10 g。共为细末,开水冲调,候温,黄酒 600~800 mL 为引,灌服。每天 1 剂,连用 3~5 剂。

猪不孕症处方

【处方1】已到配种年龄而未发情的母猪,确认无先天性器官障碍时,用人绒毛膜促性腺激素 500~1 000 U,肌肉注射,每天 1 次,连用 3~5 d。

【处方2】断奶后长期不发情的母猪,用孕马血清 500~800 U,肌肉注射,每天 1 次,连用 3 d。

【处方3】卵巢囊肿(性欲亢进、持续发情)的母猪,用黄体酮(孕酮)15~25 mg,肌肉注射,每天或隔天注射一次,连用 2~5 d。

【处方4】中药治疗:当归 20 g,川芎 15 g,熟地、肉苁蓉、杜仲、淫羊藿各 20 g,阳起石 60 g,益母草 20 g,红花 9 g,甘草 10 g,水煎取汁,候温,分 2 次灌服,每天 1 剂,连用 2~3 剂。如母猪体况偏瘦,在原方中加党参、黄芪、补骨脂、枸杞子各 20 g;如体况偏肥,在原方剂中加桃仁 15 g、香附 15 g、红花 9 g;如有子宫炎症,可先用茵陈、黄柏、白头翁各 30 g,栀子、车前子、泽泻、猪苓各 15 g,水煎取汁,候温灌服,每天 1 剂,连用 2~3 剂。同时,用 0.2%高锰酸钾溶液冲洗子宫,待炎症消除后再服用上方。

犬不孕症处方

【处方1】已到配种年龄而未发情的母犬,确认无先天性器官障碍时,用人绒毛膜促性腺激素每次 200~300 U,或孕马血清肌肉注射,每天 1 次,连用 3 d。

【处方2】产仔率低或产仔后发情不明显的母犬,用人绒毛膜促性腺激素每次 50~100 U;断奶后长期不发情的母犬,用前列腺素每次 0.1~0.2 mg、孕马血清 100~200 U,肌肉注射,每天 1 次,连用 3 d。

【处方3】卵巢囊肿(慕雄狂表现,持续发情)或有激素过剩症表现的母犬,用黄体酮(孕酮)每千克体重 2~4 mg,肌肉注射,5~10 d 再重复注射 1 次;无效者,实施卵巢和子宫切除术。

【处方4】对持久黄体、卵巢静止性不孕(不发情或发情不明显)者,用促卵泡激素(FSH)20~40 U,肌肉注射,每天 1 次,连用 2~3 d。

【处方5】中药治疗:对卵巢静止或持久黄体不孕者,可试用"新促孕灌注液"子宫内灌注。或用淫羊藿、阳起石、菟丝子各 10 g,益母草、红花、山药各 9 g,肉苁蓉 7 g。水煎取汁,候温灌服,每天 1 剂,连用 3~5 d。

【相关知识】不孕症是指母畜在体成熟之后或在分娩之后,超过正常时限仍不能发情配种受孕,或虽经过数次交配仍不能怀孕的一种病症。

1. 发病原因

可分为先天遗传性不孕和后天获得性不孕。

(1)先天性不孕 主要由于生殖器官发育不良或缺陷所致。如生殖道畸形、卵巢发育或功能不全、子宫发育不全或缺陷等。多为永久性不孕症。

(2)后天获得性不孕包括如下几个方面：

①疾病性不孕　是指由生殖器官疾病和某些全身性疾病而引起的不孕。生殖器官疾病，如卵巢炎、卵巢囊肿、持久黄体、子宫内膜炎、子宫蓄脓综合征等；全身性疾病，如布氏杆菌病、弓形体病、钩端螺旋体病、结核病、李氏杆菌病等。

②营养性不孕　由于饲料量不足、品质不良或缺乏某种与繁殖功能密切相关的营养物质，如蛋白质、维生素 A、维生素 E、维生素 B 和矿物质等，母畜过于消瘦，使生殖系统发生功能性和形态学改变，造成不孕。或由于饲喂量过多，又缺乏运动，过于肥胖，致使卵巢内脂肪沉积，卵泡上皮发生脂肪变性，繁殖功能遭受破坏，而造成不孕。

③环境性不孕　由于饲养环境突然改变，使母畜不能适应而引起不孕。

④技术性不孕　由于错过适当的配种时机，或人工授精技术不熟练，精液处理不当等，往往引起不孕。

此外，母畜衰老，或公畜患有不育症，也可引起不孕。

2. 主要症状

母畜过分瘦弱或过分肥胖，长期不发情，或发情周期不明显，或虽有发情，但不排卵，屡配不孕。有的性欲亢进，有的阴户常流出脓性分泌物，常爬跨其他母畜。

3. 预防措施

选好种母畜，有先天缺陷的母畜不能作种用，及时淘汰老龄不孕母畜。加强对母畜的饲养管理，适当运动，合理搭配饲料，防止过肥或过瘦。正确掌握好发情时间，适时配种。

项目4

动物外科手术

◆◆◆ 任务 1　外科手术基本知识与操作 ◆◆◆

问题一:效果最好,最常用,可杀死一切微生物和芽孢,常用于器械、敷料、橡皮手套、工作服等灭菌的方法是(　　)

A. 巴氏消毒法　　　　　　　　　　B. 流通蒸汽灭菌法

C. 间歇灭菌法　　　　　　　　　　D. 高压蒸汽灭菌法

E. 煮沸消毒法

问题二:主要用于周围环境、用具、器械消毒的药物是(　　)

A. 新洁尔灭,硼酸　　　　　　　　B. 苯酚,氢氧化钠

C. 乌洛托品,高锰酸钾　　　　　　D. 碘酊,过氧化氢

E. 漂白粉,酒精

问题三:手术人员手臂消毒法正确的是(　　)

A. 灭菌王是含碘的高效复合型消毒液,刷手后不用浸泡

B. 刷洗 5 min,浸于 0.1% 新洁尔灭溶液中 5 min

C. 刷洗 5 min,浸于 70% 酒精中 5 min

D. 0.5% 碘酊涂抹后,用 70% 酒精擦拭

E. 连续手术,手套未破,刷手 5 min,浸于酒精 5 min

问题四:临床上主要用于加速麻醉动物苏醒的药物是(　　)

A. 戊巴比妥　　　B. 尼可刹米　　　C. 咖啡因　　　　D. 氯丙嗪

E. 士的宁

问题五:下列哪种药物属于局部麻醉药?(　　)

A. 水合氯醛　　　B. 盐酸丁卡因　　C. 氯胺酮　　　　D. 苯妥英钠

E. 氯丙嗪

问题六：适用于眼、鼻、咽喉、气管、尿道等黏膜部位浅表手术的局部麻醉方法是（　　）

A. 表面麻醉　　　　B. 浸润麻醉　　　　C. 传导麻醉　　　　D. 硬膜外腔麻醉

E. 蛛网膜下腔麻醉

问题七：较大的血管出血,在纱布压迫止血后即可看见,可用（　　）

A. 压迫止血法　　　　　　　　B. 结扎止血法

C. 局部药物止血法　　　　　　D. 填塞止血法

E. 烧烙止血法

问题八：以下需要在适当的时间拆除缝合线的部位是（　　）

A. 皮肤　　　　B. 肌肉　　　　C. 腹膜　　　　D. 骨膜

E. 胃壁

问题九：不适宜用钝性分离方法进行分离的组织是（　　）

A. 皮下组织　　　B. 肌肉　　　C. 腹膜　　　D. 脂肪

E. 肿瘤

问题十：不能用于深部张力较大的组织的缝合方法是（　　）

A. 结节缝合　　　B. 钮孔状缝合　　　C."8"字形缝合　　　D. 连续缝合

E. 减张缝合

问题十一：4 号刀柄可安装的刀片是（　　）

A. 10 号　　　　B. 11 号　　　　C. 12 号　　　　D. 15 号

E. 19 号

问题十二：库兴氏缝合适用于（　　）

A. 皮肤缝合　　　　　　　　B. 深创缝合

C. 胃肠及子宫缝合　　　　　D. 肛门缝合

E. 肌肉缝合

【技能1】 手术器械的使用

1. 手术刀

手术刀由刀柄和刀片两部分组成,按刀刃的形状分为圆刃手术刀、尖刃手术刀和弯形尖刃手术刀等。主要用于切开和分离组织,有固定刀柄和活动刀柄两种。

（1）不同类型的手术刀片及刀柄　4、6、8 号规格的刀柄,只安装 19、20、21、22、23 和 24 号大刀片；3、5、7 号刀柄安装 10、11、12、13 号小刀片。

22 号大圆刃刀适用于皮肤切割,10～15 号小圆刃刀适用于做细小的分割,23 号圆形大尖刀适用于由内向外的切开或脓肿的切开,11 号角形尖刃刀及 12 号弯形尖刃刀适用于肌腱、腹膜和脓肿的切开等。见图 4-1。

（2）手术刀片安装和取出方法　见图 4-2。

（3）执手术刀的姿势　执刀的姿势和力量有以下几种：

①指压式　以手指按刀背后 1/3 处,用腕和手指力量切割。适用于切开皮肤、腹膜及切断钳夹组织。见图 4-3。

②执笔式　如同执钢笔。力量主要在手指,需用小力量短距离精细操作。适用于切割短小切口,分离血管、神经等。见图 4-3。

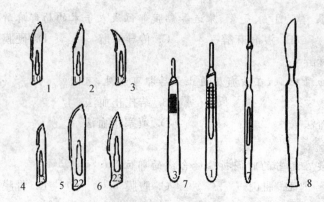

图 4-1 不同类型的手术刀片及刀柄

1. 10 号小圆刃刀   2. 11 号角形尖刃刀   3. 12 号弯形尖刃刀   4. 13 号小圆刃刀

5. 22 号大圆刃刀   6. 23 号圆形大尖刃刀   7. 刀柄   8. 固定刀柄圆刃刀

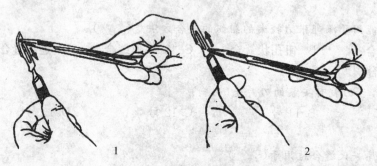

图 4-2 手术刀片装、取法

1. 装刀片法   2. 取刀片法

③全握式 力量在手腕。用于切割范围广，用力较大的切开，如切开较长的皮肤切口、慢性增生组织等。见图 4-3。

④反挑式 用刀刃由组织内向外面挑开，以免损伤深部组织。如腹膜切开。见图 4-3。

图 4-3 执手术刀片的姿势

1. 指压式   2. 执笔式   3. 全握式   4. 反挑式

2. 手术剪

(1)手术剪的种类 依其用途可分为组织剪和拆线剪两种。组织剪的尖端较薄，剪刃锐利，分大小、长短和弯直三种，主要用于沿组织间隙分离和剪断组织。其中，直剪用于浅部手术操作，弯剪用于深部组织分离（图 4-4）；拆线剪剪头钝而直，刃较厚，主要用于剪断缝线，有时也用于剪断较厚或较硬的组织（图 4-5）。

(2)手术剪的执持方法 以拇指和无名指插入剪柄的两环内，但不宜插入过深，食指轻压在剪柄和剪刀交界的关节处，中指放在无名指环的前外方柄上，准确地控制剪的方向和剪开的长度。见图4-6。

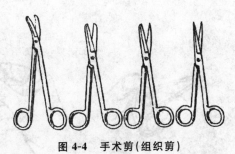

图 4-4　手术剪(组织剪)　　　　　　图 4-5　拆线剪

3. 手术镊

用于夹持、稳定或提起组织以利切开及缝合。

(1)手术镊的种类　根据长度,可分长型镊和短型镊,依据镊头的尖和钝,分为尖头镊和钝头镊;根据镊头有无齿状物,分有齿镊和无齿镊。有齿镊对组织的损伤性大,用于夹持坚硬的组织,无齿镊损伤性小,用于夹持脆弱的组织和器官。

(2)手术镊执持方法　用拇指对食指和中指执拿。见图4-7。

图 4-6　手术剪的执持方法　　　　　　图 4-7　执手术镊的姿势

4. 止血钳

又名血管钳,主要用于夹住出血部位的血管或出血点,以达到直接钳夹止血的目的。有时也用于分离组织、牵引缝线。

(1)止血钳的种类　止血钳一般有弯、直两种。直钳用于浅表组织和皮下止血,弯钳用于深部止血。止血钳尖端带齿者,称为有齿止血钳,多用于夹持较厚的坚硬组织。见图4-8。

(2)止血钳执持和松钳方法　执钳方法同手术剪。松钳时,若用右手,将拇指及无名指插入柄环内捏紧使扣分开,再将拇指内旋即可;用左手时,拇指及食指持一柄环。中指和无名指顶住另一柄环,二者相对用力即可松开。见图4-9。

5. 持针钳

又称持针器,用于夹持缝针缝合组织。

(1)持针钳的种类　持针钳分握式持针钳和钳式持针钳两种,兽医临床常用握式持针钳,但小型宠物则常用钳式持针钳。见图4-10。

(2)持针钳执持法　使用时,缝针应夹在靠近持针钳的尖端,若夹在齿槽床中间,则易将针折断。一般应夹在缝针的针尾1/3处。见图4-11。

6. 缝合针

主要用于闭合组织或贯穿结扎。

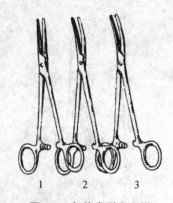

图 4-8　各种类型止血钳

1. 直止血钳　2. 弯止血钳　3. 有齿止血钳

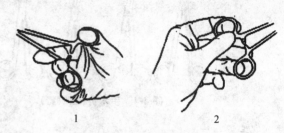

图 4-9　止血钳执持和松钳方法

1. 执持　2. 松钳

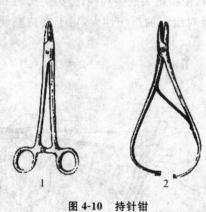

图 4-10　持针钳

1. 钳式持针钳　2. 握式持针钳

图 4-11　持针钳执持法

缝针按针体形状可分为直针、半弯针和弯针,按针尖形状分为圆针和三棱针,按穿线眼的结构又可分为闭环式弹机孔式(针眼后方有一裂开凹槽,缝线可以从裂槽压入针眼内)等。

直针较长,可用手直接操作,但需要较大的空间,适用于表面组织的缝合;弯针有一定的弧度,用持针器操作,不需太大的空间,适用于深部组织的缝合;圆针尖端为圆锥形,尖部细,体部渐粗,缝合时对组织损伤较轻,适合肠壁、血管、神经等软组织的缝合;三棱针前半部为三棱状,较锋利,对组织损伤较大,适合于皮肤、软骨、韧带等坚硬组织的缝合。

此外,还有一种带线缝合或称无眼缝合针,其缝线已包在针尾部,针尾较细,仅单股缝线穿过组织,使缝合孔道最小,对组织损伤小,又称为"无损伤缝针"。多用于血管、肠管缝合。见图 4-12。

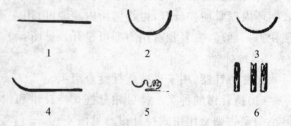

图 4-12　缝合针的种类

1. 直针　2. 1/2 弧形　3. 3/8 弧形　4. 半弯形
5. 无损伤缝针　6. 弹机孔针尾构造

7. 缝线

用于闭合组织和结扎血管。分为可吸收缝线和不吸收缝线两类。

(1)可吸收缝线　主要为羊肠线和合成纤维线。

肠线为羊的小肠黏膜下层制成。有普通与铬制两种,主要用于胃、肠、膀胱等中空器官的缝合。在感染的创口中使用肠线,可减少由于其他不能吸收的缝线所造成的难以愈合的窦道。由于肠线属于异体蛋白质,在吸收过程中,组织反应较重。使用肠线时,应注意以下几个问题:

①从玻管贮存液内取出的肠线质地较硬,使用前应用温生理盐水浸泡,待变软后再用,但不可用热水浸泡或浸泡时间过长,以免肠线肿胀、易折、影响质量。

②不能用持针钳或血管钳夹持肠线,也不可将肠线扭折,以至皱裂易断。

③肠线吸收水分后打结容易松开,所以打结时易用三叠结。剪断后留的线头应较长,否则线结易松脱。一般多用连续缝合,以免线结太多,导致术后异物性反应显著。

④胰腺手术时,不能使用肠线结扎或缝合,因肠线可被胰液消化吸收,进而继发出血或吻合口破裂。

常用的合成纤维线如聚羟基乙酸,具有粗细均匀、组织反应较轻、吸收时间延长、抗张力强度高等优点,粗细从6~0至2号,3~0线适合于胃肠缝合,1号线适合于缝合腹膜、腱鞘等,完全吸收需60~90 d。不足之处同肠线一样打结时易滑脱,须打成三叠结。

(2)不吸收缝线 有非金属和金属线两种。非金属线有丝线、棉线、尼龙线等,常用者为丝线。金属线最常用者为不锈钢丝。

丝线具有柔韧性好、打结方便、质软不滑、组织反应小、拉力较强等优点,兽医临床常用12号和18号两种。

不锈钢丝多用于骨的固定,有时也用于减张缝合。具有消毒简便、刺激性小、拉力大等优点,但不易打结,并有割断和嵌入组织的可能性,因此,用于减张缝合时,线间应垫以剖开的橡皮管。

8.牵开器

又称拉钩。用于牵开术部表面组织,加强深部组织的显露,以利于手术操作。

(1)牵开器的类型 可分为手持牵开器和固定牵开器两种类型。见图4-13、图4-14。

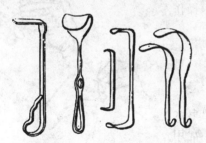

图4-13 各种手持牵开器

图4-14 固定牵开器

(2)牵开器的使用 见图4-15。

9.巾钳

用以固定手术巾。常用的巾钳如图4-16所示。使用时,连同手术巾一起夹住皮肤,以防手术巾移动,以及避免手或器械与术部直接接触。

10.肠钳

用于肠管手术,以阻断肠内容物的移动、溢出或肠管出血。肠钳有薄齿槽,如图4-17所示。使用时,为减少对组织的损伤,外套乳胶管。见图4-17。

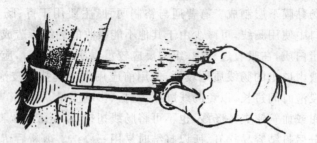

图 4-15　手持牵开器的使用

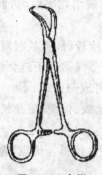

图 4-16　巾钳

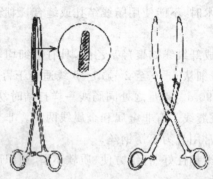

图 4-17　肠钳

11. 探针

分普通探针和有沟探针两种,用于探查窦道,借以引导进行窦道及瘘管的切除或切开,在腹腔手术中,常用有沟探针引导切开腹膜。

注意:在施行手术时,所需要的器械较多,为了避免在手术操作过程中刀、剪、缝针等器械误伤手术操作人员,手术器械须按一定的方法传递。见图 4-18。

【技能2】 消毒

1. 手术人员消毒

手术人员在术前必须将指甲剪短磨光,用肥皂水反复刷洗,除去污垢,再用消毒药液浸泡洗刷。常用0.5%氨水 2～3 盆,在每盆内浸泡洗刷 3～5 min 后,再在 75%酒精内浸泡 5～8 min;或在肥皂水中洗刷并经清水冲净后,用 0.1%新洁尔灭溶液浸泡洗刷5 min。擦干后戴上无菌手套。为防止手术人员头部及身上的灰尘和汗滴、飞沫落入创内,必须穿戴手术衣帽、口罩。术中应少说话、少走动。

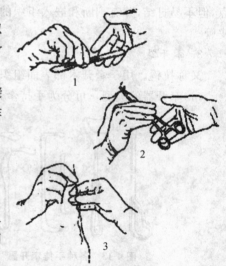

图 4-18　手术器械的传递

1. 手术刀的传递　2. 持针钳的传递
3. 直针的传递

2. 施术场所的准备和消毒

无论在室内或室外进行手术,施术场所均应在术前打扫干净,然后选用 3%～5%来苏儿或 5%漂白粉等消毒药液喷洒。手术室内如有条件可用紫外线灯照射进行灭菌。

3. 手术动物准备和术部消毒

(1)手术动物准备 针对病情进行手术前的治疗,如强心、输液和抗菌(必要时可以作皮试)等,以提高动物对手术的耐受力;根据手术要求,术前禁食 12 h,禁水 6 h;选用适当方法促进排粪和排尿,以减少腹压,防止术中粪、尿污染术区;根据动物种类和手术类型选择适当的保定方法,如牛瘤胃切开术多采用六柱栏站立保定,小动物腹腔手术多在手术台上采取头低尾高仰卧保定等。

(2)术部的消毒 用剃毛刀或密齿电推子除尽术部被毛,并予以清除;先以 70%的酒精涂擦术部脱脂,然后用 2%～5%的碘酊涂擦,待 3～5 min 后再用酒精脱碘。涂擦消毒时,应由手术区中心部向四周涂擦,切禁来回无序乱擦。黏膜消毒时,可用 3%～4%硼酸溶液、0.1%雷佛奴尔溶液、0.1%高锰酸钾溶液消毒;首先用中间开口的单一隔离巾暴露术部切口而覆盖术部外围,然后用 4 块隔离巾按顺时针或逆时针方向依次覆盖在切口四周,称复合式隔离巾,隔离巾均应用巾钳固定。

4. 器械及敷料的准备和消毒

手术器械敷料以及其他有关物品,均可能对手术创造成直接或间接的接触感染,在使用前必须严格消毒。手术金属器械通常应用高压蒸汽灭菌法或化学药物浸泡法进行消毒,无上述条件时,则可用煮沸法(金属器械应在沸水中放入,煮沸 20～30 min 即可代替)。玻璃陶瓷和搪瓷类器皿,采用高压蒸汽灭菌法、煮沸法(玻璃器械须在冷水中放入,以避免爆裂)或用 0.1%新洁尔灭溶液浸泡消毒。插管、导管、手套、橡胶布、围裙以及其他多种橡胶或塑料制品,均不耐高温,故常用 0.1%新洁尔灭溶液浸泡消毒,但在消毒时,应用纱布将物品包好,以防受损。敷料、手术创巾、手术衣帽和口罩等物品,采用高压蒸汽灭菌消毒。

【技能 3】 麻醉

麻醉的主要目的是使施术动物失去痛觉,保持安静和肌肉松弛,保证外科手术顺利进行以及动物和工作人员的安全。常用的麻醉法有全身麻醉、局部麻醉和针刺麻醉。

1. 麻醉前准备和给药

根据动物的种类、年龄、体况及麻醉方法合理地选择麻醉前给药,目的是提高麻醉的安全性,减少麻醉的副作用,消除麻醉和手术的不良反应,使麻醉过程平稳,以达最佳效果和减少麻醉药剂量。常用麻醉前用药有以下几种。

(1)氯丙嗪(冬眠灵) 催眠和安定作用较强,具有防止呕吐、减少唾液和支气管分泌等作用。与水合氯醛、巴比妥类等全身麻醉药配合应用,能强化麻醉并减少麻醉剂用量 1/3～1/2。肌肉注射,马、牛每千克体重 1～2 mg,猪、羊每千克体重 1～3 mg,犬每千克体重 1～2 mg。

(2)龙朋 又名麻保静,二甲胺噻嗪,具有镇静、镇痛和肌松作用,作为麻醉前给药,主要与水合氯醛、硫贲妥钠或戊巴比妥钠等合用。肌肉注射,马每千克体重 1.5～3 mg,牛每千克体重 0.2～0.3 mg,犬每千克体重 1～3 mg。

(3)阿托品 具有松弛平滑肌、抑制腺体分泌、减少呼吸道黏液和唾液腺分泌,大剂量的阿托品还可颉颃氟烷等吸入麻醉剂引起的心动过缓,因此,阿托品是麻醉前最常用的药物,尤其是吸入麻醉更为常用,必要时可在术中追加。临床上常在吸入麻醉之前 20～30 min,将阿托品与神经安定药一并皮下或肌肉注射。阿托品的用量为犬 0.5～5 mg。

2. 全身麻醉与用药

根据药物进入体内途径不同，分为吸入麻醉和非吸入麻醉。这里主要介绍非吸入麻醉。

非吸入麻醉一般采用注射方法，也可用口服或直肠内灌注的方法，使药物进入体内达到全身麻醉的目的。本法操作方便，不需要特殊设备，易于诱导，很快进入外科麻醉期，是临床常用而且重要的麻醉方法。但本法不易控制麻醉深度、用药量和麻醉时间，如用药过量则不易排除、解毒，只靠组织代谢和肾脏排泄来解毒。常用非吸入麻醉药物主要有水合氯醛、巴比妥类、龙朋、静松灵和氯胺酮等。

(1)水合氯醛　具有给药途径广，兴奋期不明显，进入麻醉快，麻醉效果确实可靠等优点。麻醉剂量，依据给药途径、动物种类和麻醉深度而定。通常马、牛、羊静脉注射剂量为每100 kg体重10~16 g。动物进入麻醉期后表现瞳孔缩小，角膜反射消失，舌脱出于口外不能缩回，公畜阴茎脱出，全身肌肉松弛，疼痛反应消失，脉搏整齐有力，呼吸深而均匀，体温有时下降1~3℃。本品镇痛效果较差，并能引起大量流涎，故常将氯丙嗪和阿托品作为麻醉前给药。此外，水合氯醛对组织刺激性较强，静脉注射时应避免漏于皮下，内服和灌肠时，应配成1%~3%的黏糊剂使用。

(2)硫贲妥钠　为超短时作用型的巴比妥类麻醉药，脂溶性高，易透过血脑屏障，故注射后迅速产生麻醉作用。但又因脂溶性高，很快进入脂肪组织，使脑组织和血液浓度显著降低，麻醉作用时间短，故多用于麻醉诱导。临床上常配成2.5%的溶液静脉注射。具体应用时，先快速注入总剂量的1/3剂量，然后停药30~60 s，余下的药量可在其后的1~2 min内缓慢注完。诱导麻醉只能维持1~1.5 min，手术麻醉可维持10~20 min，但苏醒期较长，约为1~2 h。追加用药剂量，苏醒期更加延长，如为60 min手术麻醉期，苏醒长达6~12 h。该药镇痛和肌松效果较差，快速注射时呼吸明显抑制，使呼吸减慢，甚至呼吸暂停，因此，应用时，必须小心计算药量。

(3)龙朋　化学名为二甲苯胺噻嗪，根据剂量不同具有镇痛、镇静和肌松或麻醉作用。临床上常配成2%~10%水溶液供肌肉注射、皮下注射和静脉注射用。肌肉注射10~15 min后、静脉注射3~5 min后就产生作用，可持续1~2 h似睡状态，镇痛作用持续15~30 min。本品也可作麻醉前用药，可减少硫贲妥钠诱导麻醉用量的50%~70%。该药对呼吸和心脏有抑制作用，引起呼吸频率、心率及心输出量减少，常发生房室二度阻滞或窦房阻滞现象。最初动脉压暂时性升高，随后下降。有催吐作用，用药后50%的犬发生呕吐，故麻醉前必须应用阿托品。

(4)盐酸氯胺酮　是苯乙哌啶的类似药物，主要作用于大脑皮质和间脑，选择性抑制大脑的联络系统，这种某部抑制而另一部分兴奋的麻醉状态称为"分离麻醉"，广泛应用于马、猪、羊、犬和多种野生动物。临床上主要用于保定或体表的小手术，也可用于简单的开腹手术。投药前15~30 min，先用硫酸阿托品皮下注射，以防流涎，然后肌肉或静脉注射盐酸氯胺酮。

(5)静松灵　又名二甲苯胺噻唑。本品与龙朋作用相似，使用方法和剂量与龙朋相同。多用于牛的麻醉。

(6)保定宁　是静松灵和乙二胺四乙酸二者的等量配合。用于手术麻醉，效果优于静松灵。

(7)846麻醉合剂　又称速眠新注射液。是由保定宁60 mg、双氢埃托啡4 μg和氟哌啶醇2.5 mg复合而成，具有镇痛、镇静和肌肉松弛作用。主要应用于犬。

3. 麻醉的并发症及其解救

(1)呕吐 一般较多见于小动物吸入麻醉的前期,但也偶见于胃充满的大动物的非吸入麻醉。反刍动物则在麻醉程度较深时,常因充满发酵的胃内容物倒流入口腔,此时吞咽反射消失,胃内容物常有流入或被吸入气管中造成窒息或异物性肺炎的危险。一旦发生呕吐,应尽可能使呕吐物排出口腔,呕吐停止后用大棉花块清洗口腔。反刍动物最好在麻醉时插入气管插管,并将套囊适当充气,堵塞气管入口,以免流入异物。

(2)舌回缩 由于在深睡期时肌肉弛缓,舌肌松弛并向会厌软骨方向回缩,可造成气管堵塞,因此,一旦听到异常呼吸音或出现痉挛性呼吸、舌头发绀等症状,必须检查动物的舌头是否在口腔,若发生回缩、呼吸困难时,应立即用手或舌钳将舌牵出,并使其保持伸出口腔外,症状即自行消失。

(3)呼吸停止 可出现于麻醉的前期或后期。表现在出现若干浅表和不整的吸气后呼吸运动停止,发绀,角膜反射消失,瞳孔突然放大,创口内血液转为暗色,其后心脏跳动也渐停止。当出现呼吸停止的初期症状时,应立即撤除麻醉,打开口腔,拉出舌头(或以每分钟 20 次左右的节律反复牵拉舌头),并着手进行人工呼吸。对大动物可用手握着两侧肋骨弓有节奏地向外开张,或有节奏地将两肢向前外侧牵引。立即静脉注入尼可刹米、安钠咖等。

(4)心搏停止 常发生于深麻醉期。心脏活动骤停有时可能没有预兆,脉搏和呼吸突然消失,瞳孔散大,创内的血管停止流血。此时,应立即采用心脏按摩术,即用手掌在左侧心区有节律的敲击胸壁,如果腹腔手术尚未关闭腹腔时,可由膈直接有节律地挤压心脏。静脉注射 0.1% 盐酸肾上腺素。

4. 局部麻醉

局部麻醉是在病畜保持意识清醒状态下,为消除手术时的疼痛反应而采取的暂时阻断体躯一定区域内的感受器及其神经干的传导作用的方法。分为表面麻醉、浸润麻醉、传导麻醉和硬膜外麻醉。

(1)表面麻醉 表面麻醉是指利用麻醉药的渗透作用,使其透过黏膜而阻滞浅在的神经末梢。其中,眼结膜和角膜麻醉,用 0.5% 丁卡因或 2% 利多卡因溶液滴入结膜囊内,口、鼻、肛门等处黏膜麻醉选用 1%~2% 丁卡因或 2%~4% 的利多卡因溶液涂布、填塞或喷雾,每隔 5 min 一次,连用 2~3 次。

(2)浸润麻醉 利用 0.25%~1% 的盐酸普鲁卡因溶液皮下或深部分层注射,以阻滞神经末梢,称为局部浸润麻醉。将针头刺入所需深度,先回抽是否回血,无回血方可注入药物,边向外抽边注入药物。注射的方式有直线、菱形、扇形、基部和分层注射等,可根据需要选择适当的方式。另外手术部位肌肉层较厚时,可边浸润边切开(图 4-19)。

(3)传导麻醉 又称神经阻滞麻醉,是在神经干周围注射 2% 盐酸利多卡因或 2%~5% 盐酸普鲁卡因溶液,使传导神经干所支配的组织失去痛觉。传导麻醉注射部位多选在各神经干周围,要求掌握各该神经干的位置、外部投影以及操作技术。给药的浓度、用量与麻醉神经的大小呈正比关系。

(4)脊髓麻醉 将 2% 普鲁卡因溶液注于椎管内硬膜外腔或蛛网膜下腔内。常用的是腰荐部和荐尾部硬膜外腔麻醉。注射时须对动物确实保定,注射速度不宜过快,施术要遵守无菌原则,注意不得损伤脊髓和附近的神经、血管(图 4-20 至图 4-22)。

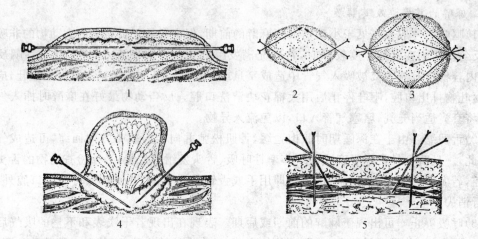

图4-19 浸润麻醉
1. 直线浸润 2. 菱形浸润 3. 扇形浸润 4. 基部浸润 5. 分层浸润

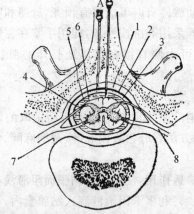

图4-20 脊髓横断面模式图
1. 硬膜外腔 2. 脊硬膜 3. 硬膜下腔 4. 脊蛛网膜
5. 蛛网膜下腔 6. 脊软膜 7. 椎间孔 8. 脊神经
A. 硬膜外腔麻醉 B. 蛛网膜下腔麻醉

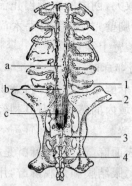

图4-21 牛脊髓末段构造
1. 最后腰椎横突 2. 髋结节
3. 第一尾椎 4. 第二尾椎
a. 脊髓 b. 脊髓圆椎 c. 马尾

【技能4】 组织分离

1. 软组织切开

(1)皮肤切开法

①紧张切开 由术者与助手用手在切口两旁或上、下将皮肤展开固定(图4-23),或由术者用拇指及食指在切口两旁将皮肤撑紧并固定,在切口的起点将圆刃刀的刀刃与皮肤垂直刺通皮肤,再将刀放斜45°角,用力均匀地一刀切开所需长度和深度皮肤及皮下组织切口。必要时也可补充运刀,但不可来回运刀,

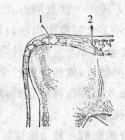

图4-22 牛的脊髓麻醉部位
1. 硬膜外腔麻醉的第一、二尾椎间隙刺入点
2. 硬膜外腔麻醉及蛛网膜下腔麻醉的腰荐椎间隙刺入点

以免切口边缘参差不齐,影响创缘对合和愈合。

②皱襞切开　术者和助手用手指或镊子将预定切口两侧的皮肤捏起,做成横皱襞,在其中央自上而下切开至所需的长度,以避免损伤切口下面的大血管、大神经、淋巴管和重要器官(图4-23)。

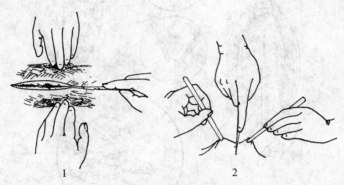

图 4-23　皮肤切开法
1. 紧张切开　2. 皱襞切开

(2)皮下组织及其他组织的分离

①疏松结缔组织分离　先将组织刺破,再用刀柄或手指进行剥离。

②筋膜分离　先用镊子将筋膜提起切一小口,用弯止血钳在此切口上下将筋膜下组织与筋膜分开,沿分开线用剪刀剪开筋膜。筋膜切口应与皮肤切口等长。如果筋膜下有神经血管,先用镊子将筋膜提起切一小口,再将有沟探针插入筋膜下,沿针沟刀刃向外挑开或用剪刀剪开筋膜,扩大切口至适当长度。

③肌肉分离　通常采取分层分离法,对扁平肌肉可用刀柄或手指顺肌纤维方向进行钝性分离(图4-24)。但在紧急情况下,或肌肉较厚,对影响手术通路的肌肉也可斜切或横切,横过切口的血管用止血钳钳夹或用细缝线从两侧结扎后,从中间将血管切断(图4-25)。

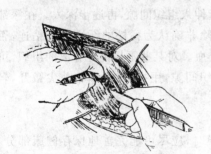
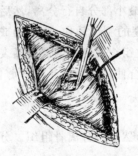

图 4-24　肌肉的钝性分离　　　**图 4-25　切断横过切口的血管**

④腹膜切开法　腹膜切开时,为了避免损伤肠管和其他内脏,应先用止血钳夹起腹膜,作一小切口,然后插入有沟探针或食指与中指,引导手术刀外向式切开腹膜,或用钝头剪刀剪开腹膜(图4-26)。

⑤肠管切开法　肠管侧壁切开时,一般于肠管纵带上纵行切开,并应避免损伤对侧肠壁(图4-27)。

⑥索状组织的分离　索状组织(如精索)的切割除了应用手术刀或手术剪做锐性切割外,

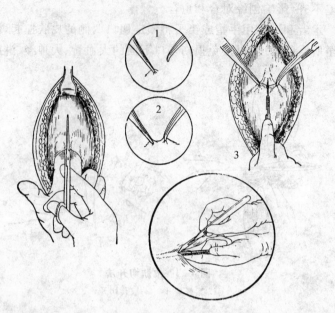

图 4-26　腹膜切开法

尚可用刮断、拧断等方法,以减少出血。

⑦良性肿瘤、放线菌病灶、囊肿及内脏粘连部分的分离　宜用钝性分离。根据粘连状况及增生组织的性质,分别采用不同手法。例如,对未机化的粘连可用手指或刀柄直接剥离;对已机化的致密组织,可先用手术刀切一小口,再用钝性剥离,剥离时,手的主要动作应是前后方向或略施压

图 4-27　肠管的侧壁切开

力于一侧使较疏松或粘连最小部分自行分离,然后将手指伸入组织间隙,再逐步深入。在深部非直视下,手指左右大幅度的剥离动作,应少用或慎用,除非确认为稀松的纤维蛋白粘连,否则,一不小心就有可能导致组织及脏器的严重撕裂或大出血。对某些不易钝性分离的组织,可将钝性分离与锐性分离结合使用。一般是用弯剪伸入组织间隙,用推剪法,即将剪尖微开,轻轻向前推进,缓缓剥离。

2. 硬骨组织的分割

首先切开和分离骨膜,然后再分离骨组织。分离骨膜时,应尽可能完善地保存健康部分,以利于骨组织愈合。

分离骨膜时,先用手术刀将骨膜呈"＋"字形或"工"字形切开,然后用骨膜分离器分离骨膜。骨组织的分离一般是用骨剪剪断或骨锯锯断,用骨锉锉平断端锐缘,以防止骨的断端损伤软部组织。

【相关知识】组织分离又称为组织分割,是指利用机械方法根据手术部位解剖生理特点,把原来完整的组织切开或分离,以造成手术通路,显露并切除病变组织或某一器官,从而达到治疗疾病的目的。

根据组织性质不同,组织分割分为软组织和硬组织分割,其中,软组织分割又分为锐性分割和钝性分割两种。应用手术刀、手术剪对皮肤、黏膜、肌肉、筋膜、肌腱等组织的分割,叫做锐性分离法;以手术刀柄、止血钳、钝头手术剪或手指等对粘连或不涉及重要血管、神经,如扁平肌肉、组织间隙、肿瘤摘除、囊肿薄膜外疏松结缔组织的剥离,做钝性分离法。

【技能5】 止血

1. 全身预防性止血

在手术前给动物注射增高血液凝固性的药物或同类型血液。常用方法如下。

(1)输血 在术前 30~60 min 输入同种同型血液,犬每千克体重 10~20 mL,目的在于增高施术动物血液的凝固性,刺激血管中枢反射性地引起血管的痉挛性收缩,以减少手术中的出血。

(2)注射增高血液凝固性以及血管收缩的药物

①肌肉注射维生素 K_1,马、牛 100~400 mg,猪、羊 30~60 mg,犬每千克体重 0.5~2 mg。

②肌肉注射安络血注射液,马、牛 5~20 mL,猪、羊 2~4 mL,犬 1~2 mL。

③肌肉注射止血敏,马、牛 10~20 mL,猪、羊、犬 2~4 mL。

2. 局部预防性止血

(1)压迫绷带止血 当静脉和毛细血管出血时,在出血部位放上几层灭菌纱布或棉花,然后用绷带紧紧包扎。

(2)止血带止血 适用于四肢、阴茎和尾部手术,可暂时阻断血流,减少手术中的失血,有利于手术操作。装置止血带时,应有足够的压力(止血带远侧脉搏消失为度),放置时间不得超过 2~3 h,冬季不超过 40~60 min,在此时间内如手术尚未完成,可将止血带临时松开 10~30 s,然后重新缠扎。

3. 手术过程中止血

(1)机械止血

①压迫止血 用灭菌纱布或其他灭菌敷料,压迫出血部位,用于手术中的毛细血管止血。为了提高压迫止血的效果,可选用生理盐水、0.1％肾上腺素溶液浸湿后又扭干的纱布作压迫止血,操作时必须是按压,不可擦拭,以免损伤组织,或使血栓脱落。

②填塞止血 在找不到出血血管时,可用灭菌纱布紧紧填塞创腔,以达到止血目的。留置的敷料一般在 12~48 h 后取出。

③钳夹止血法 用止血钳钳夹住血管断端,加以压迫,使断端闭合而止血。钳夹的方向应尽量与血管断端垂直,以免过多地夹住组织。

④钳夹扭转止血 用止血钳夹住血管断端,扭转止血钳 1~2 周,轻轻去钳,则断端闭合止血。如经钳夹扭转不能止血时,则改用钳夹结扎止血。

⑤钳夹结扎止血 是常用而可靠的基本止血法,多用于明显而较大血管出血的止血。其方法有两种。

单纯结扎止血 用丝线绕过止血钳所夹住的血管及少量组织而结扎(图 4-28)。在结扎结扣的同时,由助手放开止血钳,于结扣收紧时,即可完全放松。过早放松血管可能脱出,过晚放松则结扎住钳头不能收紧。结扎时所用的力量也应大小适中,适用于一般部位的止血。

贯穿结扎止血 将结扎线用缝针穿过所钳夹组织(切勿穿透血管)后进行结扎。常用的方法有"8"字缝合结扎及单纯贯穿结扎两种(图4-29),贯穿结扎止血的优点是结扎线不易脱落,适用于大血管或重要部分的止血。在不易用止血钳夹住的出血点,不可用单纯结扎止血,而宜采用贯穿结扎止血的方法。

(2)电凝止血   利用高频电流凝固组织的作用达到止血目的。用止血钳夹住血管断端,

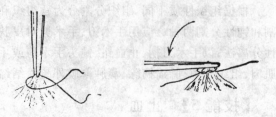

图 4-28   单纯结扎止血

向上轻轻提起,擦干血液,将电凝器与止血钳接触,待局部发烟即可,主要用于较浅表的小出血点或不易结扎的渗血。

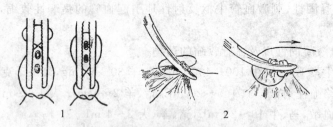

图 4-29   贯穿结扎止血法

1."8"字缝合结扎法   2.单纯贯穿结扎法

(3)烧烙止血   利用电烧烙器或烙铁烧烙作用使血管断端收缩封闭而止血。烧烙时烙铁在出血处稍加按压后即迅速移开,否则组织黏附在烙铁上或当烙铁移开时而将组织扯离。

(4)局部化学及生物学止血

①肾上腺素止血   用0.1%肾上腺素溶液浸湿的纱布进行压迫止血,此外还可以用于填塞齿槽或眼眶止血。

②止血明胶海绵止血   此法多用于一般方法难以止血的创面出血、实质器官、骨松质及海绵质出血。使用时将止血海绵铺在出血面上或填塞在出血的伤口内即可,如果填塞后加以组织缝合,则效果更佳。

③活组织填塞止血   是运用自体组织如网膜填塞于出血部位。通常用于实质器官的止血,如肝脏损伤可用网膜、腹膜、筋膜或肌肉瓣,牢固地缝合在损伤的肝脏上。

④骨蜡止血   用骨蜡制止骨质渗血,常用于骨外科。

⑤中草药止血   如云南白药等。

【技能6】   缝合

1. 打结方法

常用单手打结、双手打结和器械打结3种。

(1)单手打结法   左右手均可打结,其基本动作如图4-30所示。

(2)双手打结   除了用于一般结扎外,对深部或张力大的组织缝合,结扎较为方便可靠,其基本动作如图4-31所示。

(3)器械打结   即用止血钳或持针钳打结,适用于结扎线较短、狭窄的术部、创伤深处和某些精细手术的打结,具体打结方法如图4-32所示。

2. 缝合的方法

常用单纯缝合和内翻缝合。

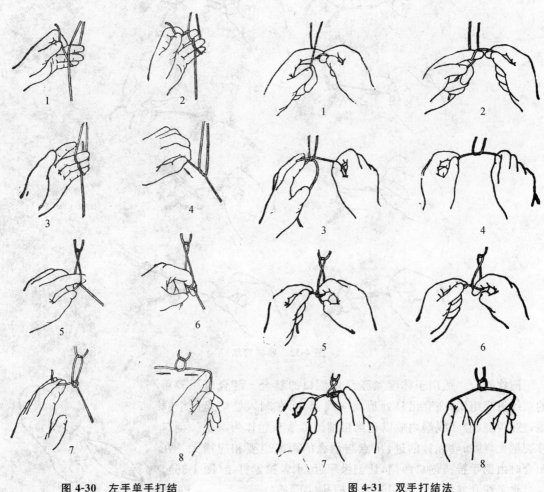

图 4-30　左手单手打结　　　　　图 4-31　双手打结法

(1)单纯缝合

①间断缝合　常见结节缝合、"8"字形缝合、减张缝合、圆枕缝合和水平纽孔状缝合几种。

结节缝合　常用于皮肤、皮下组织、筋膜、黏膜、血管、神经、胃肠道缝合。缝合时,将缝针引入 15～25 cm 缝线,于创缘一侧垂直刺入,于对侧相应的部位穿出打结,每缝一针打一次结(图 4-33)。缝合时创缘要密切对齐。缝线距创缘距离,根据缝合的皮肤厚度来决定,犬 3～5 mm。缝线间距根据创缘张力决定,使创缘彼此对合,一般间距为 0.5～1.5 cm。打结在切口一侧,以防止压迫切口。

"8"字形缝合　由两个相反方向交叉的间断缝合组成,多用于肌腱或由数层组织形成深创的缝合(图 4-34)。

减张缝合　当创伤周围组织张力过大时,应用此种缝合以减少创缘的紧张性,防止缝合线扯裂创缘组织。缝合方法与结节缝合相同,但缝针的刺入点与穿出点距创缘较远,一般为 2～4 cm。减张缝合通常与结节缝合混合并用,即先作减张缝合,使创缘、创壁接近,再于减张缝合间增加数针结节缝合(图 4-35)。

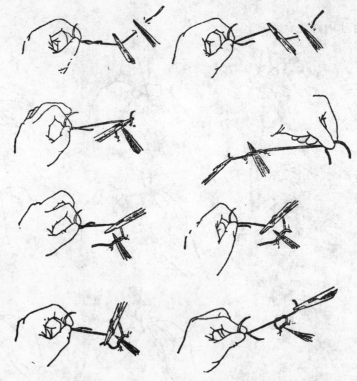

图 4-32 器械打结

圆枕缝合 适用于体度紧张部位创口的缝合。缝合时用较粗的双线贯穿组织,在穿出口处形成一线套,而在刺入处则是两个线端,然后在线套和线端内放以适当粗细消毒纱布卷作为圆枕。创口哆裂越大,纱布卷和针的进、出点与创缘的距离也要相应增大。在闭合时由助手推挤创口两侧,让创缘靠近,术者拉紧打结(图 4-36)。

水平纽孔状缝合 多用于闭锁疝孔(图 4-37)。

图 4-33 结节缝合

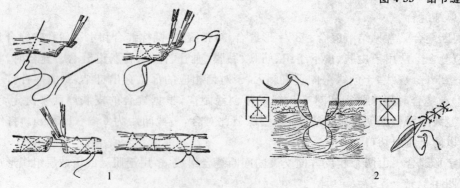

1   2

图 4-34 "8"字形缝合

1. 腱的"8"字形缝合　2. 深创的"8"字形缝合

图 4-35 减张缝合

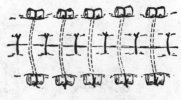

图 4-36 圆枕缝合

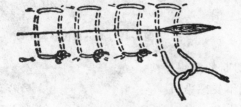

图 4-37 水平纽孔状缝合

图 4-38 螺旋形连续缝合

②连续缝合 常用螺旋缝合。是用一长条的缝线自始至终连续的缝合一个创口,最后打结的方法。第一针缝合并打结后,每缝一针之前,对合创缘,避免创口形成褶皱,使用同一条线以等距离缝合,拉紧缝线,最后留下线尾,在一侧打结(图 4-38)。主要用于具有弹性、无太大张力的较长创口的缝合,如肌肉、腹膜和胃肠道等。

(2)内翻缝合 主要用于胃肠、子宫、膀胱等空腔器官的缝合。通常有伦勃特氏缝合、库兴氏缝合、康乃尔氏缝合和荷包式缝合四种形式。

①伦勃特氏缝合 又称为垂直褥式内翻缝合法,分间断和连续两种。

间断伦勃特氏缝合法 缝线分别穿过切口两侧浆膜及肌层即行打结,使部分浆膜内翻对合(图 4-39)。常用于胃肠道的外层缝合。

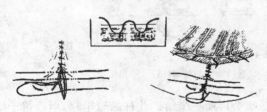

图 4-39 伦勃特氏间断缝合

图 4-40 伦勃特连续缝合

连续伦勃特缝合法 于切口一端开始,先作一浆膜肌层间断内翻缝合,再用同一缝线做浆膜肌层连续缝合至切口另一端(图 4-40)。用于胃肠道的外层缝合。

②库兴氏缝合 又称连续水平褥氏内翻缝合,由伦勃特连续缝合法演变而来。于切口一端开始先做一浆膜肌层间断内翻缝合,再用同一缝线平行于切口做浆膜肌层连续缝合至切口另一端(图 4-41)。适用于胃、子宫浆膜肌层缝合。

③康乃尔氏缝合 基本上与连续水平褥式内翻缝合相同,仅在缝合时缝针要贯穿全层组织,当将缝线拉紧时,则肠管切面即内翻向肠腔(图 4-42)。多用于胃、肠、子宫壁缝合。

④荷包式缝合 即作环状的浆膜肌层连续缝合。主要用于胃肠壁上小范围的内翻缝合,如缝合小的胃肠穿孔。此外还用于胃、肠、膀胱等引流固定的缝合方法(图 4-43)。

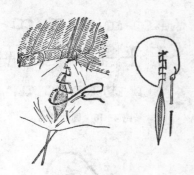

图 4-41　库兴氏缝合

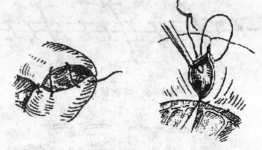

图 4-42　康乃尔氏缝合

【相关知识】缝合的目的是将已切开、切断的组织器官进行重新对合或重建其通道，是保证术创不受感染、良好愈合的基本条件之一，同时也有利于创伤止血。

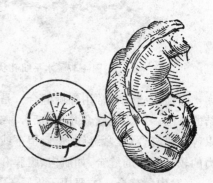

图 4-43　荷包式缝合

1. 打结

正确而牢固地打结是结扎止血和缝合的重要环节，熟练地进行打结不仅可以防止结扎线的松脱而造成创伤哆开和继发性出血，而且可以缩短手术时间。

（1）结的种类　主要有方结、三叠结和外科结三类。见图 4-44。

①方结　又称平结，用于结扎较小的血管和各种缝合时的打结，不易滑脱。

图 4-44　各种线结
1. 方结　2. 外科结　3. 三叠结　4. 假结（斜结）　5. 滑结

②三叠结　又称加强结，是在方结的基础上再加一个结。此种结较牢靠，但遗留于组织中的结扎线较多。常用于有张力的组织缝合。

③外科结　在打第一个结时绕两次，使摩擦面增大，故打第二结时不易滑脱和松动，此结牢固可靠。多用于大血管、张力较大的组织和皮肤的打结。

④假结　又称斜结，是错误的方结，打第一结时绕行方向与第二结相同。

⑤滑结　打方结时，两手用力不均只拉紧第一根线，容易滑脱。

（2）打结注意事项

①打结收紧时，要求左、右手的用力点与结扎点，这三点成一直线，切不可成角向上提起，否则将会使结撕脱或松脱。

②无论用何种方法打结，第一结与第二结的方向不能相同，即两手需交叉，否则即成假结，如果两手用力不均，可成滑结。

③用力应均匀，两手的距离不能离线结太远，特别是深部打结时，最好用两手食指伸到结

旁,以指尖顶住双线,两手握住线端,徐徐拉紧,否则易松脱(图4-45)。埋在组织内的结扎线头,在不引起结扎松脱的原则下,尽量剪短,以减少对组织的刺激。丝线、棉线一般留3～5 mm,较大血管的结扎应略长,以防滑脱。肠线留4～6 mm,不锈钢丝5～10 mm,并应将钢丝头扭转埋入组织中。

 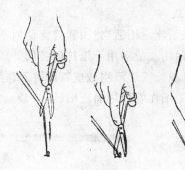

图4-45 深部打结法　　　　　　　　图4-46 剪线法

④结扎完毕后,应掌握正确的剪线方法,即将双线尾提起略偏术者的左侧,助手用稍张开的剪刀尖沿着拉紧的结扎线滑至结扣处,再将剪刀稍向上倾斜,然后剪断,倾斜的角度取决于要留线头的长短(图4-46)。

2．缝合注意事项

缝合必须遵守无菌常规。缝合前要彻底止血,并清除创内异物、凝血块及坏死组织。创缘创壁要均匀接合(图4-47)。缝针的入孔和出孔要对称,距创缘0.5～1 cm。缝线松紧要适宜。打结最好集中于创缘的同一侧。必要时考虑作减张缝合和留排液孔。

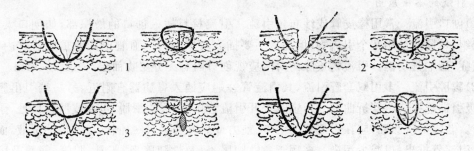

图4-47 正确与不正确的切口缝合

1．正确的缝合　2．两皮肤创缘不在同一平面,边缘错位

3．缝合太浅,形成死腔　4．缝合太紧,皮肤内陷

【技能7】 拆线方法

首先用碘酊消毒创口、缝线及创口周围皮肤,将线结用镊子轻轻提起,拉向一侧露出对侧针孔内的未污染的缝线,将灭菌拆线剪插入线结,紧贴对侧针眼将未污染的缝线剪断和拉出,再次用碘酊消毒创口及其周围皮肤。

【相关知识】拆线是指拆除皮肤缝线。在确认组织已经完全愈合,已能阻止切口裂开时,即可拆线。拆线时间因部位不同而异。头颈部、躯干部和背部8～10 d,胸腹侧上部10～12 d,下腹部要延至14～16 d。老龄体弱、营养不良,局部活动性较大,创缘呈紧张状态或天气寒冷等,应适当延长拆线时间。若创口化脓,缝线在创内变为感染源,应及早拆除,先拆除下部缝线,以利排脓引流,待局部创口二期愈合后,再拆除其余部分。

【技能8】 引流方法及临床应用

1. 引流方法

(1)纱布条引流 用适当长、宽且无任何欲脱纱头的脱脂纱布条,浸以抗生素油膏或碘仿甘油引出创内污物。故多用于维持创腔的开放。

(2)橡皮管引流 引流用橡皮管壁薄,直径为0.64~2.54 cm不等,管壁上有若干个孔,液体借助重心和毛细血管作用而流出(图4-48)。

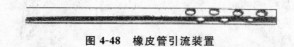

图4-48 橡皮管引流装置

(3)双管套引流 又称积液引流。有两个管腔,两管壁有若干个小孔。当空气从细的进气管进入体腔时,就迫使体液流入粗的引流管内,不会因负压而吸附其他组织(网膜)使引流不畅,也可经进气管注入液体冲洗创腔(图4-49)。

图4-49 双管套引流装置

2. 引流的临床应用

(1)创口引流 常用橡皮管或纱布条引流。引流材料插入创口的最深部,如创口大,累及多层组织,可同时使用几个引流物,但注意不要插入腱鞘、神经、血管或其他重要器官内,以免引起炎症,影响其功能。引流物拔除的时间应视创口内有无分泌物而定,一般2~14 d。

(2)腹腔引流 多用双套管引流,其引流管一端应插入患病器官附近,另一端引出腹壁皮肤,与吸引器连接或将管折曲、扎紧,定时松开引流管排液,为防滑脱,可在皮肤出口处,予以缝合固定。若需冲洗腹腔,应在引流管的上方、前方或后方安置另一插管,以专供冲洗液,而冲洗液则从引流管排出,以减少污染。多用于急性腹膜炎、急性胰腺炎、胆囊、胆管、膀胱及腹腔其他器官手术。

(3)膀胱引流 引流管可选用福式导尿管或其他导尿管,经尿道插入膀胱。主要用于膀胱破裂和尿道修补手术等。

【相关知识】引流是将创口、体腔及其他任何感染部位的液体引出体外的治疗方法,其目的是闭塞死腔,除去异物及减少创口并发症。

1. 适应症

可分为两种,一种是治疗性的,主要用于皮肤及皮下组织严重损伤和感染或脓肿已成熟;另一种是预防性的,主要用于手术之后防止出血、炎性渗出或刺激性液体(如胆汁)漏出积聚形成的死腔,影响创口愈合或引起周围组织的炎症。

2. 引流注意事项

(1)需无菌处理的引流,必须严格执行无菌操作,防止污染。

（2）对引流管必须妥善固定，使之不能移位、脱出或掉入体内。

（3）尽可能使引流管外端向下或下垂，并敷上吸水纱布，引流瓶不能高于插管口平面，以防引流液体逆入体内引起感染。

（4）引流管必须保持畅通，注意不要压迫、扭曲引流管；同时注意不要被血凝块、坏死组织堵塞。

（5）每天更换敷料和绷带，如果引流量多，应增加更换次数。

（6）患病动物应套上颈枷，以防咬掉引流材料。

（7）引流后须注意观察和记录其引流液的性质、颜色和量。

【技能9】　绷带

1. 卷轴绷带

多用于大家畜四肢游离部、尾部、角和头部以及小动物的胸部和腹部。在四肢装置时，一般以左手持绷带的开端，右手持绷带卷，以绷带的背面紧贴肢体表面，由左向右缠绕，当第一圈缠好之后，将绷带的开端反转盖在第一圈绷带上，再用第二圈绷带固定，即用第二圈压住第一圈绷带上，然后根据需要进行不同形式的缠绕，但无论运用何种形式缠绕，均应以环形开始并以环形终止，缠绕结束后将绷带末端撕成两条，打结于肢体外侧，或以胶布将末端加以固定。包扎时要求用力均匀，确实而不易滑脱。卷轴绷带的包扎形式有环形带、螺旋带、折转带、交叉带、结节带（蹄绷带）等（图4-50）。

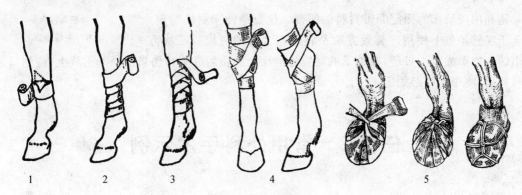

图4-50　卷轴绷带

1. 环形带　2. 螺旋带　3. 折转带　4. 交叉带　5. 蹄绷带

2. 结系绷带

用缝线固定敷料来保护已经缝合的创口的绷带叫做结系绷带。结系绷带可装在畜体的任何部位，其方法是在圆枕缝合的基础上，利用游离的线尾，将若干层灭菌纱布固定在圆枕之间和创口之上（图4-51）。

3. 复绷带

复绷带是按畜体一定部位的形状而缝制的，具有一定结构、大小的双层盖布，在盖布上缝合若干布条以便打结固定（图4-52）。

图 4-51　结系绷带

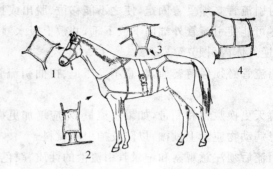

图 4-52　复绷带

1. 眼绷带　2. 前胸绷带　3. 背腰绷带　4. 腹绷带

4. 夹板绷带

通常用于骨折、关节脱位时的紧急救治。夹板绷带可用胶合板、普通薄木板、竹板、树枝等作为夹板材料。先将患部皮肤刷净，包上较厚的棉花、纱布棉花垫或毡片等衬垫并用绷带加以固定，然后装置夹板。夹板的宽度视需要而定，长度既应包括骨折部上下两个关节，使上下两个关节同时得到固定，又要短于衬垫材料，避免夹板两端损伤皮肤。最后用螺旋绷带加以捆绑固定(图 4-53)。

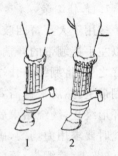

图 4-53　夹板绷带
1. 胶合板夹板绷带
2. 木杆夹板绷带

5. 胶质绷带

是利用胶质作为固定绷带材料的绷带。优点是便于更换敷料，适合于在感染创上使用。装置方法是将适当大小的两块或三块方布巾的一边剪成若干带子，在带子的对应边上涂上胶质后黏附在伤口外周的皮肤上，待创口装上敷料后，将带子打结固定。

◆◆ 任务 2　常用外科手术示例 ◆◆

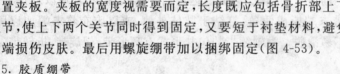

问题一:牛瘤胃切开术最适宜的保定方法是(　　)

A. 站立保定　　　　B. 仰卧保定　　　　C. 左侧卧保定　　　　D. 右侧卧保定

E. 以上都可以

问题二:术部剃毛时剃刀应(　　)

A. 逆着毛流　　　　B. 顺着毛流　　　　C. 垂直于毛流　　　　D. 根据术者习惯

E. 上述都可以

问题三:手术人员用新洁尔灭进行手臂消毒在新洁尔灭液中至少要浸泡(　　)

A. 3 min　　　　B. 5 min　　　　C. 10 min　　　　D. 15 min

E. 20 min

问题四:主要用于草食动物,且具有很强的镇静、镇痛、肌松作用的麻醉药物是(　　)

A. 氯丙嗪　　　　B. 阿托品　　　　C. 静松灵　　　　D. 吗啡

E. 硫酸镁

问题五：小母猪小挑花，以左侧髋结节定位术部时，术部位置距(　　)

A. 左侧乳头 2～3 cm　　　　　　B. 右侧乳头 2～3 cm

C. 左侧乳头 2～3 cm　　　　　　D. 右侧乳头 2～3 mm

E. 以上都可以

问题六：进行小母猪小挑花时，使猪的哪一部位与下颌部至蹄构成一条直线？(　　)

A. 左侧肩部　　　B. 右侧肩部　　　C. 左后肢的膝盖骨　D. 右后肢的膝盖骨

E. 左后肢的股骨大转子

问题七：胃肠道手术，术前禁食的主要目的是(　　)

A. 避免造成手术困难　　　　　　B. 避免术后腹胀

C. 预防麻醉中呕吐造成窒息　　　D. 防止术后感染

E. 有利于恢复肠蠕动

问题八：手术后腹胀主要来自(　　)

A. 细菌代谢产生的气体　　　　　B. 血液内的气体弥散到肠腔内

C. 胃肠功能受抑制　　　　　　　D. 组织代谢产生的气体

E. 肠麻痹

【技能 10】 开腹术

【适应症】开腹术是各种腹腔手术的通路。常用于肠切开术、肠吻合术、瘤胃切开术及剖腹产术等。

【保定】根据手术目的和疾病性质，采取站立、侧卧保定。

【麻醉】一般采用保定宁全身麻醉。必要时配合腰旁神经干传导麻醉及局部浸润麻醉。

【手术部位】根据手术目的而定。常用的部位有侧腹壁切开法和下腹壁切开法。

1. 侧腹壁切开部位

侧腹壁切开法，常用于肠切开及牛羊的瘤胃切开术等。

(1)牛左髂部正中垂直切口　由左髂部髋结节向最后肋骨下端引直线，自此直线中点向下垂直切开长 20～25 cm。适用于以检查左侧腹腔器官为主的腹腔探查术、瘤胃切开术等(图4-54)。

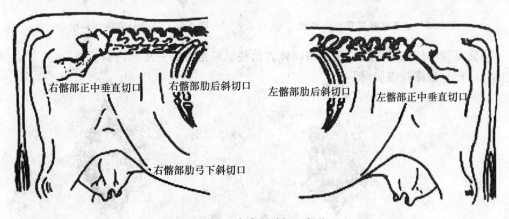

图 4-54　牛腹侧壁切口部位

（2）牛左髂部肋后斜切口　在左髂部，距最后肋骨 5 cm、自腰椎横突下方 8～10 cm 处起，向下平行于肋骨切开长 20～25 cm。适用于体型较大病牛的网胃内探查及瓣胃冲洗术（图 4-54）。

（3）牛右髂部正中垂直切口　与左髂部正中相对应。适用于以检查右侧腹腔器官为主的腹腔探查术及十二指肠第二段的手术。

（4）牛右髂部肋后斜切口　在右髂部，距最后肋骨 5～10 cm，自腰椎横突下方 15 cm 起平行于肋骨及肋弓向下切开长 20 cm。适用于空肠、回肠及结肠的手术。

（5）牛右侧肋弓下斜切口　在右侧最后肋骨下端水平位处向下、距肋弓 5～15 cm 并平行于肋弓切开 20～25 cm。适用于皱胃切开术。

2. 下腹壁切开部位

下腹壁切开法，多用于剖腹产及小家畜的腹腔手术。

（1）正中线切开法　切口部位在腹下正中白线上，脐的前部或后部。公畜应在脐前部，切口长度视需要而定。

（2）中线旁切开法　切口部位不受性别限制。在白线一侧 2～4 cm 处，作一与正中线平行的切口，切口长度视需要而定。

【手术方法】

1. 侧腹壁切开法

（1）切开皮肤显露腹外斜肌　术部常规处理后，切开皮肤、皮肌、皮下结缔组织及筋膜，用扩创钩扩大创口，充分显露腹外斜肌（图 4-55）。

（2）分离腹外斜肌显露腹内斜肌　按肌纤维的方向在腹外斜肌及其腱膜上作一小切口，用钝性分离法将腹外斜肌切口分离至一定长度（图 4-56），如有横过切口的血管，进行双重结扎后切断，充分显露腹内斜肌。

图 4-55　切开皮肤显露腹外斜肌　　　图 4-56　钝性分离腹外斜肌

（3）分离腹内斜肌显露腹横肌　用同样方法按肌纤维方向分离腹内斜肌切口，并扩大腹内斜肌切口，充分显露腹横肌（图 4-57）。

图 4-57　钝性分离腹内斜肌、腹横肌，显露腹膜　　　图 4-58　腹壁肌肉分离

(4)显露腹膜 腹壁肌肉分离开后,充分止血,清洁创面,助手用拉钩扩开腹壁肌肉切口,充分显露腹膜(图4-58)。

(5)切开腹膜 由术者及助手用镊子于切口两侧共同提起腹膜,用皱襞切开法在腹膜上作一小的切口,插入有沟探针,采用反挑式运刀法切开腹膜。或由此切口伸入食、中二指,由二指缝中剪开腹膜。腹膜切口应略小于皮肤切口(图4-59)。然后用大块灭菌纱布浸生理盐水,衬垫腹壁切口的创缘,进行术野隔离。按照手术目的实施下一步手术。

图 4-59　剪开腹膜

2. 下腹壁切开法

(1)正中线切开法 术部常规处理后,切开皮肤,钝性分离皮下结缔组织,及时止血并清洁创面,扩大创口显露术野。然后切开白线,显露腹膜,此部位没有肌肉组织。按照腹膜切开的方法,切开腹膜。

(2)中线旁切开法 切开皮肤后,钝性分离皮下结缔组织及腹直肌鞘的外板。然后按肌纤维的方向钝性分离腹直肌切口,继则切开腹直肌鞘内板,并向两侧分离扩大创口,显露腹膜,按腹膜切开法切开腹膜。

【腹腔探查】根据临床症状及术前检查的结果,有目的地进行重点探查。探查时由近及远进行仔细触摸,发现异常现象后,应进一步确定其部位和性质,然后采取进一步处理措施。

【闭合腹壁创口】腹腔手术完成之后。除去术野隔离纱布,清点器械物品。在压肠板引导下螺旋缝合法缝合腹膜。缝至最后几针时,通过切口向腹腔注入青、链霉素溶液(每毫升含 500 U)200～400 mL。缝完后用青霉素溶液冲洗肌肉切口,结节缝合法分别缝合腹横肌、腹内斜肌、腹外斜肌及皮肌。用 18 号缝线结节减张缝合皮肤创口(图 4-60)。冲洗擦净后涂碘酊,装置结系绷带。

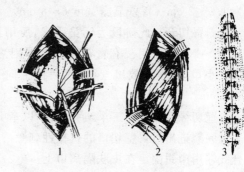

图 4-60　闭合腹壁切口
1. 缝合腹膜　2. 缝合肌层　3. 缝合皮肤

【技能 11】 瘤胃切开术

【适应症】

(1)严重的瘤胃积食,经保守疗法无效。

(2)误食有毒饲料、饲草,且尚在瘤胃中滞留,手术取出毒物并进行胃冲洗。

(3)创伤性网胃炎,进行瘤胃切开取出网胃内异物。

(4)瓣胃梗塞、皱胃积食,经瘤胃切开进行冲洗。

【保定】一般采用站立保定,也可行侧卧保定。

【麻醉】腰旁神经干传导麻醉配合局部浸润麻醉。

【手术部位】可在下列部位进行手术。

1. 左胶部中切口

适用于瘤胃积食和瘤胃内滞留有毒草料的清除。位置在左侧髋结节与最后肋骨连线的中

点,距腰椎横突下方 6～8 cm 处,垂直向下作
25～30 cm 的腹壁切口(图 4-61)。

2. 左肷部前切口

适用于瘤胃积食、网胃内探查、创伤性网胃
炎、胸部食管梗塞、瓣胃梗塞及皱胃积食的冲洗。
位置在左侧腰椎横突下方 8～10 cm,距最后肋
弓 5 cm 左右,作一与最后肋骨平行的切口,切口
长约 25 cm(图 4-61)。

3. 左肷部后切口

为瘤胃积食兼作右侧腹腔探查术的手术通
路。位置在左侧髋结节与最后肋骨连线上,在第
四或第五腰椎横突下 6～8 cm 处,垂直向下切开
25 cm 左右(图 4-61)。

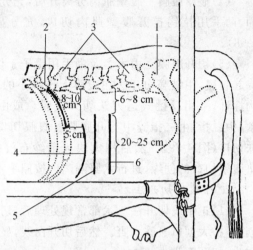

图 4-61 瘤胃手术切口
1. 髋骨 2. 第 13 肋的肷部前切口
3. 1～5 腰椎 4. 最后肋骨的肷部前切口
5. 肷部中切口 6. 肷部后切口

【术式】

1. 瘤胃固定法

瘤胃固定与隔离方法主要有以下几种。

(1)瘤胃浆膜肌层与切口皮缘连续缝合固定法

①瘤胃固定 显露瘤胃后,作瘤胃浆膜肌层与腹壁切口皮缘之间的环绕一周连续缝合,针
距为 1.5～2 cm。胃壁显露宽度 6～8 cm。

②瘤胃切开 此阶段为污染手术,所用器械、敷料应与无菌器械分别放置。瘤胃切口长
度为 15～20 cm。用浸有青霉素普鲁卡因溶液的纱布隔离创围,在切开线上方用刀将胃壁
先切一小口,慢慢地放出气体,然后由上向下扩大切口。胃壁切口上下角距胃壁缝合固定
点为 2 cm。

胃壁切缘两侧各作三个纽孔缝合,以牵引外翻胃壁黏膜,防止胃内容物污染胃壁浆膜及缓
和手臂频繁进出对胃壁切口的机械性刺激。在外翻的胃壁浆膜与皮肤间填塞纱布垫。纽孔状
缝合线端用巾钳固定在皮肤隔离巾上。

③放置洞巾 在 15 cm 的胃壁切口内,放入橡胶洞巾。将洞巾四周拉紧展平,并用巾钳固
定在隔离巾上,准备掏取瘤胃内容物和进行网胃探查(图 4-62)。

(2)瘤胃六针固定和舌钳夹持外翻法 显露瘤胃后,在切口上下角与周缘,作六针纽孔状
缝合将胃壁固定在皮肤或肌肉上。打结前在瘤胃与腹腔之间,填入浸有青霉素普鲁卡因溶液
的纱布。纱布一端在腹腔内,另一端置于腹壁切口外,打结后胃壁紧贴在腹壁切口上,使瘤胃
术部明显突出。

胃壁固定后,在突出的瘤胃壁周围和切口之间,均填以浸有青霉素普鲁卡因溶液的纱布,
外盖一小创布,并用固定创布的巾钳固定在皮肤上。最后在小创布孔周围填以浸有青霉素普
鲁卡因液溶的纱布,以便在切开胃壁外翻时,胃壁的浆膜层能贴在纱布上,减少对浆膜的刺激
和损伤。

胃壁切开:先在瘤胃切开线的上 2/3 处,用外科刀刺透胃壁(约一个舌钳头的宽度),并立
即用舌钳夹住胃壁的创缘,向上向外拉起,防止胃内容物外溢。然后用剪刀向上、下扩大切口,
分别用舌钳固定提起胃壁创缘,将胃壁拉出腹壁切口向外翻(瘤胃切口长 20 cm 左右),随即用

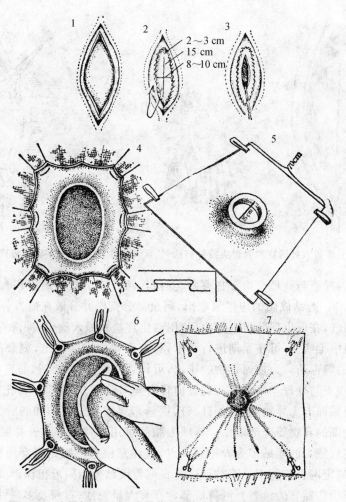

图 4-62　瘤胃切开手术(瘤胃浆肌层与切口皮肤连续缝合固定)

1. 左膁中部切口,分层切开各层组织,充分暴露瘤胃

2. 瘤胃壁浆膜肌层与皮肤连续缝合　3. 切开胃壁

4. 胃壁切缘两侧,各作三个纽孔状缝合,牵引缝线使胃壁黏膜外翻

5. 准备弹性环橡胶洞巾　6. 弹性环压挤变形后

塞入瘤胃切口内　7. 在瘤胃切口上装置洞巾

巾钳把舌钳柄夹住,固定在皮肤和创布上,以便胃内容物流出。然后再套入橡胶洞巾(图 4-63)。

(3)瘤胃四角吊线固定法　将胃壁预定切口部分,牵引至腹壁切口外。在胃壁与腹壁切口间,填塞大块灭菌纱布,并保证大纱布牢固地固定在局部。在瘤胃壁切口的左上角与右上角,左下角与右下角依次用丝线穿入胃壁浆膜肌层,做成预置缝线。每个预置缝线相距 5～8 cm。切开胃壁,由助手牵引预置线使胃壁浆膜紧贴术部皮肤,并将其缝合固定于皮肤。缝合瘤胃法同前(图 4-64)。

2. 胃腔内探查与各种类型病区的处置

瘤胃切开后即可对瘤胃、网胃、网瓣胃孔、瓣胃及皱胃进行探查,并对各种类型病区进行处理。

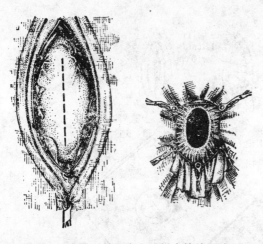
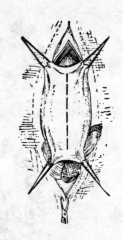

图 4-63　瘤胃六针固定和舌钳夹持外翻法　　　　　图 4-64　瘤胃四角吊线固定法

（1）瘤胃腔内探查与处理　由于甘薯藤、麦秸等粗纤维引起的瘤胃积食，可取出胃内容物总量的 1/3 至 2/3。缠结成团的应尽量取出，剩余部分掏松并分散在瘤胃各部。

对泡沫性臌气，在取出部分胃内容物后，用温生理盐水灌入瘤胃，冲洗胃腔，清除发酵的胃内容物。对饲料中毒病例，可在早期进行手术，将有毒胃内容物取出，剩余部分用大量盐水冲洗，并放置相应的解毒药。为加速毒物的排出，可作胃冲洗法，将瓣胃、皱胃内容物尽早洗出。

（2）网胃内探查与处理　术者手自瘤胃前背盲囊向前下方，经瘤网胃孔进入网胃。首先检查网胃前壁和胃底部有无异物刺入（如针、钉、铁丝），胃壁有无硬结和脓肿。已刺入网胃壁上或游离于网胃底部的异物要全部取出。胃壁上脓肿可用刀片小心切开排脓，检查腔内有无异物一并取出。网胃壁上的硬结多为异物刺入点，应注意检查异物是否穿出胃壁。向网胃腔方向提拉胃壁，可确定网胃与周围是否粘连。若自网胃硬结处与附近组织形成索状瘘管，可判断其异物穿出后所损伤器官的位置。网胃底部常存有大量泥沙、石粒及多量铁屑，探查时可用手或磁铁将其取出。最后，探查位于网胃右方的网瓣胃孔，如发现网瓣胃孔角质爪状乳头增生，可直接拔除。

（3）瓣胃阻塞的探查与处理　于瘤胃腔前肌柱下部，隔瘤胃壁触摸瓣胃，若发生瓣胃阻塞，则触诊坚实，体积正常增大 2～3 倍。网瓣胃孔常呈开张状态，孔内与瓣胃沟中充满干固胃内容物，瓣胃叶间嵌入大量干燥如茶砖或豆饼样物质。

瓣胃冲洗前，先将瘤胃基本取空，然后左手进入网瓣胃孔，取出干固胃内容物。将双列弹性环的橡胶排水袖筒（图 4-65）洞巾放入瘤胃腔内，再插入胶管，并用漏斗灌注大量温盐水，泡软瓣胃沟内干固内容物，一面灌水一面用手指松动瓣胃沟及瓣胃叶间的内容物。泡软冲碎的内容物，随水反流至网胃和瘤胃腔内。在瓣胃叶间干固的内容物未全部泡软冲散前，一定不要将瓣皱胃孔阻塞部冲开，以免灌注水大量涌入皱胃并进入肠腔造成不良后果。由于其解剖特点，瓣胃左上方叶间干固的内容物最难泡软冲散，手指的松解动作也难以触及该部。应将手

图 4-65　双列弹性环的橡胶排水袖筒

退回瘤胃腔内,在前肌柱下部隔胃按压瓣胃的左上角,促使瓣胃叶间干固物松散脱落。这样反复地灌注温盐水及手指松动干固胃内容物和隔胃按压相结合的方法,可将瓣胃内容物全部冲散除尽。大量冲洗瓣胃返流到瘤胃的液体,不断地经瘤胃切口排出。冲洗用水量在250～400 kg。

用手指松动叶间干固内容物时,切勿损伤叶片,以免造成叶片血肿或出血,影响手术效果。

(4)皱胃积食的胃冲洗法　皱胃积食常继发瓣胃阻塞,因此胃冲洗的步骤应先冲洗瓣胃。当瓣胃沟和大部分瓣胃叶间干固内容物已松软冲散后,手持胶管进入瓣皱胃口内冲洗皱胃干硬胃内容物。皱胃前半部干硬物,经边灌注边用手指松动的方法冲开,随水反流至瘤网胃腔内,并自切口排除,反流冲洗液出现胃酸味。皱胃后半部干硬物,手难以直接触及松动,主要依靠温盐水浸泡冲洗与体外撬扛按摩的方法松动解除。在皱胃幽门部阻塞物冲开前,一定要确定瓣胃与皱胃的干固阻塞物业已基本冲散除尽,方可将皱胃幽门冲开。

将瘤胃网胃内过多的液体,经胶管虹吸至体外,胃内液体水平面保持在瘤胃的下1/3处即可。向胃内填入1.5～2.5 kg青干草或健康牛的瘤胃内容物,以刺激胃壁恢复收缩能力,促进反刍。

(5)清理瘤胃创口与胃壁缝合　病区处理结束后,除去橡胶洞巾,用生理盐水冲净附着在瘤胃壁上的胃内容物和血凝块。拆除钮孔状缝合线,在瘤胃壁创口进行自下而上的全层连续缝合,缝合要求平整、严密,防止黏膜外翻。用生理盐水再次冲洗胃壁浆膜上的血凝块,并用浸有青霉素盐酸普鲁卡因溶液的纱布覆盖已缝合的瘤胃创缘上,拆除瘤胃浆膜肌层与皮肤创缘的钮孔状缝合线,助手用灭菌纱布抓持瘤胃壁并向腹壁切口外牵引,以防当固定线拆除完了后瘤胃壁向腹腔内陷落。再次冲洗瘤胃壁浆膜上的血凝块,除去遗留的缝合线头及其他异物后,准备瘤胃壁的第二层伦贝特缝合,此阶段由污染手术转入无菌手术。手术人员重新洗手消毒,污染的器械不许再用。对瘤胃进行连续伦贝特氏或库兴氏缝合(图4-66)。最后常规闭合腹腔。

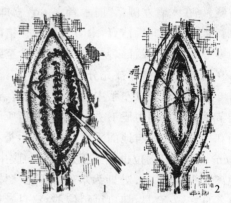

图4-66　瘤胃缝合
1. 连续缝合瘤胃壁　2. 拆除固定瘤胃的缝线,
然后连续伦贝特氏或库兴氏缝合

术后禁食36～48 h以上,待瘤胃蠕动恢复、出现反刍后开始给以少量优质的饲草。术后12 h即可进行缓慢的牵遛运动,以促进胃肠机能的恢复。术后不限饮水,对术后不能饮水者应根据动物脱水的程度进行静脉补液;术后4～5 d内,每天使用抗生素,如青霉素、链霉素。术后还应注意观察原发病消除情况,有无手术并发症,并根据具体情况进行必要的治疗。

【技能 12】　公猪去势术

小公猪的去势以1～2月龄,体重5～10 kg最为适宜。大公猪则不受年龄和体重的限制。

1. 小公猪去势术

【保定】将猪左侧卧,背向术者。术者以左脚踩住颈部,右脚踩住尾根。

【术式】手、器械及术部按常规消毒。术者用左手腕部按压猪右侧大腿的后部,使该肢向上紧靠腹壁,将术部充分显露。再用微曲的中指、食指和拇指捏住阴囊颈部,把睾丸推向阴囊底部,使阴囊皮肤紧张,将睾丸固定。术者右手持刀,沿阴囊缝际的外侧1~2 cm(亦可沿缝际)切开皮肤总鞘膜2~3 cm,挤出睾丸。左手握住睾丸,食指和拇指捏住阴囊韧带与睾丸连接部,然后切断或用手扯断阴囊韧带,再以右手向外牵引睾丸,左手把韧带和总鞘膜推向腹壁,用拇指和食指固定精索,右手放开睾丸,再在睾丸上方1~2 cm处的精索上来回刮搓。亦可先捻转后刮搓一直到离断为止。然后再在阴囊缝际的另一侧1~2 cm处重新切口(亦可在原切口内用刀尖切开阴囊中隔暴露对侧睾丸)。同法除去睾丸,术部涂碘酊,切口一般不必缝合。

2. 大公猪去势术

侧卧保定,沿阴囊缝际两侧约1~2 cm处从阴囊底部做平行缝际的切开。然后用手将睾丸挤出,露出精索,分离鞘膜韧带,结扎精索,切除睾丸。

【技能13】 卵巢摘除术

1. 小挑花

适用于1~3月龄体重不超过15 kg的小母猪。选择晴朗的天气,在清晨饲喂前进行手术。

【保定】术者以左手提起小母猪的左后肢,右手抓住左膝前皱襞,使其右侧卧地。头在术者右侧,尾在术者左侧,背向术者。术者立即用右脚踩住猪的左侧颈部或右耳,脚跟着地,脚尖用力。将左后肢向后伸直,术者左脚踩住猪的左后肢的跖部,使小猪呈头颈胸部侧卧、腹部仰卧的姿势。猪的下颌部、左后肢的膝盖骨至蹄构成一条直线。术者呈"骑马蹲裆式",使身体重心落在两脚上,小猪即被充分固定。

【术部】术者以左手中指顶住左侧髋结节,然后以拇指压迫同侧腹壁,向中指顶住的左侧髋结节垂直方向用力压下去,使左手拇指所压迫的腹壁与中指所顶住的髋结节尽可能地接近,拇指和中指的连线与地面垂直,此时左手拇指端的压迫点即是术部。切口位置距左列乳头2~3 cm。此切口部位也相当于从膝褶向腹中线引一条垂线,此垂线上1/3与1/3交界处,也就是距离乳头2~3 cm处即为术部。根据猪体肥瘦饥饱情况的不同,切口位置也略有不同。猪只营养良好,发育早,切口可稍偏前;猪只营养差、发育慢,切口可稍偏后。饱饲而腹腔内容物增多时切口可稍偏向腹侧。饥饿而腹腔空虚时切口可适当偏向背侧。即所谓"肥朝前、瘦朝后、饱朝内,饥朝外",要根据具体情况加以灵活掌握(图4-67)。

【手术方法】

(1)切透腹壁 术部消毒后,将皮肤稍向侧方牵引。术者左手拇指用力按压在术部的稍外侧,压的愈紧离子宫角愈近则手术愈容易成功。右手持刀用拇指与中食指控制刀刃的深度,用刀垂直切开皮肤,当刀(柳叶刀)一次切透腹壁各层组织时有一种对刀的抵抗力突然消失的空虚感,接着可将刀的尖端向腹腔深部对侧斜行深入1~1.5 cm左右,也可轻轻在腹腔内作弧

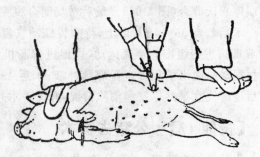

图4-67 小挑花切口部位

形滑动,随后子宫角即随同腹水一起自动冒出体外。一次切透腹壁,子宫角即冒出于切口之外者称为"透花法"。

亦可先用刀尖将术部皮肤切开0.5~1 cm。然后用刀柄钩端呈45°角伸入切口内。在小

猪嚎叫时随腹压升高而适当用力透破腹壁肌层和腹膜。左手拇指同时下压以增加腹压,子宫角即可冒出。

(2)摘除子宫角及卵巢　当子宫角或卵巢冒出创口后,术者用右手拇指和食指捏住冒出来的子宫角或卵巢,用右手其他三个手指的背面紧紧压在腹壁上,以防止腹壁弹回把已经冒出来的子宫角或卵巢抽回。然后用两手食指的第二指节的背面用力压迫腹壁,再用两手拇指交替捻导拉出两侧子宫角、卵巢和子宫的一部分。亦可用两手其他三指的第一、二指节侧面交换压迫腹壁切口,再用两手拇食指交替拉出两侧子宫角、卵巢和子宫的一部分。

然后以手指钝性挫断子宫体将两侧子宫角及卵巢一同摘除。切口可不必缝合,提起猪的后腿稍稍摆动一下,放开即可。

2. 大挑花

适用于 3 月龄以上体重在 17 kg 以上的母猪。在发情期最好不进行手术,此时卵巢及子宫均高度充血容易造成大出血。手术应禁止饲喂一顿。

【保定】左侧或右侧卧保定。术者位于猪的背侧,用一只脚踩住颈部,助手则拉住两后肢并用力牵引伸直上面的一只后腿。50 kg 以上的母猪最好由助手用木杠压住颈部并分别固定两后肢。

【术部】髋结节前下方 5～10 cm,相当于肷部三角区的中央(图 4-68)。

【术式】术部剪毛消毒后,术者左手捏起膝褶,使术部皮肤紧张。右手持刀将术部皮肤作半月形切口,长 3～4 cm。用食指(右侧卧一般用右手,左侧卧一般用左手)垂直钝性刺破腹肌和腹膜,为了避免腹膜剥离,刺破时要迅速有力,同时要求保定助手用力伸直上面的后肢,以保持腹壁紧张。若手指不易刺破时可用刀柄先刺透一个破孔,然后再用食指将破孔扩大。

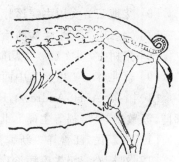

图 4-68　大挑花切口部位

手指进入腹腔后,沿腹壁向背侧由前向后探摸卵巢。卵巢一般位于倒数第二腰椎下方骨盆腔入口的两旁(少数位于骨盆内),摸到卵巢时将其用指尖压在食指与腹壁之间,当卵巢到达切口时插入刀柄协助钩出并压于切口外。然后再伸入手指通过直肠下方到对侧探摸对侧卵巢,同法取出。分别结扎并除去卵巢。如果探寻对侧卵巢有困难时,可先结扎一侧卵巢并摘除。然后沿结扎侧的子宫角逐步导出对侧子宫角并取出卵巢再结扎除去。牵导时可边导边送防止污染,摘除卵巢后将子宫角还纳回腹腔。一般施行皮肤、肌肉和腹膜的全层连续缝合或结节缝合。但对体大的母猪应先对腹膜进行连续缝合,再将肌肉和皮肤进行结节缝合。缝合时一定注意不要伤及肠管,同时腹膜缝合必须紧密以防发生粘连、嵌闭或坏死等继发病。术后将猪置于干燥清洁的猪舍内,注意防止感染。

[1] 张乃生,李毓义. 动物普通病. 北京:中国农业出版社,2011.

[2] 宋大鲁,宋旭东. 宠物诊疗金鉴. 北京:中国农业出版社,2009.

[3] 胡元亮. 兽医处方手册,2 版. 北京:中国农业出版社,2005.

[4] 刘宗平. 动物中毒病学. 北京:中国农业出版社,2006.

[5] [美]Donald C. plumb.兽药手册,5 版. 沈建忠,冯忠武主译. 北京:中国农业大学出版社,2009.

[6] 艾地云. 实用牛病诊疗新技术. 北京:中国农业出版社,2006.

[7] 魏彦明. 犊牛疾病防治. 北京:金盾出版社,2005.

[8] 张树方,岳文斌. 牛病防控与治疗技术. 北京:中国农业出版社,2004.

[9] 蒋兆春. 奶牛疾病中西兽医诊疗技术大全. 南京:江苏科学技术出版社,2006.

[10] [英]A. H. Andrews,R. W. Blowey,H. Boyd,R. G. Eddy. 牛病学-疾病与管理,2 版. 韩博,苏敬良,吴培福等主译. 北京:中国农业大学出版社,2006.

[11]周新民,江善祥. 新编畜禽药物手册. 上海:上海科学技术出版社,2005.

[12]刘长松. 奶牛疾病诊疗大全. 北京:中国农业出版社,2005.

[13]陈玉库,陆桂平,邢玉娟. 猪病防治技术.北京:中国农业出版社,2010.

[14]陈玉库,钟秀会.新编牛场疾病控制技术. 北京:化学工业出版社,2009.

[15]王小龙. 兽医临床病理学. 北京:中国农业出版社,1999.

[16]陈玉库,孙维平. 小动物疾病防治. 北京:中国农业大学出版社,2010.

[17]汪德刚,陈玉库. 中兽医防治技术. 北京:中国农业大学出版社,2012.

[18]刘广文. 动物内科病. 北京:中国农业出版社,2011.

[19] [美]Rhea V Morgan.小动物临床手册.4 版. 旋振声主译.北京:中国农业出版社,2005.

[20]李亚林. 家畜普通病防治. 北京:中国农业大学出版社,2011.

[21][美]Baarbara E. Straw.猪病学.9 版. 赵德明,张仲秋,沈建忠主译. 北京:中国农业大学出版社,2009.